전자담배, 위기인가 기회인가?

전자담배 위해감축이론의 근거 중심적 접근

전자담배, 위기인가 기회인가?

전자담배 위해감축이론의 근거 중심적 접근

정유석 · 문옥륜 · 김공현

nosvos

출간에 이르기까지

담배와 금연을 다룬 엄청난 양의 단행본들이 존재하는 가운데, 본서는 국내에서 전자담배를 본격적으로 다룬 책 중 '일번 타자'일 것이다. 책의 준비 과정이 알려지면서 필자의 오랜 동지들인 금연운동협의회와 대한금연학회 내 선후배들, 관계 기관인 복지부까지 기대보다는 우려와 염려의 말씀들을 주셨다. 출판부에 마지막 원고를 넘겨주고 출간을 기다리는 동안에도 이 일이 옳은 일인지에 대한 고민은 그치지 않았기에, 형식이 망가짐을 감수하고 프롤로그의 앞에 들어갈 글을 쓰게 되었다.

전자담배 흡연은 연초담배 흡연보다 95% 이상 독성 물질 노출을 줄인다는 것은 이쪽 분야의 전문가라면 모두 인정하는 사실(fact)이다. 문제는 해석의 차이이다. 금연이 최고의 선택이라는 사실에는 이견이 없으나, 못 끊을 흡연자라면 덜 해로운 제품으로 바꾸라는 것이 필자의 입장이다. 반면, 필자의 금연 동지들이 염려하는 것은 두 가지이다. 하나는 개인에 대한 유익함이 있다고 하더라도 사회 전체에 대한 해악이 클 수 있다는 것이다. 예를 들면 청소년의 니코틴 중독을 조장하게 될 것이라는 주장 등이다. 이 부분은 본문에서 충분히 다루고 있기에 더 이상의 고민은 없고, 판단은 독자의 몫이다. 문제는 아이코스, 글로, 릴과 같은 소위 '찌는 담배'를 제조하는 글로벌 담배회사들이 환영할 책이 될 것이라는 염려이다. 본 서에서 다룬 문헌들은 '궐련형 전자담배'로 잘못 알려진 '찌는 담배'가 아니라 주로 액상형 전자담배에 대한 내용들이다. 그런데, 대중들은 둘 다를 그냥 '전자담배'로 알고 있기 때문에, 액상형 전자담배의 위해 경감을 '찌는 담배'인 아이코스 등이 안전한 것으로 착각할 수 있다. 이 부분은 매우 중요한 부분이기에, 본서의 여러 곳에서 둘을 구별해야 함을 밝혔다. 그럼에도 불구하고 저자들의 저술이 관련 회사로부터 '스폰서'를 받고 진행하는 것이 아니냐는 억울한 의심을 줄기차게 받고 있다.

이 지점에서 저자들은 전자담배로 인하여 이익을 얻는 기업이나 산업체와 일체의 이해 관계가 없으며, 순수한 학자적 관점에서 위해 경감 이론을 소개한 것임을 천명한다.

그런데, 개인의 순수한 학문적 열정이, '니코틴 비즈니스 업체'들에 유리한 주장이 되고 있다는 사실은 여전히 고민스럽다. 필자의 주장이 담긴 신문 칼럼을 가장 반기는 것은 전자담배를 판매하는 분들이며, 실제로 명동 지하상가 전자담배 매장에 필자의 칼럼과 사진이 사전 허락 없이 붙어 있는 것을 보았다는 지인의 신고(?)도 접수한 바 있다. 옳다고 생각해서 한 일이 사회에 유익하지 않은 특정 기업의 이익에 부합하게 될 때 어떻게 행동해야 할런지...? 이것이 아직 해결하지 못한 도덕적 딜레마이다. (참고로 필자는 금연운동과 더불어 의과대 학생들에게 의료윤리를 오랫동안 가르치고 있다) 이러한 고민에도 불구하고 본서의 출간을 강행하는 이유는 책에 소개된 전자담배 관련 방대한 연구들이 아직 우리 사회에 제대로 소개된 적이 없으며, 현재 진행 중인 각종 논란의 참고 자료로 사회에 기여할 수 있다고 믿기 때문이다. 대중서로서 좀 더 쉽게 풀어서 써 달라는 출판사의 요청에도 불구하고, 다소 딱딱한 학술서의 형태로 본문을 구성한 것도 같은 맥락이다. 연구의 주요 내용이나 인용 등을 가감없이 전달하여 불필요한 오해의 소지를 없애고자 하였다. 여기에 더하여, 환자를 돌보는 의사인 필자가 기업의 도덕성에 대한 문제와 싸울 의무나 역량은 없다고 보며, 이 부분은 우리 사회의 다른 직역들의 몫으로 남겨 놓는다. 현대 사회에서 전쟁으로 인한 사망보다 설탕 때문에 죽는 사람이 더 많다고 한다. 의사가 당뇨 등 대사증후군을 초래하는 설탕의 위험을 사회에 알리고 환자의 섭취 제한을 교육할 순 있지만, 설탕회사와 싸울 수는 없지 않은가?

책의 출간 작업이 진행 중이던, 지난 8월 17일 영국 하원의 과학기술위원회는 전자담배에 대한 최신의 근거들에 기초한 정책 보고서를 발간하였다. 여기에는 전자담배가 일반 담배 이상으로 해롭다는 주장을 줄기차게 내어놓고 있는 국내의 정서로서는 도무지 이해하기 힘든 주장들이 담겨 있다. 전자담배가 일반 담배보다 95% 이상 덜 해로우며, 특히 담배의 대표적인 독성 물질인 타르와 일산화탄소가 거의 없다는 점, 따라서 당장 금연이 어려운 흡연자에게 금연으로 가는 징검다리, 혹은 '담배 해독 줄이기' 전략으로 권장해야 한다는 내용은 영국 정부의 기존 입장과 크게 다르지 않다. 그런데 한 발 더 나아가, 간접흡연의 위험성이 무시할 만한 수준이므로 금연이 어려워 입원 치료를 꺼리는 정신 질환자들을 위해 정신병동 내에서의 전자담배 흡연을 허락하고 실내흡연금지 정책도 연초담배와 다르게 적용해야 한다거나, 경쟁력을 높이기 위해 세금을 인하해야 한다는 주장은 가히 파격적이다. 과학기술위원회는 "전자담배의 장기적 사용의 위험성이 아직 불확실할 지라도 흡연자들이 연초담배를 계속 피울 때 생기는 위험이 훨씬 더 클 것"이라며 해로움의 정도에 따라 규제의 정도를 달리 할 것을 권고하였다.

이러저러한 고민과 염려에도 불구하고 대중의 알 권리는 이들 모두보다 중요하다는 확신으로 본서를 세상에 조심스레 선보인다.

저자를 대표하여 정유석

본서의 사용 설명서

먼저 대중서와 학술서적의 중간쯤 모호한 위치에 있는 책이라는 점을 밝힌다. 전체를 누구나 쉽게 읽을 수 있도록 풀어 쓰기에는 논란이나 오해의 소지가 많은 주제인지라 본문의 내용은 다소 딱딱한 학술서적의 기술 방식을 따랐다. 대신 본서의 중요한 주장이 요약된 1장과 에필로그는 중학생도 이해할 정도로 쉽게 풀어서 기술하였다. 인용한 논문의 각주가 221개에 이르며, 논문의 통계수치 등을 가감없이 인용하였기에 전체를 통독하기는 쉽지 않을 것이다.

당신이 몇 차례 실패한 흡연자거나 이를 걱정하는 가족이라면 1장과 3장, 에필로그를 먼저 읽고 추가적인 의문이나 근거가 필요하면 나머지 장의 제목을 보고 골라 읽으실 것을 권한다.

당신이 전자담배에 관심있는 언론인이나 보건의료인, 의과대학, 간호대 학생이라면 1장을 읽고 전자담배의 유용성과 위험성에 대한 대표적인 주제들의 학술연구들을 소개한 2장부터 12장 중 관심 있는 주제를 골라 읽은 후 에필로그로 넘어가는 순서가 적당하다.

당신이 흡연뿐 아니라 위해감축(harm reduction)과 관련한 이론적 배경이 궁금한 학자라면 13장과 14장이 도움이 될 것이다. 지면 관계상 충분히 다루진 못하였으나 이 정도 내용도 국내에 제대로 소개된 적이 없기 때문이다.

목차

프롤로그
'익숙한 것은 의외로 낯설다?'

스무 살에 군대에서 담배를 처음 배운 이후 30년간 담배를 하루 한 갑씩 피운 오십대 남성; 진료실에서 가장 많이 만나는 평균적 흡연자의 전형이다. 여기서 잠깐, 대한민국 성인 흡연자의 평균 흡연량인 하루 한 갑, 즉 20개비에 주목해 보자. 하루 24시간 중에서 자고 싸고 먹는 시간을 제한 나머지 16시간 동안 한 갑을 다 소비하려면, 매 48분마다 한 대씩 피워야 한다. 위의 남성은 군대 시절부터 자그마치 219,000개비(=365×20×30)를 매 48분마다 흡입한 것이다. 그야말로 밥보다 애인보다 담배가 더 가깝게 느껴질 수밖에! 그렇다면 이런 흡연자들은 담배에 대해서 얼마나 잘 알고 있을까? 금연 상담을 하다보면 애연가라 자처하는 분들이 담배를 몰라도 너무 모른다는 사실 때문에 깜짝 놀라게 된다. 담배 없이 못 살 것 같다면, 최소한 담배가 무엇인지, 담배의 주성분인 니코틴과 타르, 일산화탄소의 위험성이 어느 정도인지, 담배가 주는 장점과 단점은 무엇인지, 요즘 핫 하다는 궐련형 전자담배란 게 도대체 뭔지... 등 기초적인 지식은 가지고 있어야 하지 않을까? 그러고 보니 사람들은 익숙하고 가까운 것에 의외로 무관심하거나 소홀히 대하는 것 같다. 가장 익숙한 관계인 부부나 자녀를, 어쩌다 만나는 친구나 동료보다 소홀히 대하는 사람이 많은 것을 보면… 평생토록 애증의 관계인 담배와 니코틴 중독에 대한 당신의 지식 수준은 어느 정도인가?

자 이제, 당신이 애연가를 자처한다면 다음의 일곱 가지 문장에 '예' 혹은 '아니오'로 답해 보라.

니코틴은 발암물질이다. (예, 아니오)
니코틴은 천식, 만성 폐쇄성 폐질환 등 호흡기질환의 주 원인이다. (예, 아니오)
니코틴 패치나 껌은 흡연자의 몸에서 니코틴을 빠르게 분해, 배출시킨다. (예, 아니오)
전자담배 액상은 담뱃잎에서 추출한 니코틴이 주성분이다. (예, 아니오)
전자담배도 연초담배 수준, 혹은 그 이상으로 건강에 해롭다. (예, 아니오)
전자담배도 연초담배 수준의 간접 흡연 피해를 초래한다. (예, 아니오)
전 세계적으로 전자담배를 금연 보조제로 인정하는 나라는 없다. (예, 아니오)

위 질문의 정답은 모두 '아니오'이다. 애연가를 자처하면서 위 질문에 하나라도 '예'라고 답하신 분은, 살짝 부끄러운 맘으로 프롤로그를 줄 쳐가며 일독할 것을 권한다. 본격적인 학습에 들어가기 전, 몸 풀기에 해당하는 기초 지식이지만, 사실 이 책의 핵심 주장을 모두 담고 있다. 논지를 펼치는데 처음부터 결론을 치고 나가는 두괄식과 기승전결에 충실한 미괄식이 있다. 논리적이고 차분한 글쓰기는 미괄식이 어울리지만, 본서는 성질 급한 분을 위해 두괄식 전략을 택하였다. 각각의 논점에 대한 학문적 연구 성과와 논점은 이어지는 장에서 상세히 다루었다. 이 후부터는 차례차례 읽어 나가도 좋겠으나, 먼저 목차를 보고 관심 있는 주제들을 먼저 읽어 나가도 무관하겠다.

1. 흡연자는 니코틴 때문에 암에 걸리는 것 아닌가요?

담배가 암, 호흡기, 심장 및 뇌혈관 질환 등 만병의 원인인 것은 누구나 알고 있다. 놀랍게도 많은 흡연자들이 니코틴이 이런 병의 주범이라고 알고 있다. 하지만, 이는 사실이 아니다. 니코틴은 흡연자를 강제로 기분 좋게 해주는 중독성 물질이며 태아의 건강에 해롭고, 혈압과 맥박을 올리는 등 일부 혈관 건강을 해칠 가능성이 있으나 발암물질이 아니다. 우리가 흔히 담배라고 부르는 것은 연초담배(cigarette)를 뜻하지만, 그 외에도 시가, 코담배, 파이프 담배, 물담배 등 소위 식물의 일종인 Tobacco를 주 재료로 하는 다양한 담배 제품이 존재한다. 니코틴은 담뱃잎의 여러 성분 중 하나일 뿐이며, 담뱃잎을 태울 때 발생하는 연기 속에 타르와 일산화탄소로 대표되는 유해 물질이 나온다. 이중 타르에는 암의 원인인 60여 종의 화학물질과 중금속 등이 포함되어 있다.

2. 전자담배도 그냥 담배랑 비슷한 것 아닌가요?

"흡연자는 니코틴 때문에 담배를 피우는 것이지, 타르로 인해 죽고 싶어 피우는 것이 아니다." 담배위해 감소 전략의 선구자인 Michael Russell의 말이다. 전자담배는 이런 점에 착안하여 니코틴을 주 원료로 한 액상을 배터리와 분무기가 포함된 전자제품에 장착하여 증기를 흡입하도록 만든 제품이다. 물론 100% 니코틴은 아니고 각종 향료나 프로필렌 글리콜 등 용매가 포함되어 있지만, 흔히들 잘 못 알고 있듯이 담뱃잎의 농축액 같은 것은 전혀 아니다.

3. 전자담배에서도 연기가 나오던데요?

전자담배 피우는 모습을 보면 하얀 연기 같은 것이 보인다. 그런데 이것은 연초담배 잎을 태울 때 발생하는 연기와는 완전히 다르다. 담배 연기가 주로 분진(먼지)과 증기가 혼합된 것인 반면, 전자담배 흡입 시 발생하는 것은 분진 없는 일종의 증기이다. 단 증기 안에 니코틴과 몇 가지 화학물질, 전기 코일에서 발생하는 소량의 금속 성분들이 포함되어 있으므로 '오염된 증기'라 할 수 있다. 이런 차이 때문에 외국에서는 기존 연초담배 사용자를 'smoker'로, 전자담배 사용자는 'vaper'로 구별해서

부르고 있다.

4. 전자담배가 더 해롭다는 기사들이 많던데요?

전자담배 액상의 문제는 중국을 비롯한 너무 다양한 회사들로부터 만들어지므로 표준화가 되어 있지 않다는 것이다. 일본에서 다양한 전자담배 액상으로부터 분무되는 증기 속의 독성 물질을 조사한 적이 있는데, 여러 제품 중 특정 제품에서 포름알데히드만 연초담배보다도 더 많이 검출되었다. 다시 말하면 발암물질 덩어리인 타르도 없고, 60여 종에 달하는 연초담배 안의 화학성분들은 거의 1/100 ~ 1/1,000 수준으로 적게 나왔다. 그럼에도 불구하고, 방송이나 기사의 제목은 "전자담배 속 발암물질 일반 담배의 10배 수준" 이렇게 나오는 것이 국내의 현주소이다. 전체 국민의 건강을 위해서, 일부러 그러는 것일까....?

5. 그럼, 이렇게 전자담배를 반대하는 이유는 무엇인가요?

오랫동안 금연운동을 해 온 나는 우리 사회의 전자담배에 대한 우려가 무엇인지 잘 알고 있다. 그럼 이 쯤에서 전자담배에 대한 염려들을 정리해 보겠다.

- 전자담배도 니코틴 중독을 일으키므로 해로운 제품이고 특히 청소년들이 사용할 경우 결국 연초담배로 가는 징검다리가 될 것이다.
- 전자담배가 유행할 경우 금연을 하려던 흡연자들이 전자담배로 갈아타게 되어 결국 니코틴 중독이 줄어들지 않을 뿐 아니라, 이들 중 일부는 전자담배와 연초담배 모두를 피우는 이중 흡연자가 될 것이다.
- 전자담배 회사들이 마치 금연에 도움이 되는 제품처럼 선전하지만, 아직 전자담배가 금연에 효과적이라는 근거가 없다.
- 전자담배 배터리가 폭발하여 화상을 입을 수도 있고, 니코틴액을 어린이 등이 흡입하면 매우 위험할 수 있다.

6. 듣고 보니 일리가 있는데, 전자담배를 옹호하는 분들의 주장은 무엇인가요?

니코틴 패치나 껌뿐 아니라 의사 처방이 필요한 금연 치료제까지 먹어가며 금연을 시도해도 도무지 끊지 못하는 분들이 의외로 많다. 담배만 피우면 기침과 호흡곤란, 피로를 호소하는 만성 폐쇄성 폐질환(COPD, chronic obstructive pulmonary disease) 환자가 수차례의 금연 시도에도 불구하고 결국 흡연 유혹을 이겨내지 못하고, 가족에 대한 미안함과 죄책감으로 자책하는 경우도 있다. 물론 '완전 금연'이 가장 좋다는 것을 누구보다 잘 안다. 이런 경우 전자담배로 갈아타는 것이 대안일 수 있다. 전자담배는 분진이 없어 기침, 가래 등을 유발하는 기관 지자극이 훨씬 적다. 더 좋은 것은 일단 전자담배로 갈아 탔다가 서서히 사용 빈도를 줄여가며 완전 금연에 이르는 경우일 것이다. 이런 방식의 접근을 학계에서는 '위해감축 혹은 해로움 줄이기 전략'(Harm Reduction Strategy)이라고 한다.

7. '위해감축'에 대해 좀 더 설명해 주세요.

사실 위해감축은 오래된 개념이다. 외국의 경우 마약 중독자 관리의 일환으로 정부가 주도하여 병의원을 통해 일정 양의 마약(메싸돈)을 중독자들에게 나누어 주고 있다. 치료가 어려운 중증의 중독자들이 범죄를 저지르거나 범죄 조직에 이용당하는 사회적 해악보다는, '덜 해로운' 방안을 채택한 것이다. 담배에 있어서 위해감축은 전자담배의 도입과 함께 본격적으로 논의되고 있다. 이전에는 끊든지 아니면 계속 피우든지 양자택일의 구도였다면, 이제는 '도저히 못 끊겠으면 덜 해로운 제품을 사용하세요'라는 제 삼의 길을 제시하자는 것이다.

정책을 반대하는 이는 과거 소위 '순한 담배'에 관한 불쾌한 기억이 있다. 니코틴과 타르 함량이 적다며, "마일드, 라이트, 순" 등의 이름을 붙이고 출시되었던 담배들은 위해감축의 원조격인 셈이다. 그런데, 시간이 한참 흐르고 나서 보니 흡연자는 니코틴 함량이 적을 경우 이를 보상하기 위해 연기를 더 깊이 흡입하거나 오래 머금는 경향 등으로 인해 결국 질병 발생을 줄이지 못한다는 것이 밝혀졌다. 그러므로 전자담배도 당장 인체 유입되는 독성 물질의 양은 적을지 몰라도, 오랜 시간이 흐른 후에 건강 영향을 지켜봐야 한다고 주장한다. 하지만, 전자담배를 옹호하는 입장의 전문가들은 전자담배는 타르 등 발암물질이 거의 없고 사용 만족도(중독성)을 좌우하는 니코틴이 주성분이라는 점에서 순한 담배의 전철을 밟을 가능성은 거의 없다고 예측하고 있다.

8. 전자담배의 장점과 가능성에 대해 좀 더 알고 싶어요.

담배든 니코틴이든 중독 상태에서 완전히 벗어나는 것이 최선이라는 점은 더 이상 논할 필요도 없다. 수년 전 담배제조 금지 법안을 준비한 박재갑 교수의 노력에도 당연히 지지를 보낸 바 있다. 하지만 이 땅에 담배가 사라지는 것은 아직 요원하며, 현실적으로 우리 사회는 니코틴을 허용하고 있다. 그렇다면 전자담배에 대한 지나친 규제는 오히려 더 해로운 연초담배의 독과점을 강화하는 것 아닐까?

전자담배의 폭발 위험이나 니코틴 액상의 제조 표준화가 없다는 지적은 정부가 나서면 얼마든지 해결할 수 있는 문제이다. 지금은 오히려 조잡한 제품들이 너무 많아 전자담배로 갈아타려다가, 만족스럽지 못하여 도로 연초 담배를 피우는 이들이 많다. 한 걸음 더 나아가 연초담배보다 훨씬 (니코틴 전달면에서) 만족스럽고 안전한 제품이 출시된다면, 연초담배 제조 및 판매 금지라는 꿈같은 현실이 더 빨리 다가 올 수 있지 않을까?

과격하게 들릴 수도 있겠지만, 이러한 생각은 미국 FDA(FDA Center for Tobacco Products)의 새로운 담배 규제 정책에도 포함된 내용이다. 즉, 기존의 담배와의 전쟁을 지속해 나가는 것과 동시에 해로움을 줄이기 위해 흡연으로부터 니코틴을 분리하는 정책, 즉 니코틴 대체제(패치, 껌, 전자담배 포함)의 장기 사용을 통해 연초담배 흡연율을 감소시키려는 전략이다.

9. 전자담배의 장점과 위험성을 따질 때 무엇이 더 중요할까요?

이 물음에 대한 답은 견해에 따라서 전자담배를 반대하는 측과 옹호하는 측의 입장으로 양분된다. 이쯤에서 다시 정리를 하면,

전자담배의 위험성은

1) 비흡연자, 특히 청소년들이 담배를 배우는 징검다리가 될 위험성
2) 연초담배 이외의 니코틴 중독을 허용하게 되면 흡연이 비정상적이라고 주장하며 싸워온 금연운동 진영의 노력에 반하게(재정상화, Renormalization)

될 것이라는 점

3) 전자담배도 연초담배보다 작지만 독성 물질이 배출되므로 이로 인한 건강상의 피해가 있다는 점으로 요약할 수 있다.

전자담배의 유용성은

1) 전자담배로 바꿀 경우의 건강 이익이 연초담배를 계속 피우는 것에 비해 월등할 것이라는 예측
2) 전자담배가 완전 금연에 도움이 될 것이라는 점
3) 전자담배가 연초담배보다 간접흡연의 피해가 적을 것이라는 점 등이다.

위 두 가지의 편익이 과연 우리 사회에 도움이 될지, 아니면 해악이 될지가 관건이다. 아직까지 '정답'은 아무도 모른다. 아마도 전체 사회의 건강을 더 중시하는 보건학자라면 더 신중하게 위험에 대해 고민할 것이다. 그러나 필자와 같이 매일 환자를 진료하는 임상 의사의 입장에서는 당장 금연을 못 할 이라면, 일단 전자담배로 바꾸라고 적극 권하고 싶다. 현재 적지 않은 관련 연구들이 쏟아져 나오고 있지만 지금까지는 찬성론자도 반대론자도 각자 입맛에 맞는 연구들만 언급하고 있다. 진보와 보수가 서로 좋아하는 기사들만 편식하는 것과 비슷하게, 본인의 입장을 지지하는 연구 결과에만 귀를 열고 나머지 한쪽 귀는 막고 있는 양상이다.

이제 필자의 해석으로 반대론자들이 제기하는 위험성을 한 번 더 표현해 보겠다.

"개인 흡연자가 전자담배로 바꾸면 독성 물질에 덜 노출되는 것은 맞다. 그러나 아직 장기 결과는 모르는 거 아냐? 더구나 청소년들이 이를 통해 더 많은 흡연자가 될지도 모르고. 그러니 개인에게는 득이 될지언정 사회 전체를 생각하면 반대해야지."

"현재는 좀 덜 해롭지만 앞으로 모르는 거니까 그냥 더 해로운거 피워. 그리고 당신에게는 득이 될 수 있으나 사회 전체에 해로울 수 있으니 전자담배는 안돼"

필자에게는 이들의 주장이 이렇게 들린다. 저로서는 도무지 동의가

되지 않는 주장이다. 설령 오랜 시간 후에 반대 진영의 주장이 맞다고 결론이 나더라도, '개인 흡연자의 경우 일반 담배를 계속 피우는 것보다 전자담배가 더 해롭진 않을 것'이라는 것이 필자의 생각이다.

10. 아이코스 같은 궐련형 전자담배는 또 뭔가요?

지난해 국내 출시된 아이코스는 궐련형 전자담배로 불리며 담배 시장에 지각 변동을 일으키고 있다. 이어 글로, 릴 같은 제품들이 줄을 잇고 있다. 이들은 참 정체가 모호한 놈들이다. 일단 전자기기를 사용하니 전자담배라 부르기도 하지만, 지금까지 논의한 니코틴 용액을 사용하는 전자담배가 아니라 담뱃잎(Tobacco)을 사용하므로 그냥 담배이다. 일반 담배가 불을 붙여 담뱃잎을 태워 연기를 마시는 것이라면 아이코스, 글로, 릴 등은 전자기기에 꽂아 니코틴이 발생할 정도로 가열만 해서 흡입하는 것이다. 이런 이유로 외국에서는 HNB(Heat not Burn) 혹은 HTP(Heated Tobacco Product)라고 하고, 국내에서는 '찌는 담배' 혹은 '가열 담배'로 부르고 있다. 일반 담배는 800도 이상의 고열이 발생하는 반면, 이들은 300도 정도에서 작동하므로 연소로 인한 독성 물질의 발생이 적다는 것이 제조 회사의 주장이다.

2018년 초에 미 FDA 전문위원회가 아이코스에 대한 의견을 내어 놓았는데, 아이코스 제조 회사인 필립 모리스가 제기한 세 가지 주제를 놓고 전문위원들이 투표를 했다. 그 결과 아이코스가 담배 관련 질환의 위험성을 줄인다는 주장은 8 대 0으로 기각(1명은 기권), 아이코스가 일반 담배보다 덜 위험하다는 주장은 5대 4로 기각, 그리고 마지막 주장인 아이코스가 연초담배보다 인체에 노출되는 독성 물질의 양을 줄인다는 주장은 8대 1로 인정했다. 물론 국내 언론에선 (국민 건강을 위하여?) 마지막 주장은 빼고 앞에 두 개만 강조해서 보도하거나, 심지어는 세 가지 모두 기각되었다는 잘못된 기사가 실리기도 했다.[1]

우리나라 식약처가 발표한 2018년 6월 7일자 보도 자료를 보면 주된 내용은 3가지로 요약된다.

1) 니코틴 함유량이 일반 담배와 유사한 수준이라 금연에 도움이 안됨

1 메디컬타임즈. 미FDA "아이코스, 일반 담배보다 덜 해롭지 않다". 2018.1.17. http://www.medicaltimes.com/Users4/News/newsView.html?ID=1116513

2) 타르 함유량이 일반 담배보다 높게 나옴
3) 벤조피렌, 벤젠 등 9가지 발암물질이 검출되었음. 담배 유해성은 흡연 습관에 따라 달라질 수 있으므로 유해 성분 함유량만으로 제품 간 유해성을 비교하는 것은 적절치 않음

역시 9가지 발암물질이 일반 담배에 비해 얼마나 적게 검출되었는지는 애써 강조하지 않고 있다. 필립 모리스는 이 부분과 타르 채집 방식 등에 대해 강력한 항의를 하였지만, 식약처는 아직 이에 대한 답변은 내놓지 않고 있다.

궐련형 전자담배 유해성분 분석결과의 의의

궐련형 전자담배가 금연에 도움이 되는 것은 아님

- 니코틴 함유량이 **일반담배와 유사한 수준**

궐련형 전자담배는 일반담배와 다른 유해물질을 포함할 수 있음

- 궐련형 전자담배 **2개 제품**의 경우 **타르의 함유량이 일반담배보다 높게 검출**
- WHO 등 외국 연구자료 등을 종합적으로 고려할 때, **궐련형 전자담배가 일반담배보다 덜 유해하다는 근거는 없음**

궐련형 전자담배도 암 등 각종 질병을 일으킬 수 있음

- 궐련형 전자담배에도 **벤조피렌, 벤젠 등 인체발암물질이 포함**
- **담배 유해성**은 **흡연습관에 따라 달라질 수 있기 때문에,** 유해성분 함유량 만으로 **제품간 유해성을 비교하는 것은 적절하지 않음**

출처: 식약처 홈페이지

아이코스 같은 가열담배가 연초담배보다 더 해롭다는 말인지, 그렇지 않다는 말인지 헷갈릴 것이다. 이쯤에서 중간 정리를 해 보겠다. 연초담배가 해로운 것은 당연하고, 아이코스 같은 제품은 담배에서 나오는 독성은 다 나오니 역시 해롭지만, 사용자 입장에서 연초담배보다 독성 물질에 덜 노출된다는 것은 사실이다(이건 미국 FDA도 인정). 그래서 이런 종류의 담배는 그 독성에 있어서 일반 담배와 전자담배의 중간에 위치한다. 올 들어 국내 금연 시도율이 많이 떨어지고 있고 그 주된 원인이 금연하던 이들이 아이코스로 바꾸어서 흡연하고 있을 것이라는 추측들이 나오고 있다. 과거 '순한 담배'와 비슷한 결과를 초래할 수도 있다.

아마 식약처도 이런 점을 고려하여 발표 수위 조절을 고민고민 했을 것이다.

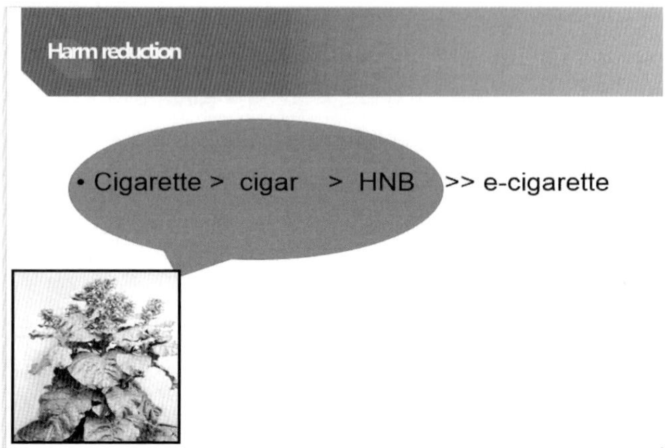

* 위의 그림에서 연초담배, 시가, 가열담배는 모두 담배로 해로운 순서는 보는 바와 같다. 전자담배는 위의 것들과 달리, 담배처럼 생긴 니코틴 흡입기로 볼 수 있다.

11. '선의의 거짓말'은 정당한가?

자 이제, 좀 다른 관점에서 생각해 보자. 의사들은 종종 환자를 위한 거짓말을 한다. 예를 들면 담배를 많이 피우는 사람의 흉부 방사선 사진 결과를 통보할 경우에 부러 폐기종이 좀 있다느니, 기관지가 안 좋아 보인다느니 하는 말을 덧붙일 때가 있다. 환자가 겁이 나 담배를 좀 끊었으면 하는 마음이니 봐줄만 한가? 요즘은 까다로운 환자들도 많아서 노골적인 거짓말은 아무리 의도가 좋더라도 위험하다. 그래서 애써 정보를 선택해서 강조하거나 슬쩍 넘어가는 경우도 있다. 이런 것은 소극적 거짓이라고 해도 될까? 윤리학에서는 이런 경우, paternalism(온정적 간섭, 혹 부성주의)이라는 용어를 사용한다. 자율성이 침해되더라도, 부모의 마음으로 행위한다는 것이다. 하지만, 칸트 같은 철학자는 인간의 자율성을 존중한다는 차원에서 이런 선의의 거짓을 강하게 비판한다.

여러분은 어떠신가? 선의라면 거짓도 용서해야할까? 아니면, 언제나 진실이 우선일까? 나의 생각은 이렇다. 전문가나 심지어는 국가라 할지라도, 개인의 선택에 영향을 줄 수 있는 '비틀린 정보'를 제공하는 것은 신중해야 한다는 것이다. 특히 그 선택이 타인에게 해가 되지 않는다면 누구나 완전히 오픈된 정보를 제공받을 권리가 있고, 그런 환경을 조성하는 것이 학계와 전문가 집단의 책임이다. 누군가에 의해 '선택된 정보' 하에서의 '자율적' 결정이라는 것은 애초에 불가능하기 때문이다.

좀 겁은 나지만, 한 걸음 더 나아가 보자. 현재 전자담배 옹호론의 극단에는 니코틴 단독의 독성에 대해서 다시 생각해야 한다는 주장도 있다. 지금까지의 독성 연구는 대부분 담배와 니코틴이 분리되지 않은 상태의 연구들이었다. 니코틴 자체도 중독성이 높고 태아에 악영향을 미친다는 것이 알려져 있지만, 혈압과 맥박에 영향이 있다는 사실 정도 외에는 아직까지 인체에 미치는 장기적 영향을 잘 모르는 상황이다. 그러니 니코틴을 담배로부터 분리하여 독성을 최소화할 수만 있다면 뭐가 문제가 되느냐는 주장이다. 매우 급진적인 주장이지만, 사실 카페인이나 설탕과 비교하면 일견 설득력이 있다. 카페인도 혈압 등에 영향을 주지만 이를 금하는 사회는 없다. 유발 하라리는 『호모데우스』에서 '매년 62만 명이 폭력으로 죽고, 80만 명이 자살하는데 150만 명이 당뇨병으로 죽는다'며 현재 설탕은 화약보다 위험하다고 했다. 이런 식이라면 미래 사회에서 니코틴 중독에 대해 우리가 어떤 태도를 취해야 하는지도 그리 쉬운 질문은 아닌 것 같다.

이제 결론을 내려 보자. 전자담배든 가열담배든 성인들이 사용하는 제품이라는 면에서, 그것이 얼마나 해로울지 혹은 일반 담배에 비해 덜 해로울지 모른다 하더라도, 정보를 깨끗하게 공개하는 것이 바람직하다. 이런 선택은 각자의 몫이지 국가나 전문가, 언론에서 조정해야 하는 부류가 아니다. 이런 생각이 정리되기까지는 다음에 소개할 영국 보건국과 미국 과학기술의학한림원의 보고서가 큰 도움이 되었다. 우리나라와 달리 영국 보건국은 '위해감축'에 대한 바른 정보를 대중에게 알리는 것이 의사를 비롯한 전문가 집단의 책임이라고 강조하고 있다.

지금까지의 논의를 다시 간략하게 정리하면 아래와 같다.

- 개인이든 사회든 국가든 금연이 최선이다. 부탄처럼 담배 제조판매 금지시킬 수 있다면 대 환영!
- 담배의 독성은 니코틴보다는 이외의 성분들(타르: 발암물질과 중금속 덩어리, 일산화탄소)에 의해 발생한다.
- 흡연자는 니코틴을 원하지, 타르를 비싼 댓가를 치르고 구입하여 흡입하는 것을 원하는 것이 아니다.
- 흡연자가 선택할 수 있는 최선이 금연이라는 것은 논의할 필요가 없다. 다만, 아직 동기부여가 약하거나 여러 번의 시도에도 못 끊은 이가 전자담배로 완전히 갈아타면 훨씬 적은 독성 물질에 노출된다.
- 전자담배는 흡연자 개인의 독성 물질 노출을 줄여줄 뿐 아니라, 간접 흡연의 피해도 적다. 특히 여름철 아파트 세대 간 갈등 등을 줄이는 데도 기여할 것이다.
- 전자담배가 장기적으로 건강에 어떤 영향을 미칠지는 더 연구가 필요하다. 독성 물질 노출 양과 질병의 발생간에 직선적 비례 관계가 아니라는 점에서 향후 주의 깊게 지켜봐야 할 것이다. 하지만, 백보 양보해도 연초담배를 계속 피우는 것보다 더 해롭진 않을 것이다.
- 우리 사회가 전자담배를 인정하는 것이 전체 사회(특히 청소년)에 해가 될 것인지는 좀 더 지켜봐야 한다. 현재 상반된 연구 결과들이 발표되고 있다.
- 전자담배에 대한 지나친 정보 왜곡과 규제는 '가장 해로운' 연초담배의 독과점을 공고히 하는 것일 수 있다.
- 아이코스 등 궐련형 전자담배는 위에 논의한 전자담배라기보다는 유해성을 줄인 담배에 불과하다. 현재로서는 연초담배와 전자담배의 사이에서 연초담배에 보다 가까운 포지션을 차지하고 있는 것으로 보인다.
- 민주사회라면 전자담배에 대한 장단점 등 새로운 제품의 정보를 깨끗하게 공개해야 하며, 이후의 선택은 개별 흡연자의 '자율적 판단'을 존중해야 한다. 선의일지라도 전문가나 정부가 정보를 선별해서 강조하는 것은 더 엄밀한 윤리적 논의가 필요한 부분이다.
- 전자담배의 유용성을 국가적으로 활용하고 있는 영국의 경우 전자담배에 대해 무지한 시민들에게 더 명확한 정보 제공의 필요성이 있다고 강조하고 있으며, 특히 의사협회가 적극적인 지지 활동을 하고 있다.

** 필자의 주된 논점은 금연이 최우선이며, 전자담배(니코틴 액상이 주성분인) 사용이 '해로움을 줄이기'에 해당할 것이라는 것이다. 본 글로 인하여 궐련형 전자담배로 불리우는 아이코스, 글로, 릴 등이 안전한 전자담배라고 혼동하는 일이 없어야 한다. 이러한 오해를 피하기 위해서, 이들은 '가열 담배'로 부르는 것이 좋겠다.

[영국 보건국의 전자담배 및 가열담배 관련 근거 보고서[2]]

현재 전자담배에 대해 가장 관대한 정책을 펼치는 나라는 아이러니 하게도 복지중심, 사회보장 의료의 모범이라 할 만한 영국이다. 2018년 영국 보건국에서 전자담배와 아이코스 등 가열담배(Heat Not Burn, 혹은 Heated Tobacco Product) 관련 보고서를 내어 놓았다. 보고서의 결론은 전자담배를 비롯한 새로운 니코틴 대체제들은 기존 궐련의 막강한 경쟁자들이며, 이들의 잠재적 건강상의 이득을 극대화하고 사회에 미치는 악영향을 최소화하기 위해서 적절한 규제와 모니터링 위험 관리가 필요하다는 것이다. 또한 이러한 잠재력을 보건 정책에 활용하여 기존의 종합적인 담배 규제를 보완할 수 있는 기회를 놓치지 말 것을 강조하고 있다. 방대한 보고서의 내용 중 주요 요약 부분을 소개한다.

☑ 연초담배의 중독성은 니코틴 외에 연기 내 다른 성분들에 의해 강화될 가능성이 있다.
☑ 전자담배가 개선되면서 니코틴 전달력이 우수해지고 있다. 이렇게 되면 전자담배의 중독성이 강화된다는 것을 의미하며, 이는 기존 흡연자들이 전자담배로 바꾸고 싶어하는 매력적인 이유가 된다. 아직까지 전자담배가 연초담배에 비해 얼마나 더 중독을 일으키는지는 확실하지 않다.
☑ 청소년의 니코틴 사용(전자담배를 통한)에 대해서는 더 많은 연구가 필요하다.
☑ 전자담배 속 니코틴이 폐조직에 미치는 장기적 영향은 아직 잘 모른다.
☑ 니코틴과 담배와의 상대적인 위험에 대해서 광범위한 오해가 있으며 이는 바로 잡을 필요가 있다. 연초담배 흡연에 비해 위험성과 중독성 등에 있어서 어떻게 다른지, 니코틴에 대한 최근 근거들에 기초한 명확한 메시지가 대중에게 전달될 필요가 있다.

청소년 관련 이슈

☑ 담배를 접해보지 않은 청소년들이 전자담배를 시도하는 경우가 있긴 하지만, 이들 중 소수만이 규칙적 흡연자로 이행하는 것으로 보인다.

---

2 Public Health England, Evidence Review of e-cigarettes and Heated Tobacco Products 2018.

- ☑ 전자담배가 영국의 젊은이들의 장기적 흡연율 감소를 방해하는 것으로 보이지는 않는다.
- ☑ 비흡연자가 전자담배를 경험하면 일반 담배로 이행할 가능성이 높으나, 인과관계가 증명되지는 않았다.
- ☑ 청소년들이 전자담배에서 연초담배로 이행하는 과정에 대한 연구와 동시에 연초담배에서 전자담배로 이행하는 것에 대한 연구가 시행되어야 한다.

성인 흡연 관련 이슈

- ☑ 영국 성인의 전자담배 사용률은 대략 6% 수준에서 유지되고 있다.
- ☑ 비흡연자 중 전자담배 사용군은 1% 정도이며, 이들 중 대부분은 규칙적 흡연자로 진행하지 않는다.
- ☑ 전자담배와 연초담배의 이중사용 비율은 연초담배와 NRT를 동시에 사용하는 비율과 비슷하다.
- ☑ 전자담배 시도군의 대부분은 규칙적 흡연으로 이행하지 않는다.
- ☑ 전자담배 사용 이유는 담배를 끊고 싶어서가 가장 많으며 이들은 전자담배를 시도하지 않는 흡연자들에 비해 금연 동기가 높다.
- ☑ 영국의 전자담배 사용률 6%는 EU의 평균인 2%보다 높다. 참고로 미국은 4~6% 사이이며 대부분 다른 대륙의 경우 1% 미만이다.
- ☑ 정신질환자나 범죄자 같이 특수한 집단의 흡연자들이 전자담배에 대한 접근성이 강화되도록 해야 한다.

전자담배의 금연 효과

- ☑ 영국의 Stop Smoking Service에서 약물치료와 행동지지요법 등과 함께 전자담배는 단기적인 금연효과가 있었다. 하지만 정식 약물치료만 받는 경우가 더 많았다.
- ☑ 지난번 보고서 발표 이후 새로 14개의 체계적 연구가 있었고 이중 7개가 메타분석 자료였다. 이중 2개는 긍정적인 효과를 한개는 부정적인 효과를 보고하였고 나머지 4개는 결론을 내리지 못했다(inconclusive). 따라서 추가적인 연구가 필요하다.
- ☑ 2017년 상반기 영국의 금연율은 최고를 기록했다. 여기에는 전자담배가 기여한 것으로 보인다. 영국에서 전자담배를 통해 금연에 이른 흡연자의 수는 많게는 57,000, 적게는 22,000명으로 추산된다.
- ☑ 영국의 금연 진료 의사들은 전자담배를 통한 금연 시도에 관련한 교육을 받고 적절

한 행동요법을 시행할 수 있어야 한다.

전자담배의 위험성

☑ 전자담배와 연초담배로부터 분출되는 독성 물질의 평생 발암 위험성을 예측한 연구에 의하면 전자담배의 발암 가능성은 많아야 연초담배의 0.5% 이하이다.

☑ 심혈관질환과 호흡기 질환에서의 비교 위험은 아직 정량화되지 않았으나 확실히 낮은 것으로 보인다. 강력한 호흡기 자극제인 아크로레인의 생화학지표를 측정한 두 개의 연구 모두에서 전자담배 사용군은 비흡연자와 비슷한 수준을 보였다.

☑ 청소년들 중에서 전자담배 사용 후 호흡기 증상이 발생했다는 보고가 있다. 그러나 작은 규모의 비통제 교차연구에 의하면 흡연으로부터 전자담배로의 이행은 호흡기 증상의 호전을 보고하고 있다.

☑ 전자담배에 증기에는 아세트알데히드가 나올 수 있다. 그렇지만 이는 코일이 과열되었을 경우에 한하며 이러한 경우 역한 맛이 느껴진다.

☑ 전자담배 증기에는 금속이 소량이지만 검출된다. 하지만, 지금까지 이것이 건강에 위해할 것이라는 증거는 없다.

☑ 해로운 물질의 노출을 보여주는 바이오마커의 경우 전자담배 사용자는 연초담배에 비해 현저히 낮다. 이는 비흡연자나 금연자의 수준과 유사한 정도이다.

☑ 이중 사용자의 경우 바이오마커 감소는 보이지 않았다.

☑ 전자담배 증기의 간접흡연에 의한 부작용은 향후 연구 주제이다.

☑ 정부는 전자담배회사가 독성을 최소화 한 제품을 만들도록 규제해야 한다. 특정한 독성 물질들을 제거하는 것은 전자담배에서는 가능하지만, 연초담배 제조 과정에서는 불가능하기 때문이다.

☑ 전자담배로의 전환은 연초담배 흡연보다 건강상의 이득이 매우 많다. 현재까지의 지식만으로도 연초담배보다 95% 덜 해롭다고 이야기 하는 것이 상대적으로 큰 위험성의 차이를 설명하여 흡연자로 하여금 전자담배로 바꾸게 할 것이다. 물론 이것이 전자담배가 안전한 제품이라는 것을 의미하는 것은 아니다.

대중의 인식도

☑ 전체 성인 흡연자의 절반만이 니코틴 대체 요법이 흡연보다 덜 해롭다고 믿는다.

☑ 영국 흡연자의 절반만이 전자담배가 일반 담배보다 덜 해롭다는 사실을 믿고 있다.

- ☑ 대부분의 흡연자나 비흡자들이 전자담배로 연초담배를 완전히 대체하면 건강에 매우 이로울 것이라는 사실을 모르고 있다.
- ☑ 이러한 혼란은 연초담배, 전자담배, NRT의 공통점인 니코틴에 대한 오해로부터 비롯된다. 대중의 대부분은 담배의 해악이 니코틴 때문이라고 믿고 있으며 오직 8~9% 만이 담배의 독성이 주로 니코틴 외의 물질에 의한 것임을 인지하고 있다.
- ☑ 10명 중 4명이 니코틴이 흡연 관련 발암물질의 주요 원인이라고 믿고 있다.
- ☑ 이러한 잘못된 지식은 주로 취약계층에서 더 흔하다.
- ☑ 연초담배에 비해 상대적인 위험에 대한 지식이 대중에게 명확히 전달되어야 한다. 특히 NRT나 전자담배로 교체하여 이득이 클 것으로 예상되는 흡연자들에게 더 강조되어야 한다.
- ☑ 전자담배의 가격은 연초담배에 비해 경쟁력을 가지도록 함으로써 흡연자들이 연초담배에서 전자담배로 전환하도록 유인하는 정책이 필요하다.

가열담배: HTP 관련 이슈

- ☑ 연초담배 흡연에 비해 흡연자 자신이나 간접흡연자 모두에게 독성 물질에 덜 노출되는 것으로 보인다. 그러나 어느 정도 감소되었는지는 연구마다 상이하다.
- ☑ 제한된 근거이지만, HTP(Heated Tobacco Products)로 인한 실내 공기 오염은 전자담배보다 높은 것으로 보인다.
- ☑ 현재까지의 근거들은 HTP가 전자담배보다 더 해롭고 연초담배보다 덜 해로울 것으로 보인다.

[미국 과학기술의학한림원 보고서[3]]

증거 수준의 정의

확고한 증거(conclusive evidence) : 결과가 상충하지 않는 충분한 양질의 대조군 연구들로부터 지지되고 있음. 우연, 비뚤림, 교란 요인들을 포함한 제한 점들을 온전히 배제할 수 있는 확고한 결론들

상당한 증거(substantial evidence) : 상충되는 내용이 거의 없는 양질의 관찰 연구나 대조군 연구들로부터 지지되고 있음. 우연, 비뚤림, 교란 요인들을 포함한 제한 점들을 온전히 배제할 수는 없지만 상당히 확고한 결론들

중등도 증거(moderate evidence) : 상충되는 내용이 별로 없는 상당히 양질의 연구들(fair-quality studies)로부터 지지되고 있음. 우연, 비뚤림, 교란 요인들을 포함한 제한 점들을 온전히 배제할 수는 없는 일반적 결론들

제한된 증거(limited evidence) : 가장 그럴싸한 하나의 결론에 대하여 상당한 혹은 혼란스런 결과의 연구들로부터 지지되고 있음. 우연, 비뚤림, 교란 요인들에 의하여 심각한 불확실성이 제기된 가운데 내려진 결론들

부족한 증거(insufficient evidence) : 하나의 저품질 연구와 뒤섞인 결과들로 인하여 결론을 내리기 힘든 주장들

근거 없음(No available evidence) : 유용한 결과나 이를 보여줄 연구가 전혀 없어 결론을 내릴 수 없는 주장들

---

3 The National Academy of Science, Engineering, and Medicine. Public health consequences of E-cigarettes, 2018.

확고한 증거(Conclusive evidence)

☑ 전자담배 사용은 실내에 니코틴과 특정 물질의 농도를 높인다.

☑ 전자담배로부터 니코틴의 노출은 제품과 용액, 사용법에 따라 그 정도가 달라질 수 있다.

☑ 전자담배는 니코틴뿐 아니라 잠재적으로 위험한 독성 물질을 분출한다.

☑ 전자담배는 조악한 제품이나 사용법을 잘 지키지 못했을 경우 배터리 폭발 등에 의한 위험성이 있다.

☑ 전자담배 액상에 사고로 신체가 직접 노출될 경우 경련, 뇌손상, 구토, 젖산혈증 등이 초래될 수 있다.

☑ 전자담배 액상을 의도적으로든 사고로든 섭취하는 경우는 사망에 이를 수 있다.

☑ 연초담배를 전자담배로 완전히 교체할 경우 다양한 독성 물질과 발암물질의 노출은 줄어든다.

상당한 증거(Substantial evidence)

☑ 전자담배 사용자는 연초담배 사용자와 비슷한 정도의 니코틴을 흡입한다.

☑ 니코틴을 제외한 다른 독성 물질의 경우 전자담배 사용자가 연초담배 흡연자보다 현저히 낮다.

☑ 전자담배의 증기 안에는 금속 성분이 포함되어 있다. 이는 전자담배 액상이나 가열을 위한 금속코일 등에서 발생하며 사용 방법이나 패턴에 영향을 받는다.

☑ 전자담배의 증기는 급성으로 혈관내막세포에 이상을 초래한다. 다만 이러한 노출의 장기 효과는 아직 불확실하다.

☑ 전자담배 증기는 연초담배보다 적기는 하지만 산화 스트레스를 증가시킨다.

☑ 전자담배 증기도 의존성을 초래한다.

☑ 전자담배 사용 후 니코틴에 의해 맥박이 빨라진다.

☑ 전자담배 증기의 일부 화학물질(포름알데히드, 아크로레인)은 DNA 손상을 초래하여 암을 발생시킬 수 있다. 그러나 어느 정도 노출되어야 암이 발생하는지는 아직 불확실하다.

☑ 전자담배 사용은 젊은이들에게 연초담배를 경험하게 할 위험성을 높인다.

☑ 연초담배에서 전자담배로 완전히 바꿀 경우 몇 개의 장기에 단기적인 위해를 줄일 수 있다.

중등도 증거(Moderate evidence)

☑ 의존성의 위험과 심한 정도는 전자담배가 연초담배에 비해 적다.

☑ 전자담배 제품의 다양성(니코틴 농도, 가향, 전자기기의 타입과 브랜드)은 전자담배 의존의 위험과 심한 정도를 결정하는 중요한 결정 요인이다.

☑ 전자담배로부터 흡입된 니코틴은 이완기 혈압을 올린다.

☑ 전자담배와 천식 악화와의 관계에 있어서 전자담배를 사용하는 청소년의 경우 기침과 천명음이 증가한다.

☑ 연초담배 흡연 경험이 있는 청소년이나 젊은 흡연자의 경우, 전자담배의 사용은 연초담배의 사용 빈도나 강도의 증가를 초래한다.

☑ 무작위 대조군 연구들에 의하면 니코틴을 포함한 전자담배가 니코틴 불포함 전자담배에 비해 금연에 효과적이었다.

☑ 관찰 연구들로부터의 전체적인 근거는 혼란스럽지만, 전자담배 사용 빈도가 증가하면 금연할 가능성은 높아진다.

☑ 전자담배에 의한 간접흡연은 연초담배에 비해 적다.

제한된 증거(Limited evidence)

☑ 전자담배의 실내 사용은 실내 공기중 니코틴과 기타 전자담배 구성 성분의 레벨을 비흡연 상태보다 높인다.

☑ 카드뮴의 경우 전자담배가 연초담배에 비해 현저히 낮다. 하지만, 몇 가지 성분의 금속은 전자담배가 연초담배보다 많이 검출된다.

☑ 전자담배 사용은 수축기 혈압을 단기간 상승시키고 산화 스트레스의 생화학지표에 변화를 초래하며, 혈관내피세포 이상과 동맥의 경화를 초래한다.

☑ 동물 연구에서 전자담배 사용이 암 발생 위험을 높인다는 제한적 근거가 있으나, 전자담배 증기 노출이 암 발생을 촉진하는지에 대한 장기적인 생화학분석에서 의미있는 증거는 없는 상태이다.

☑ 전자담배 증기가 인간, 동물 모델, 그리고 배양중인 인세 세포에서 DNA 손상을 초래한다.

☑ 부분적으로 혹은 완전히 전자담배로 교체한 성인 천식 흡연자에서 폐기능과 호흡기 증상이 호전되었다.

☑ 부분적으로 혹은 완전히 전자담배로 교체한 만성 폐쇄성 폐질환 흡연자에서 호흡기

증상의 악화가 감소하였다.

☑ 동물 실험이나 실험실 연구에 의하면 전자담배 노출이 호흡기에 부작용을 초래한다.

☑ 전자담배로 바꾸면 잇몸과 치아 질환이 개선된다.

☑ 니코틴 함유 혹은 불포함 전자담배 모두에서 증기 노출은 비흡연자에 비하여 구강 내 조직과 세포 손상을 초래한다.

☑ 연초담배를 경험한 청소년이나 젊은 성인층의 경우 최근의 전자담배 경험은 이후에 연초담배 흡연 기간의 연장을 초래한다.

☑ 전자담배는 금연을 촉진하는 유용한 도구이다.

불충분한 근거(Insufficient evidence)

☑ 전자담배는 심박수, 혈압, 심장의 기하학적 변화와 기능에 장기간의 변화를 초래한다는 근거는 불충분하다.

☑ 산모의 전자담배 사용이 태아 발달에 영향을 주는지 여부에 대한 근거는 불충분하다.

☑ 전자담배가 위약이나 FDA가 승인한 금연치료제와 비교할 때 금연에 효과가 있는지 여부에 대한 근거는 불충분하다.

☑ 연초담배 흡연자가 전자담배를 같이 피우게 되면(이중 사용) 몇 가지 장기에 단기적 부작용이 초래된다는 사실은 근거가 충분하지 않다.

근거 없음(No available evidence)

☑ 전자담배 사용과 임상적으로 심혈관질환(관상동맥질환, 뇌졸중, 말초동맥질환)이나 잠재적 동맥경화(관상동맥석회화)를 초래하는지 여부

☑ 전자담배 사용과 인간에서의 암 발생 중간지표와의 연관성

☑ 전자담배 사용과 인간 호흡기질환과의 연관성

☑ 전자담배 사용과 임신 결과와의 연관성

☑ 전자담배 사용자와 연초담배 사용자의 질병 발생 혹은 사망률의 차이

1장

담배전쟁의 '뜨거운 감자', 전자담배

전 지구적으로 전자담배의 위해성과 유용성에 대한 논쟁은 여전히 '진행 중'이다. 초창기에는 국제금연학회 등에서 작은 방에서 관심 있는 소수의 학자들의 토론 수준으로 다루어졌다. 하지만 지금은 주제 강연이나 이슈 토론의 단골 메뉴로 대규모 컨벤션 홀에서 진행된다. 그만큼 전자담배의 유해성 논란은 '뜨거운' 진행형의 주제이다. 이미 '건강에 덜 해롭다는 근거 없음'으로 결론이 난 소위 '순한 담배'의 경우처럼 '트로이 목마'에 불과할 것이라는 유해론과[1] 연초담배의 독성에 비해 1/1,000 수준이며[2] 니코틴 대체제의 일종으로 분류하여 흡연자에게 금연 도구로 권장해야 한다는 옹호론이 첨예하게 충돌하고 있다.

2015년에 영국의 학자들은 "전자담배는 전통적 연초담배에 비해서 95% 가량 더 안전하다"고 평가하였다.[3] 금연을 원하면서도 금연을 할 수 없었거

---

1 Chapman S. Should e-cigarettes be as freely available as tobacco cigarettes? No. BMJ 2013;346:f3840

2 Etter JF. Should electronic cigarettes be as freely available as tobacco? Yes. BMJ. 2013;346:f3845. 10.1136/bmj.f3845

3 McNeill A, Brose LS, Calder R, et al. E-cgarettes: an evidence update - A report commissioned

나, 금연을 아예 원하지도 않던 연초담배 흡연자들 가운데서 전자담배를 이용해 본 다음에 연초담배의 대체품을 찾았다고 느끼는 흡연자들도 상당히 많다. 전자담배는 전통적 연초담배와는 다른 통로 · 방법으로 이용자들에게 니코틴을 전달한다. 그래서 니코틴 의존 · 중독 때문에 어쩔 수 없이 연초담배를 계속 사용할 수밖에 없었던 흡연자들도 연초담배 흡연 시보다는 위험 개연성이 낮은 대안일 수 있다고 평가하였다.[4]

그러나 세계보건기구를 포함한 관련 공중보건단체들과 McKee와 Capewell과 같은 학자들은 전자담배 이용을 강하게 반대하면서, "전자담배는 그 기초를 바위 혹은 모래 위에 두었는가?"고 질문하였고, 지금까지의 전자담배에 대한 근거들을 고찰해볼 때, 전자담배를 장기적으로 이용하여 발생할 결과들이 모두 긍정적인 것들이라 볼 수만은 없다고 비평하였다.[5]

전자담배의 이중 효과: 유해론과 옹호론

윤리학에 이중 효과(double effect)라는 용어가 있다. 어떤 행위 혹은 결정은 대부분 동시에 좋은 효과(good effect)와 나쁜 효과(bad effect)를 생성해 낸다는 뜻이다. 현재 진행 중인 전자담배에 대한 논쟁 역시, 이전에 존재하지 않았던 새로운 제품의 효과에 대한 제 각각의 입장 표명이라 볼 수 있다.

세계보건기구는 전자담배의 사용이 점차로 증가하면서 이 제품이 담배규제를 옹호하는 금연운동 진영을 이간시키는 공중보건 토론 주제로 규정한 바 있다.[6]

---

by Public Health England. London, Public Health England, 2015.

4 Wisconsin Smoke-free Alternative Coalition. Smoking Ordinances & Electronic Cigarettes. Wisconsin Smoke-free Alternative Coalition, 2014.

5 McKee M, Capewell S. Evidence about electronic cigarettes: a foundation on built on rock or sand? BMJ 2015;351:h4863.

미국 약물남용연구원(National institute on Drug Abuse, USA: NIDA)은 2013년 11월에 "ENDS는 전통적 연초담배와 비교할 때 더 안전한가?"라는 질문과 함께 다음과 같은 의견을 제시했다.[7]

> "불행하게도, 이 질문은 대답하기가 대단히 어려운 질문들 가운데 하나이다. 그 이유는 이 새로운 제품들에 대한 정보가 아직까지는 충분하지 않기 때문이다. 연초담배 흡연은 미국에서 연간 약 40만 명을 죽음에 이르게 하는 예방이 가능한 첫째가는 주요 사망 원인이다. 흡연과 연관되는 최악의 건강상 결과물들은 담배의 연소에 의해 발생되는 타르와 기타 화학물질들의 흡입과 연결되어 있다. ENDS는 담배 연기와 비슷해 보이고 느끼도록 향기를 풍기는, 니코틴은 전달하되 연소되는 담뱃잎들에 의해서 생성되는 독성 화학물질들이 없는 에어로졸을 생성하게 하여 담배 연기의 소행을 흉내 내도록 디자인 되어 있다. ENDS는 담배 연기를 발생시키지는 않지만, 여전히 니코틴과 기타 잠재적으로 해로운 화학물질들을 함유하고 있다. 몇몇 ENDS 제품들을 시험해본 결과, 그것들에서 이미 알려져 있는 발암성 물질들과 독성 화학물질들을 함유한 증기가 발견되었다."

전자담배에 대한 학자들과 국제기구가 제기하는 논점들은 매우 다층적이고 복잡한데, 이들을 정리하면 다음과 같다.

첫째, 전자담배 안에도 여전히 연초담배에서 나오는 독성 물질들이 검출

---

6 Abrams, D. – Yach, D. Statement from specialists in nicotine science and public health policy : a letter to WHO Director-General dated 26 May 2014. nicotinepoiicy.net. https://nicitinepolicy.net/.../letters/MargaetChan.pdf.

7 World Health Organization. Electronic cigarettes or electronic nicotine delivery systems. Geneva: WHO, 2014.

되며, 연초담배보다 질병을 덜 일으킨다는 증거가 아직 없다는 주장이다.

둘째, 청소년들의 호기심을 자극하여 연초담배 흡연으로 가는 징검다리 역할을 할 것이라는 염려이다.

셋째, 기계적 혹은 화학적 안전성에 대한 것으로 배터리 폭발로 인한 화상이나 사고를 강조하기도 하고, 니코틴 함량의 불안정성을 지적하기도 한다.

넷째, 자칫 전자담배와 연초담배를 동시에 사용하는 새로운 흡연 행태(Dual user)를 만들어 낼 것이라는 주장이다.

다섯째, 소위 '순한 담배' 논쟁의 전철을 밟을 것이라는 주장인데, 전자담배도 순한 담배처럼 결국 건강에 덜 해롭다는 결론이 나거나, 그렇지 않더라도 아직 이런 근거가 충분치 않으므로 반대해야 한다는 논리다.

여섯째, 전자담배가 개인 흡연자에게는 독성 물질 흡입을 줄이는 효과가 있다고 하더라도 공중보건학적 차원에서 사회에 미치는 해악이 더 클 수 있다는 주장이다.

일곱째, 전자담배의 확산은 기존의 금연운동에 분열과 혼란을 초래하고 결국, '물타기 전략'이 될 것이라는 염려다.

오랫동안 금연 운동에 참여하였고 지금도 매일 연구실, 혹은 진료실에서 담배와 전쟁을 벌이고 있는 저자들은 이러한 우려에 충분히 공감한다. 그럼에도 불구하고, 국내에서 전자담배의 유통을 전면 금지시켜야 한다는 등의 과격한 주장에는 동의할 수가 없다. 인류 살상을 위한 전쟁 무기이면서, 한편으론 건설 현장의 필수품이기도 한 다이너마이트처럼 전자담배의 선한 효과에 대한 기대가 쉽게 포기되지 않기 때문이다. 그럼 이쯤에서 전자담배 옹호론을 주장하는 학자들의 논리를 들여다보자.

첫째, 담배를 끊는 것이 '최선'임에는 이견이 없다. (이는 흡연자들도 인정한다! 다만 대부분 흡연자는 '아직' 준비가 안 되어 있을 뿐 아니라, 최신 금연 치료제조차 성공률이 30% 전후에 불과한 것이 현실)

둘째, 약물치료와 상담 등 여러 차례의 금연 시도에도 불구하고 도무지 못 끊는 흡연자들이 분명 존재한다.

셋째, 못 끊는 경우라면 독성 물질의 흡입이 적은 전자담배로 바꾸는 것이 '차선'은 될 수 있다. 차선 전략은 위해감축이라는 이론을 배경으로 하고 있다. 위해감축은 몇 몇 나라에서 마약중독자들에게 일회용 주사기나 메싸돈(Methadone)과 같은 마약을 일정량 정기적으로 공급해 준 경험을 통해 근거와 효과가 입증된 이론이다.

넷째, 금연을 목적으로 전자담배로 바꾸는 것은 효과가 일부 입증되었다. 이 경우 전자담배는 니코틴 대체제인 패치나 껌과 같은 기전으로 작용한다고 볼 수 있다. 영국을 비롯한 전자담배 옹호론이 우세한 나라에서는 이미 전자담배를 니코틴 대체제로 인정한 바 있다.

다섯째, 공중보건학적 차원에서 전자담배가 현재의 연초담배가 초래하는 해악 이상의 추가적인 보건학적 위해를 초래할 가능성이 존재한다고 하더라도, 당장 연초담배의 흡연으로 인해 천식 등 호흡기 질환이 악화되는 환자 '개인의 입장'을 고려하면, 전자담배로 갈아타는 것을 반대할 이유는 없다.

여섯째, 전자담배 유해론의 주된 논리 중 하나는 전자담배 사용으로 인해 인체로 유입되는 독성 물질의 양이 연초담배에 비해 적다는 점은 인정하지만, 아직 충분한 역학 연구가 미비하여 이것이 실제적인 질병 위험 감소로 이어질지 근거가 부족하다는 것이다. 연초담배 사용의 유구한 역사에 비하여 전자담배가 등장한 것은 얼마 되지 않은 상태이므로 장기적인 건강 위해 정도를 현 시점에서 결론을 내릴 수 없는 것은 당연하다. 그렇다고 해서 그런 결과가 나올 때 까지 위해감축의 가능성 자체를 부정해야 하는 것인가? 현재까지의 연구 결과만으로도 전자담배가 연초담배보다 개인의 건강에 더 해로운 가능성은 거의 없어 보인다. 그렇다면, 전자담배가 연초담배와 동일한 정도로 해롭거나, 아니면 훨씬 덜 해로울지에 대한 예측만 가능한데, 그 확률이 반반인 50%라고 가정해보자. 앞으로 오십 년쯤 후에 어느 쪽이 옳은지 결론이 난다고 할 때, 만일 후자로 결론이 난다면 현 시점에서 전자담배 유해론 주장은 '금연이 어려운 흡연자'들에게 위해를 경감할 수 있는 기회를 박탈하고 방치한 행위가 되는 것이다.

일곱째, 흡연자는 니코틴을 원하지만 연초담배 사용 시 부득이하게 타르와 분진을 함께 체내로 흡입하고 있는 셈이다. 니코틴 역시 해로운 점이 있으나 카페인이나 술에 대한 정책과 비교한다면, '순수한' 니코틴 사용을 문제 삼을 이유가 있을까? 어차피 니코틴 중독이 허용된 사회라면 연초담배만 허용하고 경쟁 제품으로서 전자담배 사용을 억제하는 정책은 형평성에 맞지 않는다. 상상력을 발휘하여, 지금보다 더 안전성이 확보되고 니코틴만을 안정적으로 공급하는 고품질의 전자담배가 개발된다면, 연초담배의 종말이 생각보다 일찍 찾아올 수도 있을 것이다.

이러한 논쟁을 지켜보면 마치 정치적으로 보수와 진보가 서로의 목소리를 듣지 않고 일방적으로 자신의 주장만 내어 놓는 것과 비슷하다. 한편 국내의 경우는 학계와 언론 모두가 이구동성으로 전자담배 유해론 일색이다. 한국에서 전자담배 옹호론을 주장하는 것은 한국금연운동협의회와 대한금연학회 등에서 오랜 기간 한솥밥을 먹어온 금연 동지들로부터 '왕따' 취급당할 위험성을 감내해야 한다. 그럼에도 불구하고 저자들은 이제는 이러한 '지식과 정보의 불균형'을 바로 잡을 때가 되었다고 생각하였다. 노파심에서 미리 천명하지만, 필자들은 담배회사는 물론이고 전자담배나 기타 관련 산업체로부터 어떤 경제적 이해 관계나 향응 등을 받은 적이 없다. 오직 순수한 학자적 관심에 따라 위해감축이라는 관점에서 몇몇 전문 학술지에 전자담배의 가능성에 대한 논문을 발표해 왔다. 2018년 6월 7일, 식약처가 아이코스, 릴, 글로 등 소위 '가열담배' 제품의 유해 성분 실험 결과를 발표하였다. 발표 내용을 요약하면, 가열담배도 연초담배 수준의 니코틴이 검출되었으므로 중독을 일으키며, 타르 함유량이 일반 담배보다 높게 검출되어 일반 담배보다 더 해로울 수 있고, 벤조피렌, 벤젠 등 발암물질이 검출되었다는 것이다. 그런데, 지난 주 필자의 제자 남편이 그동안 금연에 여러 차례 실패하고 아이코스로 바꾸어 피우고 있었는데, 식약처 발표를 보고 다시 연초담배를 피우고 있다는 소식을 들었다. '아차' 싶어 확인해보니, 식약처 발표 기사 아래에는 "그동안 속았다. 다시 담배로 바꿔야겠다"는 댓글들이 줄을 잇고 있었다.

이건 아니다 싶었다. 적절한 비유는 아니지만, 게임중독에 빠진 자녀 공부 좀 시키려고 못하게 하였더니 가출해버린 격이라고 할까? 만일 10여 년쯤 후에 가열담배 사용자가 연초담배 흡연자보다 폐암 등에 덜 걸린다는 결론이 난다면, 이번 발표로 다시 연초담배를 피우는 흡연자들의 건강 위해는 누가 책임질 것인가?

본 서의 기획은 이러한 문제 의식의 계기로 시작되었다. 담배와의 진쟁을 니코틴과의 전쟁으로 혼돈하고 있는 국내의 '기울어진 시계추'를 바로잡기 위해서 무언가 행동해야 했다. 그동안 국내외 학회지에 발표한 논문들과 칼럼들, 그리고 이들을 준비하는 과정에서 정리한 광범위한 지식들을 '위해감축'이라는 관점에서 새롭게 구성하여 제시해 보고자 한다.

2장

이론적 배경: 흡연의 해악과 니코틴 중독의 이해

흔히들 "담배가 그렇게 해로우면 만들지를 말 것이지 왜 국가가 주도적으로 시장에 내어 놓고는 못 끊는다고 난리냐?" 라는 푸념을 늘어놓는다. 맞는 말이다. 실제로 2006년도에 당시 국립암센터 박재갑 원장은 국회의원들의 서명을 받아내어 담배제조 및 판매금지법에 대한 제안을 하였다. 매우 의미 있고 소신 있는 행위였지만 오랜 역사 동안 형성된 '가속도'를 무시할 수는 없는 일이어서, 당장 현실화되지는 못했다. 이러한 문제 제기에 대한 합리적인 답변은 담배가 인류와 오랜 동안 함께한 '역사적 산물'이라는 통시적 이해를 통해서만 가능하다. 먼 훗날 어느 시점에서는 담배가 지구에서 종말을 고할 수 있겠으나 담배의 종말이 곧 니코틴의 종말(Nicotine-free world)을 의미할지는 두고 봐야 할 일이다. 담배전쟁과 니코틴전쟁의 개념과 차이점을 이해하기 위해서 간략하게 담배의 역사와 해악에 대해 알아보자.

간략히 정리한 담배의 역사와 해악

우리 말 '담배'는 영어로는 'tobacco'이다. 담배는 남북아메리카대륙에서 천연적으로 자라는 다년생초이나 온대지방에서는 일년생초로 취급되고 있다. 높이는 1.5m~2.0m이고, 잎과 줄기에는 털이 빽빽이 나 있고 점액질이 있다. 잎은 어긋나기하며 길이는 50cm 정도로 끝이 뾰족하다. 꽃은 흰빛이나 붉은색에 가까운 분홍색을 띠면서 7~8월에 핀다. 1g의 종자 수는 14,000~15,000개로 종자의 크기가 유난히 작다.[1]

담배의 과명(科名)은 Solanaceae(가지과)이고 학명(學名)은 Nicotiana tabacum L.이다. 속명 Nicotiana는 프랑스의 외교관이었던 Jean de Nicot에서 유래하였고, 종명 tabacum은 담배의 인디안 이름이다.

우리나라 담배사업법 제2조는 "담배란 연초(煙草)의 잎을 원료의 전부 또는 일부로 하여 피우거나, 빨거나, 증기로 흡입하거나, 씹거나, 냄새 맡기에 적합한 상태로 제조한 것을 말한다."고 정의하고 있다.

우리가 일상에서 담배라고 말할 때, 혼동을 일으킬 가능성이 있다. 왜냐하면 담배는 식물의 일반 명칭인 동시에 그 식물을 원료로 삼아 제조된 물품을 가리키기는 경우도 있기 때문이다. 따라서 우리가 "담배"라고 말할 때, 그 담배가 전자인지 아니면 후자인지를 구분하여 사용하여야 그 뜻이 바르게 전달될 수 있다.

기원전 1세기 무렵에 아메리칸 인디언들은 담배를 종교적으로 또는 약용으로 사용하기 시작하였다. 담배가 원산지인 아메리카 대륙을 벗어나, 세계 이곳저곳으로 퍼져나가 번식하게 된 발단은 1492년 10월 15일에 아메리카를 발견한 크리스토퍼 콜럼버스(Christopher Columbus)가 아메리칸 인디

1 농업유전자원정보센터. 자원식물백과, 식물백과, 담배. 농업유전자원정보센터. http://www.genebank.go.kr/PP/plantSearch20_view.bo?ref=&validpna

언들로부터 마른 담뱃잎을 선물로 받았던 데 있다. 콜럼버스와 함께 신대륙으로 항해해 왔던 선원들이 담배 씨를 가지고 유럽으로 귀항한 이후부터 유럽 전역에서 담배가 재배되기 시작하였다.

유럽에서 담배의 재배가 유행한 주요 원인은 담배가 가진 치료의 특성 때문이었다. 그 당시 유럽인들은 담배는 거의 모든 병들을 치료할 수 있다고 믿었다. 1600년대에 들어와서 담배는 금덩이로 여겨질 정도로 귀한 물품이 되었고, 흔히 돈으로 사용되기도 하였다. 그러나 이 시기는 흡연의 위험한 요소들이 이해되기 시작한 때이기도 하다. 1610년, 프란시스 베이컨 경(Sir Francis Bacon)은 '나쁜 버릇을 고치려고 노력하기가 어렵다'는 기록을 남겼다. 미국으로 건너간 영국의 청교도들이 정착했던 매사추세츠 주에서는 1632년에 공공연히 담배를 흡연하는 행위를 불법으로 보았다. 이는 흡연이 건강에 미치는 영향력에 대한 관심에서 연유한 것이라기보다는 그 시대의 도덕적 신념을 다루는 한 단면이었다고 볼 수 있다.

1964년에 드디어 미국 정부의 공중보건국장(the Surgeon-General)이 "흡연과 건강"이란 공식 보고서를 내놓았다. 이 보고서는 정부가 연초담배의 광고와 판매를 규제할 수 있도록 도움을 주었다. 1960년대는 흡연으로 인한 건강의 유해물들이 대부분 보고된 시절이었다. 1965년에 영국에서는 텔레비전에서의 연초담배 광고가 중단되었고, 1966년에는 연초담뱃갑에 건강상의 경고문들을 넣어야 한다는 목소리가 울려나오기 시작하였다. 담배에 대한 부정적인 압박에 대항하여 주요 담배회사들은 제품을 다양화하는가 하면, 회사의 명칭에서 "담배"를 빼는 등으로 회사의 이미지를 바꾸려고 노력하였다. 우리나라의 경우는 몸에 좋은 인삼과 담배를 합하여 담배인삼공사라는 작명으로 부정적 이미지를 희석하려는 노력을 엿볼 수 있다.

지금 시장에서 유통되고 있는 담배 제품들은 여러 형태가 있으나 연초담배[cigarette, 가공된 담배와 가늘게 썬 담배, 재구성된 담배, 첨가제들을 배합하여 종이로 감싼 기통(汽筒: cylinder) 속에 똘똘 말려지게 하거나 채워 넣은 것으로 대개는 한쪽 끝에는 필터가 달려 있음]가 가장 많이 소비되고 있다.

연초담배에서 나오는 연기 속에는 약 4,000여 종류의 서로 다른 화합물들이 내포되어 있고, 그 가운데 상당수의 화학물질들은 독성을 가지고 있어 이 물질들이 우리 몸속으로 들어와 세포들을 위험에 빠뜨리며, 각종 장기들(예: 방광, 구강, 인후, 후두, 식도, 신장, 폐, 췌장, 위 등)에서 암을 일으키는 원인이 되는 것으로 증명되었다.[2] 담배 연기 속에서 발견되는 화합물들 가운데 주목할 것들은 니코틴, 타르와 일산화탄소이다.[3] 니코틴은 흔히 발암물질로 알려져 있지만, 이는 잘못된 정보이다. 발암과 폐 손상에 관여하는 성분은 각종 중금속과 60여 종의 발암물질 덩어리인 타르이다.

2012년 세계보건기구는 담배는 사용자를 사망하게 만드는 유일한 합법적 약물로, 전 세계에서 약 10억 명이 담배 제품들을 직접 사용하고 있으며, 이들 가운데서 매년 약 5백만 명이, 그리고 흡연자의 주변에 있는 사람들 가운데서 간접흡연의 영향으로 약 6십만 명이 사망하고 있고, 향후 20년 이내에 그 사망자 수는 연간 8백만 명에 이를 것으로 보고하였다.[4] 이러한 사망 수준은 결핵, 에이즈, 그리고 말라리아 등으로 인한 사망 건수를 모두 합한 것보다 높은 수준이다. Eriksen 등은 2011년 한 해에 담배 제품을 사용한 것이 원인이 되어 6백만 명이 전 세계에서 사망하였고, 이들 가운데 80%는 경제적으로 낙후된 국가들에서 발생하였다고 한다.[5] 이 같은 사망건

---

2 State of Connecticut. Types of Tobacco Products. www.ct.gov/dph/lib---/tobacco/tobacco_products.pdf.

3 World Health Organization. Why tobacco is public health priority. WHO. http://www.who.int/tobacco/health_priority/en/

4 World Health Organization. WHO Global Report Mortality Attributable to Tobacco. Geneva: World Health Organization; 2012.

수는 하루에 약 16,400건씩, 한 시간에 684건씩, 그리고 1초에 11.5건씩 담배 제품의 사용이란 단일한, 그래서 예방이 가능한 원인 때문에 발생하고 있음을 시사한다.

담배 제품을 고온에서 연소시켜 발생된 연기를 호흡기를 통해 인체 내로 흡입시키는 행동, 즉 흡연은 대부분의 흡연자들이 심심풀이 오락으로 시작을 하지만, 피우는 담배 속에 들어 있는 니코틴에 일단 붙잡히게 되면, 그러한 행동이 자신과 가정, 그리고 사회 전체에 미치는 부정적 영향이 아주 크다는 사실을 잘 알면서도, 중독의 깊은 수렁에서 빠져나오지 못한 채 헤매게 된다. Hughes 등은 금연을 시작한 흡연자들 가운데 약 80%는 금연 후 1개월쯤에 흡연을 다시 시작하였고, 금연 후 6개월에는 금연자의 3%~5%만이 금연을 계속하고 있었다는 연구 결과를 발표하였다.[6] 2006년 미국의 흡연자들 중 약 70%는 금연을 희망하고 있었고, 실제로 시도는 해보지만, 한 해에 금연에 성공한 흡연자는 5%에 불과하였다.[7] 금연을 시작한 자들 중 대부분은 금연 후 8일이 지나면 다시 옛날로 돌아가서, 건강에 해로운 담배를 어쩔 수 없이 계속 피운다.

2009년 한 해에 세계에서는 5.9조 개비의 연초담배가 피워져 없어졌다. 연초담배 한 개비의 무게는 담배와 부속품을 합하여 약 1g이다. 그래서 2009년에 이 지구상에서 불태워 없앤 연초담배의 무게는 5.9조g이 된다. 이를 ton으로 환산하면 5,900,000ton이 된다. Jha 등은 연초담배 1톤이 흡연되면 그로 인한 사망자가 1명씩 발생하는 것으로 개산(槪算)한다.[8] 이들

---

5 Eriksen, M., Mackay, J., Ross, H., eds. The Tobacco Atlas(4th Edition). Atlanta: American Cancer Society; 2012, pp.16–17.

6 Hughes JR., Keely J., Naud S.. Shape of the relapse curve and long-term abstinence among untreated smokers. Addiction 2004;99:29–38.

7 Center for Disease Control and Prevention, USA. Annual Deaths Attributable to Cigarette Smoking – United States, 2005–2009. Atlanta, CDC, USA. 2015.

8 Jha, P., Peto, R.. Global Effects of Smoking, of Quitting, and of Taxing Tobacco. N Engl J Med. 2014;370:60–68.

의 개산에 의하면, 전 세계에서 2009년에 연초담배의 흡연으로 인하여 약 6백만 명이 사망한 셈이다.

그런데 흡연으로 인하여 사망하는 사람은 하루아침에 사망하지 않는다. 심장혈관질병, 만성폐쇄성폐질환, 하기도감염, 폐암을 비롯하여 전신의 장기들에서 발생되는 각종의 암 등을 장기간 앓으면서 사회 · 경제적으로 엄청난 비용을 지불하다가 종래에는 사망에 이른다. 미국 질병관리본부(CDC) 2005~2009년 사이에 미국 국민들은 매년 48만 명이 흡연이 원인이 되어 사망하였는데 이들이 앓던 주요 질병을 보면 폐암 138,000명(29%), 관상동맥성심장병질환 133,300명(28%), 만성폐쇄성폐질환 100,600명(21%), 뇌졸중 15,300명(3%), 기타 암 들 36,000명(7%), 기타 질병들 56,800명(12%)이었다고 보고하였다.

흡연자 중에 이런 담배의 해악을 모르는 사람은 없을 것이다. 흡연 시작부터 폐암 발병까지 평균 25년 정도가 필요하다는 점에서 흡연은 '느린 자살'이라고 부르기도 한다. 그렇다면, 흡연자들이 이렇게 무모한 행위를 멈추지 못하는 이유는 무엇일까? **"문제는 니코틴이다!"**

니코틴은 연초(煙草: tobacco) 속에서 자연적으로 발견되는 약물로 그 자체가 발암물질은 아니지만 헤로인(heroin)이나 코카인(cocaine)과 같이 중독성이 강하다. 니코틴은 매우 신속하게 작용하는 약물이다. 니코틴은 심장, 혈관, 호르몬, 신진대사, 뇌 등 신체의 여러 부위들에 영향을 준다. 니코틴은 살충제로도 쓰이며 사람이 과량의 니코틴에 노출이 되면 구토, 발작/졸도, 우울증, 그리고 성장 지연 등을 가져올 수 있고, 태아의 적절한 발달을 해칠 수도 있다. 여성 흡연자에게서는 아기의 젖 속에도, 자궁경관의 점액 속에서도 발견될 가능성이 있다. 담배 한 개비에는 10mg 정도의 니코틴이 들어있으며 흡연 양상에 따라 보통 1~3mg이 흡수된다. 니코틴의 90%

정도는 간 등에서 코티닌(cotinine)으로 대사되는데, 코티닌은 19~24시간 정도의 긴 반감기를 가지므로 니코틴 사용의 증거 인자로 사용할 수 있다. 니코틴은 일차적으로 간 대사에 의해 주로 제거되며 폐에서 소량이 대사되거나, 신장에서 제거되기도 한다. 우리 몸이 니코틴을 제거하는 데 걸리는 시간은 서로 다른 여러 요인들에 의해 결정된다. 니코틴의 평균 반감기는 1~4시간으로 평균 두 시간 정도이나 규칙적인 흡연자의 경우, 니코틴의 공급을 중단 이후 3~4일까지는 신체에 잔류해 있다.

니코틴이 흡연자를 사로잡는 기전

흡연의 해악을 이해하며 금연을 실천하려고 적극적으로 노력함에도 불구하고 금연을 못하거나 금연에 성공하였다는 사람들도 "작심삼일"이 되어 금연하기 이전보다 더 자주, 더 많이 흡연하게 되는 이유는 무엇인가? 이 질문에 대한 대답은 한마디로 담배 연기와 함께 몸속으로 잠입한 "니코틴의 작용" 때문이다.

니코틴은 유쾌한 기분을 일으키고, 불쾌한 기분은 흩어지게 한다. 니코틴의 이런 작용 때문에 흡연자들은 흡연을 반복하게 된다. 또한 니코틴은 신경세포들 간에 정보의 흐름을 방해함으로써 일종의 신경 진정제처럼 작용한다. 신경계가 니코틴에 순응하면서 흡연자들은 흡연을 늘려가는 경향이 생긴다. 이런 순환이 반복되면서 흡연자의 혈액 속에는 니코틴의 양이 점점 증가하게 된다. 시간이 흐르면 흡연자는 니코틴 내성을 갖게 된다. 내성이란 흡연자가 과거에는 보다 더 소량의 니코틴으로 얻어왔던 효과와 꼭 같은 효과를 얻기 위하여 더 많은 니코틴을 취하게 됨을 의미한다. 이러한 내성에 의하여 흡연량은 점점 늘어난다. 흡연자가 니코틴 중독에 이르는 과정은 다음과 같다.

어떤 사람이 처음으로 담배 연기를 흡입하면, 니코틴은 그 연기 속에 섞여 폐로 운반된다. 폐에 도달한 니코틴은 일산화탄소, 타르 및 독성을 지닌 다른 화학물질들과 함께 신속하게 혈류 속으로 흡입되어 우리 몸의 각 부위로 운반된다. 사실, 담배 연기로 빨아드린 니코틴은 혈관주사로 체내에 주입되는 약물보다 더 빠르게 약 8초면 뇌에 도달한다. 니코틴은 도파민, 세로토닌, 베타 엔돌핀 등 각종 뇌신경 전달 물질의 분비를 유발하여 기분이 좋아지거나 각성, 이완, 불안과 스트레스 감소, 집중력과 순발력 개선, 수행능력 향상, 심지어는 공복감도 감소시킨다.

담배를 막 시작한 사람은 이러한 긍정적 효과를 재 경험하고자 반복 흡연을 하게 되는데 초기에는 반복할수록 이러한 효과가 강화된다(긍정적 강화). 그러나, 어느 정도 시간이 지나면 니코틴이 분해되면서 뇌신경 전달 물질의 농도가 감소하게 되고 흡연자는 반대로 불안, 초조, 집중력 감소 등 금단현상을 경험하게 되어, 이를 견디기 힘들기 때문에 재흡연을 하게 된다. 이를 부정적 강화라 한다. 다시 말하면 담배는 '처음에는 기분이 좋아져서 피우지만 나중에는 기분이 나빠지는 것을 견딜 수 없어서 계속 피우게 되는 것'이다. 이렇게 해서 정신적으로나 육체적인 의존이 발생하는데, 니코틴 의존은 내성, 금단증상, 갈망, 끊으려는 노력의 실패, 사회적 직업적 능력의 저해 등의 증상을 보이며, 니코틴 금단 시에는 우울한 기분, 불면, 불안, 두려움, 안절부절못함, 체중 증가, 심박동수 감소 등의 증상이 생긴다.

니코틴 금단증상이란?

흡연자들이 흡연하는 양을 줄이려하거나 금연하려고 노력할 경우, 니코틴이 부족하게 되면 금단증상이 일어나게 된다. 흡연의 중지로 인한 허탈은 신체적인 그리고 정신적인 양면성을 가진다. 신체적으로는 신체가 니코틴의 부재에 대해 반응을 나타낸다. 정신적으로는 흡연자는 특정한 습관의 포기에 직면하게 되며, 이로 인하여 그의 행동에서 주요한 변화가 일어난다. 정서적으로는 마치 자신의 가장 친한 친구를 잃어버린 듯한 느낌을 가질 수도 있다. 금연의 과정을 성공적으로 끝나게 하려면 이 모든 요인들이 반드시 함께 다루어져야 한다.

몇 주일 혹은 그 이상의 기간 동안 정기적으로 흡연해온 사람들은 갑자기 흡연 자체를 중단하거나 흡연하는 양을 아주 많이 줄이면 금단증상을 가지게 된다. 이 증상은 최종으로 흡연한 때로부터 몇 시간 내에 시작되는 것이 보통이며, 2~3일 쯤에 절정에 이르렀다가 2주 동안 서서히 감소한다. 왜냐하면 이 때 쯤에는 체내에 들어와 있던 니코틴과 니코틴의 부산물들이 대부분 체외로 배출되었기 때문이다. 그러나 2주 후 수년까지도 스트레스를 받는 상황이 되면 담배를 피우고 싶은 욕구가 시도 때도 없이 찾아온다. 금단증상에는 다음의 어느 하나 혹은 여럿이 동시에 나타나기도 한다.

- 현기증(금연 후 1~2일 동안 지속될 수 있다)
- 의기 소침/침울
- 좌절감, 초조감, 분노감
- 불안
- 민감
- 수면 장애(나쁜 꿈/악몽 꾸기, 잠이든 채로 있기, 잠들기가 어려움)
- 집중 곤란
- 들떠 있음, 혹은 권태
- 두통
- 지쳐 빠짐

• 식욕 증가

• 체중 증가

• 변비와 가스

• 기침, 건조한 입, 인후 아픔, 콧물

• 가슴 죄임

• 보다 더 느려진 심장 속도

위에 제시된 여러 증상들은 단독으로 또는 복합하여 흡연자들이 중단했던 흡연을 다시 시작하도록 작용한다. 금연자는 어쩔 수 없이 다시 시작한 흡연을 통하여 나타났던 금단증상들이 사라질 때까지 혈중의 니코틴 수준을 끌어올린다. 그리고는 다시 흡연자가 되어 기약 없이 흡연을 계속하게 된다.

3장

전자담배의 구조와 종류

전자담배는 중국의 흡연자이며 약사인 혼릭(Hon Lik: 韓力)이 발명하여 2003년에 중국 정부로부터 특허를 받은 후, 2004년에 루엔(Ruyan: 如煙)이란 회사를 통하여 중국 시장에 첫선을 보였다.[1] 이후 공격적인 광고, 특히 인터넷망을 포함한 전자통신망을 통한 적극적 마케팅으로 영국과 미국을 포함한 구미의 국가들에서 선풍적인 증가세를 보이고 있다. 국내의 경우도 2007년 도입 후 이제는 어디에서나 전자담배 취급 매장을 찾을 볼 수 있게 되었다.

전자담배란 니코틴, 플로피렌 글리세롤, 향료 등이 함유된 용액을 가열, 기화시켜서 이용자에게 니코틴을 전달하는 장치들의 총칭이다. 그 명칭에 "담배"란 어휘가 따라붙어 있기는 하나, 전자담배는 작동에 수반되는 연소가 없어서 연기가 전혀 발생하지 않고, 따라서 담배의 연소로 인하여 생기는 위해한 산물들, 예를 들어 타르와 일산화탄소 등이 없다는 점 등에서 전통적 담배 제품들, 특히

1 McRobbe H. Electronic cigarettes. London, National Centre for Smoking Cessation and Training (NCSCT). 2014.

연초담배와는 뚜렷하게 다르다. 세계보건기구는 다양한 전자담배 제품 전체를 전자니코틴전달체계(Electronic Nicotine Delivery Systems, ENDS)라 고쳐 부르고 있다. 초기의 전자담배(Electronic Cigarettes, E-cigarettes, 혹은 e-cigars)는 외견상으로 전통적 연초담배와 비슷하였다. 그러나 최근에는 외형이 초기의 것들과는 다른 "탱크 형", "모드(Mods) 형" 등으로 진화하면서 사용자들의 수요에 부응하고 있다. 전자담배는 동력원인 배터리, 기화실(氣化室), 전자담배 용액이 들어 있는 통 등으로 구성되어 있다. 전자담배 용액은 밀폐된 통(cartridges) 속에 담겨져 있을 수도 있고, 혹은 탱크 체계에 첨가될 수도 있다.

어떤 전자담배는 단일 장치 속에 기화 체계와 전자담배 용액을 합쳐놓은 카토마이저(cartomizers)를 사용하기도 한다. 카토마이저는 니코틴과 화학물질인 프로필렌글리콜로 구성된 전자용 액체(e-liquid), 향료, 기타 첨가물들로 채워져 있다. 전자담배의 마우스피스 부분을 흡입하면 액상의 니코틴이 뜨거워져 에어로졸(aerosol) 형태로 기화되어 기관지를 거쳐 폐에 도달하여 혈류를 따라 뇌에 도달한다.

흡연자가 원하는 것은 결국 니코틴인데, 결국 재래식 연초담배가 흡연을 통해 연기속의 니코틴을 폐 혈관을 통해 뇌로 보내는 것과 같은 효과를 나타낸다.

연초담배는 성냥, 라이터 등 외부의 불씨로 점화시켜 약 1,000℃의 고열로 담뱃잎을 태우는 것으로, 타르, 일산화탄소 등이 포함된 분진이 발생한다.[2] 그러나 전자담배는 내장된 건전지를 작동시켜 카트리지에 내장되어 있는 액상의 니코틴, 향료, 기타 화합물질 등이 약 160℃ 정도에서 증기화되어 에어로졸의 형태로 체내로 유입된다.[3] 전자담배는 사용자의 행태, 즉 내뱉는 숨결의

2 Baker RR. Smoke generation inside a burning cigarette: Modifying combustion to develop cigarettes that may be less hazardous to health. Progress in Energy and Combustion Science, 2006;32:373-385.

3 Polosa R, Rodu R, Caponnetto P, et al. A fresh look at tobacco harm reduction: the case for electronic cigarette. Harm Reduction Journal 2013,10:19.

길이, 흡입의 깊이, 사용의 빈도 등에 따라 니코틴 흡수 작용은 영향을 받는다. 특히 사용자들 가운데는 니코틴이나 다른 약물의 전달을 변경시키고자 제품을 자기 손으로 개조하는 사람도 있고 이를 반영하여 제품 자체를 개조를 용이하게 하거나 니코틴 용제 이외에 다른 물질로 채울 수 있도록 게 만든 제품도 등장하였다.[4]

1세대 전자담배

제1세대 전자담배는 아래 〈그림 1〉에서 볼 수 있는 바와 같이 겉 모양이 전통적 연초담배와 비슷하게 보이게 디자인되었고 대체로 카토마이저를 사용한다. 이용자가 전자담배의 끝을 빨면(어떤 모형은 버튼을 누르기도 함) 가열 코일이 작동되면서 잇따라 전자담배 용액이 기화되어 입으로 빨아드릴 수 있는 증기를 생성해낸다. 제1세대 전자담배는 장치의 끝에 전자담배를 처음 빨면 빛을 발하는 LED를 붙여놓아 흡입될 수 있음을 알려주는 신호를 보내는 것들도 많다.

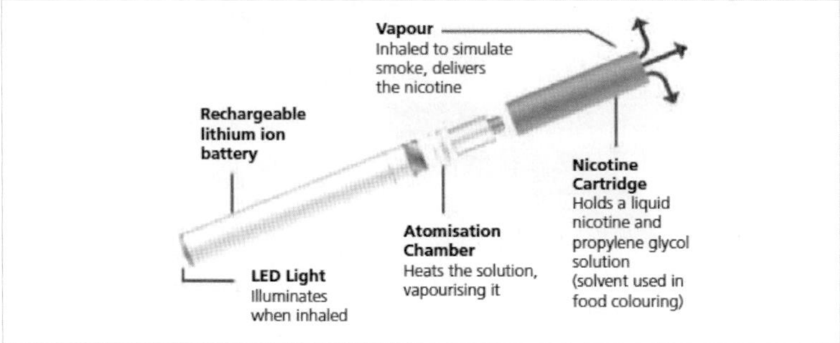

〈그림 1〉 1세대 전자담배의 구조

4 Abrams, D. – Yach, D. Statement from specialists in nicotine science and public health policy : a letter to WHO Director-General dated 26 May 2014. nicotinepoiicy.net. https://nicitinepolicy.net/.../letters/MargaetChan.pdf.

Source : McRobbie H. Electronic cigarettes. National Centre for Smoking Cessation and Training. London, United Kingdom, 2015

2세대 전자담배

제2세대 전자담배는 외양이 전통적 연초담배 모양에서 벗어나 다양하고 세련된 디자인을 채택하였다. 그리고, 이용자들이 자신이 이용할 전자담배 용액에 들어갈 니코틴의 강도(니코틴 농도를 0mg으로부터 24mg의 범위 내에서 선택할 수 있게 함), 그리고 향료들을 결정하여 채울 수 있게 만들어져 있다. 전자담배를 이용한 경험이 더 많은 이용자들일수록 자신이 스스로 결정하여 이용할 수 있는 여지가 더 넓은 새로운 세대의 전자담배를 선호하는 경향이 있다.

제2세대의 전자담배는 이용자가 자기가 사용할 분무기(atomizer), cartomizer, tank systems 등을 선택할 수 있고, 배터리도 용량이 큰 것이 장착되어 있어서 동력의 조절이 가능하다. 코일과 심지도 바꿔 넣을 수 있다.

〈그림 2〉 2세대 전자담배의 구조

Source: McRobbie H. Electronic Cigarettes. National Centre for Smoking Cessation and Training. London, United Kingdom, 2015

3세대 전자담배

최근에 제3세대 전자담배가 시장에 출시되었다. 이 제3세대 전자담배는 분무기에 적용되는 전압을 이용자 자신들이 조절하여 전자담배의 모드들(modes)을 다르게 설정할 수 있는 제어 장치가 부착되어 있어서 이전 세대들과는 구별된다. 분무기는 보통 유체 속에 자리를 잡고 있고, 교환이 가능한 여러 형태의 코일과 심지들을 사용한다. "빤 모금 수를 세는 장치(puff counters) 혹은 데이터를 큰 시스템에서 작은 시그템으로 전송 가능한 소프트웨어가 있는 것들도 있다. 3세대 전자담배 이용자들은 제품의 전압을 임의로 조절할 수 있고, 자신의 흡연 패턴을 모니터링할 수도 있다.

〈그림 3〉 3세대 전자담배의 구조

Source: McRobbie H. Electronic cigarettes. National Centre for Smoking Cessation and Training. London, United Kingdom, 2015

가열담배

한국에서 연초담배형 전자담배, 찌는 담배, 가열담배(HTP:Heated Tobacco Product)로 불리고 있는 제품으로, 2017년 6월 담배회사인 필립모리스(Philip

Morris International)가 아이코스(iQOS)를 국내에서 시판한 후 흡연자들의 큰 관심을 받고 있다.[5] 아이코스는 2014년 11월 처음 시판되었지만(일본), 유사한 원리를 가지는 원형의 제품은 30년 전으로 거슬러 올라간다. 일반 연초담배가 800~850℃의 온도에서 불완전 연소되는 반면, 이 제품들은 300~350℃의 온도로 가열되는 구조를 가지고 있어 heat-not-burn(HNB) 담배로 불린다. 이에 따라 담배 업계에선 연초담배에 비해 위해 타르 등 발암 물질이 훨씬 적고, 심지어 발생되는 기체도 연기가 아니라고 주장한다. 인체에 덜 해롭고, 냄새가 덜 난다는 이유 등으로 사용 비율이 증가하고 있으나, 그만큼 안전성에 대한 논란도 커지고 있다. 이에 대해 일본 금연학회, WHO, UNION (International Union Against Tuberculosis and Lung Disease), 대한금연학회 등 여러 기관에서 이미 우려를 표명하였으며, 대한금연학회에서는 기존에 통용되는 용어인 '연초담배형 전자담배'라고 부르는 것의 부적절함을 지적하였다. 전통적인 전자담배는 주성분이 화학물질인 니코틴이라는 점에서 일산화탄소, 타르, 중금속 배출이 연초담배에 비해 매우 적고, 따라서 담배로 분류하는 것이 타당한지 논란이 있다. 반면, 가열담배는 전통적인 전자담배와 달리 '담뱃잎'을 흡인하는 것으로 명백한 담배 제품이다. 국제적으로도 HNB(Heat Not Burn)이라는 약어가 자칫 본 제품이 담배와 다르다는 오해의 소지가 있으므로 이 제품이 담배임을 명확히 한다는 의미에서 HTP(Heated Tobacco Product)라는 약어를 사용하는 것을 권장하고 있다. 국내에서도 연초담배형 전자담배보다는 가열담배로 통일하여 부르는 것이 적합하며, 기존 연초담배와 동일한 방식으로 규제하는 것이 적절해 보인다.

---

5 HTP는 전자기기에 꽂아 사용하기 때문에 전자담배의 일종으로 보는 견해가 있으나, 화학적 니코틴이 주성분인 전통적 의미의 전자담배에 비하여, 식물인 담뱃잎이 주성분인 제품이라는 점에서 그냥 '일반 연초담배'와 더 가깝게 보는 것이 합리적이다. 이 책에서 이후 전자담배 관련 논의에는 HTP는 포함되지 않음을 밝힌다.

〈그림 4〉 가열담배(HTP)의 구조

4장

전자담배, 누가 얼마나 이용하나?

영국 흡연 도구 연구(2015)

영국 성인들의 전자담배 이용률은 두 기관에서 별도로 실시하는 조사를 통하여 알려지고 있다. 하나는 "Action on Smoking and Health(ASH)"의 Smokefree GB adult surveys(ASH)이고, 다른 하나는 "the Smoking Toolkit Study, England(STS)"이다. 이들이 2015년에 조사 보고한 영국의 18세 이상 성인들의 전자담배 현재 이용률은 5.4%(ASH)~5.5%((STS)이었다. 이 이용률을 성인들의 흡연 상태별로 보면 현재 흡연자들 가운데서는 17.6%(ASH)~21.2%(STS); 과거 흡연자들 가운데서는 6.7%(ASH)~3.3%(STS); 비흡연자들 가운데서는 두 조사 모두에서 0.2%이었다. 이러한 전자담배 이용률을 기초로 추산되는 2015년 상반기에 영국의 18세 이상 성인들 가운데 전자담배 이용자는 약 260만 명으로 추산하고 있다. 영국의 경우 전자담배는 비흡연자(0.2%)나, 과거 흡연자들은(3%~7%)에 비해서 현재 흡연자들의 이용률(17.6%~21.2%)이 현저하게 높음을 알 수 있다.

한편 ASH survey에 의하면, 이들의 전자담배 시용 경험(試用經驗)은 비흡연자 가운데서는 1.5%, 과거 흡연자 가운데서는 16%, 전체 인구 집단 가운데서는 17%이었다. 결론적으로, 영국의 성인 흡연자들 가운데 전자담배와 전통적 연초담배를 동시에 사용하는 소위 이중/중복 이용(dual use) 사례가 현재 흡연자의 20% 수준에 이르고 있고, 비흡연자들 중에서는 전자담배의 경험률이나 이용률 모두 매우 드물다는 것을 알 수 있다.

미국 질병관리본부(CDC) 역학조사(2014)

미국 질병관리본부(Center of Disease Control, USA) 산하 건강통계센터에 소속한 Schoenborn 등은 미국을 대표하는 확률 표본으로 건강 면접조사를 시행하여 수집된 자료를 분석, 미국 최초로 2014년 현재 18세 이상 성인들의 전자담배 시용 경험과 현재 이용 수준에 관한 정보를 다음과 같이 발표하였다.[1]

그들의 보고에 의하면, 2014년에 미국의 18세 이상의 성인들 가운데서 12.6%(남성, 14.2%; 여성 11.2%)가 생애에서 단 한 번이라도 전자담배를 시용한 경험이 있었고, 약 3.7%(남성, 3.7%; 여성, 3.4%)는 조사 당시에 전자담배를 이용하고 있었다.

전자담배를 시용한 경험자들을 연초담배의 흡연 상태에 따라 살펴보면, 현재 흡연자들 가운데서는 47.6%, 금연 후 1년이 지나지 않은 과거 흡연자들 가운데서는 55.4%, 금연 후 1년 혹은 그 이상 경과한 과거 흡연자들 가운데서는 8.9%, 비흡연자들 가운데서는 3.2% 등이 전자담배를 시용한 경험이 있었다.

현재 전자담배 이용자들(3.7%)을 연초담배의 흡연 상태에 따라 살펴보면

1 Schoenborn CA, Gindi RM. Electronic Cigarette Use Among Adults: United States, 2014. NCHS Data Brief No. 217. Atlanta, National Center for Health Statistics. CDC. October 2015.

금연 후 1년 미만인 과거 흡연자들의 22%, 현재 연초담배 흡연자들의 15.9%, 금연 후 1년 혹은 그 이상인 과거 흡연자들의 2.3%, 비흡연자들의 0.4%이었다.

따라서 2014년 미국의 18세 이상의 성인들 가운데 전자담배 사용 경험자들이나 현재 이용자들은 모두 금연 후 1년 미만인 과거흡연자들이 가장 많았고, 두 번째는 현재 흡연자들이며, 세 번째는 금연 후 1년 혹은 그 이상된 과거 흡연자들이었다. 비흡연자들 가운데서는 시용 경험자도 현재 이용자도 모두 드물었고, 특히 비흡연자들 중에서 전자담배를 현재 이용하는 자의 분포 수준은 무시하여도 큰 무리가 안 될 정도이었다.

캐나다 보고서(2013)

"2013년 캐나다 담배, 알코올 및 약물 조사"에서 나온 자료들을 분석한 Czoli 등의 보고에 의하면, 캐나다의 15세 이상 성인들 가운데 9%는 전자담배를 시용한 경험이 있었고(약 250만 명), 2%는 현재 이용자(조사 시점으로부터 지난 30일 동안에 한 번이라도 전자담배를 이용한 자)이었다.[2]

한편 캐나다 성인들의 전자담배 시용 경험 수준을 전통적 담배 제품의 사용 상태에 따라 분류해보면, 비흡연자 가운데는 3%이었고, 현재 흡연자 가운데는 42%이었다. 전자담배의 전체적인 시용률(남자: 8.9%, 여자: 8.1) 이나 현재 이용률(남자: 1.8%, 여자: 1.8%)은 성별로는 큰 차이가 없었다.

국제담배 제품 관리정책평가 프로젝트(ITC project) 참가 10개국 역학조사(2013)

2 Czoli CD, Reid JL, Rynard VL, et al. E-cigarettes in Canada - Tobaco Use in Canada: Patterns and Trends, 2015 Edition, Special Supplement. Waterloo. ON: Propel Centre for Population Health Impact. University of Waterloo.

국제담배 제품 관리정책평가 프로젝트는 담배 제품의 사용에 대하여 국제적으로 전향적 추적 조사를 시행하는 프로젝트이다. 이 프로젝트는 2009년부터 2013년까지 한국을 포함하여 미국, 캐나다, 멕시코, 브라질, 영국, 네덜란드, 호주, 중국, 말레이시아 등 10개국에서 18명의 조사 대상국 전문가들을 동원하여 연구 대상 국가별로 18세 이상 성인들을 대표하는 확률표본을 만들어 이들을 대상으로 횡단면적 조사기법을 사용, 전자담배의 인지(awareness), 시용(試用: trial) 및 현재 이용(current use) 등에 관한 자료를 수집하여 각 항목의 수준들을 비교 분석하여 가공한 정보를 최초로 제공하였다.[3]

이들의 연구가 제공하는 정보가 가지는 특성은 첫째, 대상국들의 지리적 분포가 남북미주, 유럽, 대양주, 아시아 등 전 세계에 걸쳐 있다는 점; 둘째, 조사 대상국들의 경제적 수준과 사회적, 정치적, 문화적 특성과 배경 등이 다양하다는 점 등을 들 수 있다. 이러한 특성들은 이 연구가 제공하는 전자담배의 인지, 시용 및 현재 이용 수준들을 비교/검토하는 의의를 한층 높여주고 있다.

다음의 표는 프로젝트의 조사 대상국별 전자담배 이용 양상과 사회·인구학적 및 흡연의 특성을 보여주고 있다. 표에서 보는 바와 같이 각국의 전자담배에 대한 인식, 시용 및 현재 이용 등의 수준이 다양함을 보여주고 있다.

먼저 전자담배의 인지 수준(지금까지 전자담배에 대해 들어본 경험이 있는가? 라는 질문에 "예"라고 응답한 사람들)을 살펴보면, 네덜란드 88%(2013), 한국 79%(2010), 미국 73%(2010), 호주 66%(2013), 말레이시아

3 Gravely S, Fong GT, Cummings KM, et al. Awareness, Trial, and Current Use of Electronic Cigarettes in 10 Countries: Findings from the ITC Project. Int. J. Environ. Res. Public Health 2014;11:11691–11704.

country	N	Dates of Data Collection (Survey Mid-point)	Survey Mode	Response Rate (Average Retention Rate)	N(%) Female	Age (Mean ±SD)	% Aware of E-Cigrettes (95% CI)	% Ever-Tried E-Cigrettes (95% CI)	% Currently Using E-Cigrettes (95% CI)
China	5583				297(5%)	50±13	31% (28.7–34.0)	2% (1.8–2.9)	0% (0.0–0.1)
Cigarette Smokers	5209	May2009–Oct2009 (Jul–2009	Face-to-Face	52.8%″ (81.0%)	270(5%)	50±13	31% (28.4–33.8)	2% (1.8–3.0)	~0%
Recent quitters	103				7(7%)	52±13	40% (29.2–50.8)	2% (1–4.4)	0%
United Kingdom	1325				726(55%)	49±13	54% (50.9–57.9)	10% (7.1–12.1)	4% (2.5–6.5)
Cigarette Smokers	977	Jul2010–Jun2011 (Aug–2010)	Web or Phone	37.8% (72.8%)	544(56%)	49±13	56% (51.9–60.0)	11% (8.0–13.9)	5% (2.8–7.0
Recent quitters	77				46(60%)	47±13	60% (44.4–74.9)	16% (0–32.9)	11% (0–28.5)
United States	1520				805(53%)	51±13	73% (70.5–76.4)	15% (12.1–17.8)	6% (3.6–7.6)
Cigarette Smokers	1362	Jul2010–Jun2011 (Aug–2010)	Web or Phone	25.6% (63.4%)	671(53%)	52±13	74% (70.5–76.4)	18% (14.2–21.0)	6% (4.0–8.8)
Recent quitters	63				28(44%)	50±14	72% (54.6–90.0)	10% (1.0–19.9)	7% (0–15.8)
Canada	1581				872(55%)	47±12	40% (36.5–42.6)	4% (2.7–5.3)	1% (0.6–2.1)
Cigarette Smokers	1243	Oct201Jul 2010–Jun2011 (Aug–2010)	Web or Phone	49.5% (73.0%)	683(55%)	48±12	40% (36.1–43.0)	4% (2.9–6.0)	2% (0.8–2.7)
Recent quitters	74				34(46%)	47±14	39% (25.5–53.7)	5% (1–12.4)	0% –
Republic of Korea	1753				82(5%)	49±16	79% (77.0–81.2)	12% (10.4–14.1)	7% (5.4–8.4)
Cigarette Smokers	1560	0–Dec2010 (Nov–2010)	Phone	14.5% (50.3%)	76(5%)	49±16	80% (77.6–82.0)	13% (10.9–14.9)	7% (5.7–8.9)
Recent quitters	51				2(4%)	51±15	75% (61.0–89.3)	23% (9.3–36.5)	13% (1.5–24.1)
Malaysis*	1998				22(1%)	33±23	62% (57.5–66.1)	19% (16.2–22.6)	14% (11.6–15.7)
Cigarette Smokers	1773	May2011–Feb 2012 (May–2011)	Phone	N/A (56.7%)	16(1%)	31±12	62% (57.4–67.0)	21% (17.3–24.2)	15% (12.4–17.0)
Recent quitters	69				3(4%)	32±14	69% (53.1–85.8)	13% (3.2–22.2)	6% (0.4–11.5)
Mexico*, †	2129				801(38%)	41±15	34% (30.0–37.5)	4% (3.1–5.8)	–
Cigarette Smokers	1747	Oct2012–Dec2012 (Nov–2012)	Face-to-Face	80.7% (73.6%)	646(37%)	40±15	34% (30.0–37.8)	5% (3.4–6.7)	–
Recent quitters	70				25(36%)	41±15	48% (28.5–68.0)	3% (0.02–6.9)	–
Brazil*, †	1215				787(65%)	49±14	37% (34.0–41.0)	8% (5.7–10.1)	–
Cigarette Smokers	1090	Oct2012–Feb2013 (Jan–2013)	Phone	10.6% (41.1%)	714(65%)	49±14	37% (33.7–41.0)	8% (5.8–10.7)	–
Recent quitters	45				25(56%)	46±13	38% (23.7–55.4)	8% (2.4–22.9)	–

country	N	Dates of Data Collection (Survey Mid-point)	Survey Mode	Response Rate (Average Retention Rate)	N(%) Female	Age (Mean ±SD)	% Aware of E-Cigrettes (95% CI)	% Ever-Tried E-Cigrettes (95% CI)	% Currently Using E-Cigrettes (95% CI)
Australia	1492	Feb 2013–Sep 2013 (Mar-2013)	Web or Phone	45.8% (74.5%)	801(54%)	47±13	66% (62.7–69.1)	20% (17.1–22.9)	7% (4.7–8.5)
Cigarette Smokers	1093				586(54%)	48±13	69% (65.6–73.0)	24% (20.4–27.7)	9% (6.2–11.4)
Recent quitters	88				46(52%)	44±13	55% (41.2–68.1)	16% (6.8–26.0)	2% (0–5.4)
Netherlands	1849	May 2013–Jun 2013 (May-2013)	Web	64.6% (81.3%)	907(49%)	40±15	88% (86.4–90.4)	19% (16.4–20.7)	3% (2.4–4.1)
Cigarette Smokers	1420				686(48%)	41±15	87% (84.8–89.6)	20% (17.4–22.5)	4% (2.8–5.0)
Recent Quitters	284				154(54%)	38±15	92% (88.9–95.5)	14% (8.9–19.5)	1% (0–1.9)

Source: Gravely S. et al, Awareness, Trial, and Current Use of Electronic Cigarettes in 10 Countries: Findings from ITC Project. Int J Environ Res Public Health 2015, 12, 4631-4637.

62%(2012), 영국 54%(2010), 캐나다 40%(2010), 브라질 37%(2013), 멕시코 34%(2012), 중국 31%(2009) 순이었다. 인지 수준이 가장 높은 국가는 네덜란드로 88%이었고 가장 낮은 국가는 중국으로 31%이었다. 가장 높은 국가와 가장 낮은 두 국가 간에는 약 3배의 격차를 보였다.

다음은 시용 경험(지금까지 전자담배를 한 번이라도 이용한 적이 있는가? 라는 질문에 "예"라고 응답한 사람들)을 살펴보면, 호주 20%, 말레이시아 19%, 네덜란드 18%, 미국 15%, 한국 11%, 영국 10%, 브라질 8%, 멕시코 4%, 캐나다 4% 순이었다. 시용 경험이 가장 높은 국가는 20% 수준의 호주이고 가장 낮은 국가는 2% 수준의 중국이었다. 가장 높은 국가의 것과 가장 낮은 국가의 것 간에는 약 10배의 격차가 있었다.

마지막으로, 현재 이용(귀하는 지금 전자담배를 이용하고 있습니까? 란 질문에 "예"라고 응답한 사람들)을 살펴보면, 말레이시아 14%, 한국 7%, 호주 7%, 미국 6%, 영국 4%, 네덜란드 3%, 캐나다 1%, 중국 0.05% 순이었다. 특이한 현상은 전자담배를 최초로 발명한 Hon Lik의 나라이며, 현재 전 세계에서 소비되는 전자담배의 95%를 생산하고 있는 중국 성인들의 전자담배 인지, 시용 및 현재 이용 등의 수준들이 모두 매우 낮다는 점이다.[4]

유럽 27개국 역학조사(2012)

유럽연합(EU)이 2012년 2월 25일부터 동년 3월 12일 간에 유럽 27개국의 15세 이상의 성인 26,566명을 조사 대상국의 인구의 크기와 밀도에 따라 비례 확률과 층화 추출 방법으로 각국을 대표할 수 있도록 추출된 표본을 대상으로 면접 조사를 수행하여 얻은 자료들을 분석하였다.[5]

Vardavas 등이 발표한 바에 의하면 2012년에 유럽의 15세 이상 성인들 가운데 전자담배에 대해서 들어온 경험이 있는 층은 69%, 전자담배가 무엇인지 알고 있다는 층은 46%, 전자담배가 해롭다고 인지하는 층은 28.5%, 전자담배는 해롭지 않다고 인지하는 층은 40.5%, 전자담배가 해로운지 아니면 해롭지 않은지 모른다는 층은 30.9%이었다. 한편 지금까지 전자담배를 시용해본 경험이 있다는 층은 20.3%이었으며, 전자담배를 금연 보조도구로 사용한 경험이 있는 층은 3.7%이었다.

유럽의 성인들 가운데 전자담배에 대해서 들어본 경험과 그것이 무엇인지 알고 있다는 층의 국가별 분포의 크기는 양자에서 모두 큰 격차가 있었다. 먼저 들어본 경험은 그리스와 핀란드가 97.8% 및 97.7%로 가장 높았고, 스웨덴이 57.1%로 가장 낮았다. 무엇인지 잘 알고 있다는 층은 그리스 84.4%, 체코 82.6%로 높았고, 스웨덴은 38%로 가장 낮았다.

---

4 Eriksen M, Mackay J, Schluger N, et al. The Tobacco Atlas. (Fifth Ed.) Atlanta, The American Cancer Society, 2015.

5 Vardavas CI, Filippidis FT, Agaku IT. Determinants and prevalence of e-cigarette use throughout the Europran Union: a secondary analysis of 26,566 youth and adults from 27 Countries. Tob Control 2015;24:442-448.

또 이들의 전통적 연초담배 등 담배 제품들의 사용 실태와 전자담배 시용 수준을 연관시켜 보면, 현재 흡연자들 가운데서는 20.3%, 과거 흡연자들 가운데서는 4.7%, 그리고 비흡연자들 가운데서는 1.2%가 전자담배를 시용한 경험이 있었던 것으로 분석되었다.

흡연자들 가운데서 전자담배를 시용할 가능성은 노년층보다는 15~24세의 청소년층이 가장 높았고, 그 다음은 25~39세 층이었다. 하루에 흡연하는 양이 11~20개비인 층이 전자담배를 시용할 가능성이 가장 높았고, 그 다음은 6~10개비를 흡연하는 층이어서 흡연하는 양이 적을수록 전자담배 시용 가능성이 낮은 것으로 분석되었다.

청소년의 전자담배 이용 현황

우리나라

우리나라 정부는 청소년의 건강 행태 현황과 그 추이를 파악하여 관련되는 정책과 프로그램을 개발할 때 우선 순위를 결정하기 위한 기초자료로 사용할 목적으로, 2005년 이후부터 매년 전국의 모든 중 · 고등학교를 모집단으로 확률 표본을 추출하여 온라인 조사를 시행하고 있다.[6]

2014년과 2015년에도 800여 개 중 · 고등학교 학생 7만여 명이 참여하는 청소년건강행태온라인조사가 각각 시행되었다. 이 조사를 통하여 수집한 자료를 분석하여 교육부와 보건복지부가 발표한 "청소년건강행태온라인조사통계"의 "흡연"항에서 전자담배의 시용(평생 경험률: 평생 동안 전자담배를 피워본 경험이 있는 사람의 분률)과 현재 이용(현재 경험률: 최근 30일

6 교육부 · 보건복지부 · 질병관리본부, 『제10차 청소년건강행태온라인조사 통계』, 질병관리본부, 2014년 12월.

동안 전자담배를 피운 사람의 분률) 수준을 각각 살펴보면 다음과 같다. "청소년건강행태조사"는 2011년부터 우리나라 청소년들의 전자담배 시용 및 이용에 관한 통계를 발표하기 시작하였다. 그 이유는 전자담배가 우리나라 시장에 출시되기 시작한 때가 2007년 무렵이기 때문으로 여겨진다.

우리나라 중 · 고등학생들의 전자담배 평생 경험률을 2011년부터 2014년까지 연차별로 살펴보면, 2011년 9.4%(남학생 14.%, 여학생 4%), 2012년 8.8%(남학생 13.5.%, 여학생 3.6%), 2013년 7.5%(남학생 11.7%, 여학생 2.9%), 2014년 9.1%(남학생 14.5%, 여학생 3.3%)이었다.

한편 전자담배 현재 경험률은 2011년 4.7%(남학생 7.3%, 여학생 1.7%), 2012년 3.7%(남학생 5.8%, 여학생 1.5%), 2013년 3.0%(남학생 4.7%, 여학생1.1%), 2014년 5.0%(남학생 8.1%, 여학생 1.5%), 2015년 남학생 6.2% 그리고 여학생 1.5%이었다.

우리나라 중 · 고등학생들의 전자담배 평생 경험률은 2012년부터 연차적으로 약간씩 낮아지는 경향을 보이다가 2014년에는 2011년 수준으로 복귀하였다. 따라서 이들의 현재 이용 수준은 해가 거듭될수록 약간씩 낮아지는 추세를 보이고 있다.

미국

미국의 CDC와 FDA의 담배 제품센터(Center for Tobacco Products: CTP)는 공동으로 매년 자국의 공사립 중고등학교를 모집단으로 삼아 추출된 표본을 대상으로 미국 중 · 고등학생들의 담배 제품 사용에 대한 실태를 자기 기입식 설문조사기법으로 파악하고 있다. 2014년에 실시된 조사 결과를 분석하여 CDC와 FDA가 보고한 2014년 미국 중 · 고등학생들의 전자담배 이용 수준을 살펴보면 다음과 같다.[7]

2014년 미국의 중 · 고등학생들의 전자담배 현재 이용 수준은 2011년에 비해 3배나 증가하였다. 이들의 현재 이용률을 구체적으로 살펴보면, 고등학생들은 2013년 4.5%(66만 명)에서 2014년 13.4%(200만 명)로, 중학생들은 2013년 1.1%(12만 명)에서 2014년 3.9%(45만 명)로 각각 증가하였다.

미국 CTP/FDA의 보고에 의하면, 미국의 중 · 고등학생들의 전자담배를 포함한 모든 담배 제품의 현재 사용 수준은 2011년 24.1%에서 2014년 24.6%로 4년 동안에 해마다 약간씩 오르고 내리기는 하였으나 그 변동의 폭은 아주 작아 같은 수준에 머물러 있었다. 그러나 이를 좀 더 세부적으로 살펴보면 확연히 다른 점이 발견된다. 즉, 연초담배는 2011년 15.8%에서 2014년 9.2%로 약 1.7배가 감소하였으나 전자담배는 전자와는 반대로 2011년 1.5%에서 2014년 13.4%로 약 8배나 증가하였다. 또한 담배 제품 현재 사용자 가운데 약 240만 명의 학생들이 전자담배를 이용하고 있는 등, 전자담배가 미국의 중 · 고등학생들이 가장 많이 이용하는 담배 관련 제품으로 자리를 잡았다.

한편, Porter 등이 미국 플로리다 주에서 2011~2014년간에 매년 시행되었던 "Florida Youth Tobacco Survey(FYTS)"를 통하여 수집된 자료를 분석 보고한 플로리다 주의 공립 및 사립 중 · 고등학생들의 2011년~2014년 전자담배 이용 상태를 살펴보면 다음과 같다.[8]

플로리다 주 고등학생들의 전자담배 시용률(試用率, 경험률)은 6%(2011년)에서 20.5%(2014년)로, 현재 이용률은 3.1%(2011년)에서 10.8%(2014)로 각각 약 3배씩이나 상승하였다. 2014년에 전자담배를 시용한 고등학교

---

7 Arrazola RA, Singh T, Corey CG, et al. Tobacco Use Among Middle and High School Students – United States, 2011–2014. Atlanta, CDC, Weekly April 17, 2015/64(14):381–385.

8 Porter L, Duke J, Hennon M, et al. Electronic Cigarette and Traditional Cigarette Use among Middle and Hig School Students in Florida, 2011–2014. PLOS ONE/DOI:10.1371/journal.pone.0124385 May 13, 2015.

학생들 가운데 30.3%는 전통적 연초담배를 흡연하지 않은 자들이었고, 또한 2014년 전자담배 이용자들 가운데 43.1%는 전통적 연초담배도 함께 흡연하는 것으로 분석되었다.

플로리다 주 중학생들의 전자담배 사용률은 3.0%(2011년)에서 8.5%(2014)로 약 3배 상승하였고, 현재 이용률은 1.5%(2011년)에서 4%(2014)로 역시 3배 상승하였다. 2014년의 중학생들 가운데, 전자담배를 사용한 학생들의 42.2%는 전통적 연초담배를 흡연한 경험이 없는 학생들이었고, 전자담배를 현재 이용하는 학생들 가운데 33.6%는 전통적 연초담배도 함께 흡연하는 것으로 파악되었다.

캐나다

앞에서 설명한 "2013년 캐나다 담배, 알코올 및 약물 조사" 자료를 Czoli 등이 분석하여 보고한 바에 의하면, 캐나다 15세~19세 청소년들의 전자담배 사용률은 19.0%, 현재 이용률은 2.6%이었다. 이것들을 각각 성별로 나누어 살펴보면, 사용률은 남자 23.9%, 여자 15.5%로 남자가 8%나 높았고, 현재 이용률은 남자 3.0%, 여자 2.1%로 역시 남자가 0.9% 높았다.

이것들을 다시 현재 흡연자와 비흡연자로 구분하여 살펴보면, 사용률은 흡연자들 가운데서는 72.5%, 비흡연자들 가운데서는 13.6%가 사용한 경험이 있는 것으로, 그리고 현재 이용률은 흡연자들 가운데서는 11.3%, 비흡연자들 가운데서는 1.5%로 각각 파악되었다.[9]

9 Czoli CD, Reid JL, Rynard VL, et al. E-cigarettes in Canada - Tobaco Use in Canada: Patterns and Trends, 2015 Edition, Special Supplement. Waterloo, ON: Propel Centre for Population Health Impact, University of Waterloo.

영국

영국의 ASH가 요약하여 보고한 2015년 영국의 11세~18세 청소년들의 전자담배 인지, 시용 및 일상적 이용 실태는 다음과 같다. 첫째, 그들의 전자담배에 대한 인지상태는 2013년에는 67%가, 2015년에는 93%가 인지하고 있었다. 둘째, 시용률은 2013년의 5%에서 2015년에는 13%로 약 2배가 증가하였다. 셋째, 일상적 이용률(한 달에 일회 또는 그 이상 이용)은 2015년에 2.4%이었다. 그런데 이들 가운데 약 1/5인 0.5%는 주간(週間)에도 일회 또는 그 이상 이용한다고 응답하였다.[10]

흡연 상태별로 이들 청소년들의 전자담배 시용률을 살펴보면, 비흡연자 4%, 과거 흡연자 34%, 간헐적 흡연자 61%, 일상적 흡연자 77%, 흡연 시용(ever tried smoking) 45% 등으로 파악되어 전자담배 시용자 대부분은 일상적 혹은 간헐적 흡연자들임을 보여주었으며, 비흡연자들 가운데서는 전자담배 시용자가 아주 드물다는 것을 알 수 있었다.

한편 이들 청소년들의 연령 그룹별 전통적 담배 제품과 전자담배의 시용 및 이용 수준을 각각 살펴보면, 첫째, 11세~13세 그룹은 현재 전통적 담배 제품 현재 흡연자는 2%, 흡연 시용자는 7%; 전자담배 시용자는 4%, 현재 이용자는 1%이었다. 둘째, 14~15세 그룹은 현재 흡연자는 6%, 흡연 시용자는 18%, 전자담배 시용자는 12%, 현재 이용자는 3%이었다. 끝으로, 16~18세 연령 그룹의 수준을 앞에서와 같은 순으로 말하면 각각 12%, 35%, 22%, 4% 등이었다. 따라서 영국의 11세~18세 그룹에서는 연령이 높아지면서 전통적 담배 제품의 현재 사용률과 시용률은 물론이고 전자담배의 시용률과 현재 이용률도 같은 패턴으로 상승하는 현상이 관찰되었다.

프랑스

10 ASH Fact Sheet. Use of electronic cigarettes among children in Great Britain. August 2015.

Dautzenberg 등은 2013년에 파리의 12세~19세 10대들의 전자담배 시용 수준을 알아보기 위해 파리에 소재한 학교들 가운데서 무작위로 추출된 학교 재학생들 3,279명을 대상으로 자기 기입식 설문조사를 시행하여 수집된 자료를 분석한 결과를 발표하였다.[11]

Dautzenberg 등에 의하면, 2013년에 파리의 중 · 고등학교 재학생들은 전체적으로는 17.9%(남학생은 19.0%, 여학생은 16.8%);, 연령별로는 12세 5%, 13세 7%, 14세 13%, 15세 19%, 16세 30%, 17세 27%, 18세 29% 그리고 19세 23%; 흡연 상태별로는 비흡연자 7.1%, 과거 흡연자 37.3%, 간헐적 흡연자 38.7%, 매일 흡연자 63%가 전자담배를 시용한 경험이 있는 것으로 분석하였다.

폴란드

Goniewicz와 Danch는 2010년 9월부터 2011년 6월 사이에 폴란드의 전 고등학교와 대학을 대표할 수 있도록 집락표본추출로 뽑은 176개 표본학교들의 등록 학생들 20,240명을 대상으로 15세 이상 24세의 전자담배 이용률을 예측하는 연구를 시행하였다. 그들이 추정한 폴란드 고등학교 및 대학 재학생들의 전자담배 인지율, 시용률, 현재 이용률 등을 살펴보면 다음과 같다.

15세부터 19세의 고등학생들의 23.5%은 전자담배를 시용한 경험이 있었고, 8.2%는 지난 30일 동안에 전자담배를 이용한 적이 있다고 응답하였다. 20세부터 24세까지의 대학생들의 19.0%는 지금까지 전자담배를 시용한 경험이 있다고, 5.9%는 지난 30일 동안에 전자담배를 이용한 경험이 있다

11 Dautzenberg B, Berlin I, Tanguy ML, et al. Factors associated with experimentation of electronic cigarettes among Parisian teenagers in 2013. Tobacco Induced Diseases 2015;13:40.

고 각각 응답하였다.[12]

연구자들은 전체 조사 대상자들 가운데 3.2%가 전자담배를 시용한 경험이 있는 것으로 추정하였고, 또한 응답자들이 남자일수록, 도시 지역에 거주할수록, 부모들이 흡연자일수록 전자담배를 시용할 가능성이 높은 것으로 파악하였다.

지금까지 몇몇 국가들의 성인과 청소년들 간에 2011년부터 2014년까지 전자담배의 인지, 시용 경험 및 현재 이용 등의 수준들이 어떻게 변화되어 왔는지 그 추세를 살펴보았다. 예시된 국가; 조사 연구 대상자와 수효와 선정 방법; 연구/조사의 시행연도; 연구자/보고자 등이 다양함에도, 그 변화추세를 요약한다면, 첫째로 국가나 연령대를 막론하고 전체적으로 그의 인지, 시용, 이용 등의 수준들이 변동의 폭은 차이가 있지만 세 항목 모두 해를 거듭할수록 상승하는 추세에 있음을 알 수 있다.

둘째로 지적할 점은 전통적 담배 제품 사용자일수록 전자담배를 인지, 시용, 이용 등 모든 영역에서 그의 수준들이 아주 높은 반면에, 비사용자들은 전자들과는 비교할 수 없을 정도로 모두의 수준들이 월등하게 낮았다.

셋째로 현재 전통적 담배 제품 사용자들 가운데 전자담배를 함께 이용하는 자들이 많다는 점을 지적하지 않을 수 없다. 그러나 이러한 이중 사용의 결과들이 금연 또는 계속 흡연 가운데서 어느 쪽으로 귀결될 것인지 과학적 근거를 확보할 필요가 있을 것이다. 그래서 이들의 이중 혹은 중복 이용이 개인이나 인구 집단에 어떠한 결과를 가져다 줄 것인가는 전자담배의 이용과 관련하여 우리 모두가 성찰하여야 할 초미의 관심사다.

따라서 전자담배와 관련되는 모든 당사자들은 이 같은 현상을 계속 주시

---

12 Goniewicz ML, Danch WZ. Electronic Cigarette Use Among Teenagers and Young Adults in Poland. Pediatrics 2012;130(4):e879–e885.

하면서 사회적 편익이 최대화되도록 적절한 방안들을 강구하여 그것들을 적극적으로 시행하는 데에 능동적으로 동참해야 한다.

전자담배의 시작, 혹은 포기 이유들

성인 흡연자

Pepper 등은 2013년에 미국의 성인들을 대표하는 표본으로 추출된 3,878명의 전자담배 시용 경험자들을 대상으로 그들이 전자담배를 시용하게 된 이유들을, 그리고 그들 가운데서 전자담배 이용을 중단한 2,281명을 대상으로 중단한 이유들을 온라인으로 조사/탐색하였다.[13]

Pepper 등은 이 연구에서 응답자들이 설문지에 미리 제시된 시작 또는 중단한 이유들을 단수 혹은 복수로도 선택할 수 있게 설계하였다. 그들이 파악한 미국 성인들이 전자담배를 시용하기 시작한 이유들과 그것을 중단한 이유들을 각각 살펴보면 다음과 같다.

전자담배를 시작하는 이유는 두 가지로 분류되는데, 하나는 목표 지향적 이유이고, 다른 하나는 목표 비 지향적 이유이다. 두 번째의 목표 비지향적 이유들은 “나는 모른다.”; “나는 전자담배에 관한 광고를 좋아해서”; “나는 전자담배 대해 호기심이 있어서”; “친구나 가족이 나에게 전자담배를 주어서” 등이었다. 그런데 미국 성인들이 전자담배를 시용하기 시작한 이유들 가운데 가장 많이 선택한 이유는 “호기심 때문에”였다(응답자의 53%가 이것을 선택) 두 번째로 많이 선택한 이유는 “친구 혹은 가족이 전자담배를 주어서”로 34%를 차지하였다. “모른다”와 “전자담배 광고가 좋아서”를 이

13 Pepper JK, Ribisl KM, Emery SL, et al. Reasons for Starting and Stopping Electronic Cigarette Use. Int. J. Environ. Res. Public Health 2014, 11:10345-10361.

유로 선택 응답한 자는 각각 5%이었다.

목표 지향적 이유들도 여럿이 있었다. "전자담배가 나의 흡연을 중단 혹은 흡연을 감축시킬 것 같아서" 30%; "전자담배가 이용자에게 덜 해로울 것 같아서" 29%; "전자담배는 금연구역에서도 사용할 수 있어서" 26%; "전자담배의 이용이 타인에게 덜 해로울 것 같아서" 23%이었다. 그 이외에도 "냄새가 나쁘지 안 해서", "다른 사람에게 폐를 끼치지 않아서", "갈망을 도와주니까", "흡연과 같은 느낌을 주어서" 등이 있었다.

여기에서 주목할 점은 과거 흡연자들(24.2%), 현재 흡연을 하나 매일 하지 않는 자들(26.5%), 그리고 현재 매일 흡연자들(36.7%)은 비흡연자들(3.0%)보다 "흡연을 중단하기 위하여"를 전자담배를 시용하게 된 이유로 응답하였다는 것이다.

Pepper 등에 의하면, 앞에서 설명한 대로 여러 이유들로 전자담배를 시용하기 시작한 응답자의 65%가 다음에 거론하는 여러 이유들 때문에 전자담배 이용을 중단하였다고 한다. 본 연구의 응답자들이 전자담배 이용을 중단한 이유들을 살펴보면 다음과 같다.

전자담배의 시용을 목표 지향적이 아닌 이유 때문에 시작한 응답자들이 목표 지향적 이유 때문에 시작한 응답자들 보다 전자담배 이용을 중단하는 경우가 훨씬 더 많았다.(전자는 81%, 후자는 44.7%) 예를 들면 호기심 때문에 전자담배를 시용했다는 응답자들 가운데서는 69%가, 친구나 가족이 전자담배를 주어서 시용했다는 응답자들 가운데서는 68%가 중단한 것으로 나타났다. 그러나 금연하려고 혹은 흡연을 감축하려고 전자담배를 시용하였다는 목표 지향적인 이유를 든 응답자들 가운데서는 48%만이 이용을 중단하였다.

Pepper 등의 설문 응답자들이 선택한 전자담배 이용을 중단한 이유들을 조금 상세히 살펴보면 다음과 같다. "그저 실험적으로 피워본 것일 뿐"이 가장 흔한 이유이었고, 응답자의 49%가 이를 선택하였다. 그 다음의 이유는 "전자담배를 이용해서 가지는 느낌이 연초담배를 피울 때와 같지 않아서"이었고, 응답자의 15%가 선택하였다. "갈망을 도와주지 못해서" 11%, "금연이나 흡연의 감축을 도와주지 못해서"도 11%, "전자담배 이용을 중단한 이유가 무엇인지 잘 모른다"고 응답한 자들도 12%가 있었다. 한편 과거 전자담배 이용자들 가운데 약 3%는 "금연 혹은 니코틴 사용을 중단하여서"라고 개방식 질문에 응답하였다.

청소년 흡연자

2015년 "청소년건강행태온라인조사"에 얻은 우리나라 청소년들이 전자담배를 현재 이용하고 있는 이유를 살펴보면 위의 Pepper 등이 미국 성인들이 전자담배를 시용하기 시작한 이유들과 크게 다르지 않다. 질병관리본부가 2015년 11월에 발표한 자료를 통하여 중학생과 고등학생으로 나누어 그 이유들을 구체적으로 살펴보자.

중학생은 "호기심으로" 28.0%로 가장 많았고, 두 번째는 "담배보다 덜 해로울 것 같아서" 19.8%, 세 번째는 "맛이 더 좋아서" 13.0%, "향이 더 좋아서" 9.8%, 네 번째는 "실내에서도 피울 수 있어서" 6.6%, 다섯 번째는 "금연에 도움이 될 것 같아서" 6.0%, 여섯 번째는 "담배 냄새가 나지 않아서" 5.8%, 일곱 번째는 "쉽게 구할 수 있어서" 2.2%, 그리고 기타가 8.6%이었다.[14]

고등학생은 첫 번째와 두 번째는 중학생들과 같이 "호기심으로" 21.0%로 가장 많았고, "담배보다 덜 해로울 것 같아서" 18.5%이었으나, 세 번째는

14 김소연, 『청소년건강행태온라인조사 2015년 주요 결과』, 질병관리본부, 2015.

"금연에 도움이 될 것 같아서" 15.6%, 네 번째는 "실내에서도 피울 수 있어서" 12.2%로 순위가 바꾸었다. 다섯 번째는 "향이 더 좋아서" 9.1%, 여섯 번째는 "맛이 더 좋아서" 8.4%, 일곱 번째는 "담배 냄새가 나지 않아서" 8.1%, 기타 5.8%이었다.

Kong 등은 2012년 11월부터 2013년 4월 사이에 미국 코네티컷 주 뉴헤이븐에 소재하는 중학교(16명), 고등학교(52명), 대학교(59명) 등에서 127명을 뽑아 이들을 4명에서 8명으로 구성된 18개의 초점집단(각 집단은 중교 1개, 고교 2개, 대학 2개로 구성)을 만들어 이들을 대상으로 그들이 전자담배를 사용한 이유와 중단한 이유들을 파악하는 연구를 수행한 후, 여기에서 파악된 전자와 후자의 이유들을 다시 중학생 1,166명, 고등학생 3,614명, 대학생 625명 등, 총합계 5,405명을 대상으로 횡단면적 자기기입식 면접조사를 시행하여 자료를 확보하여 분석하였다. 그 결과를 요약하면 다음과 같다.[15]

이 연구의 초점집단 연구 대상자 127명 가운데 94.5%는 전자담배에 대해 들어본 경험이 있었고, 33.9%(중학생, 없음; 고등학생 30%; 대학생 35%)는 사용한 경험이 있었다. 대상자들의 전자담배 인지 수준은 학교별로 큰 차이가 없었으나, 사용한 경험은 학교 수준에 따라 차이가 있었다. 중학생들 가운데서는 전혀 없었고, 고등학생들보다는 대학생들이 다소 높았다. 따라서 이 연구는 전자담배 사용 경험이 전혀 없는 중학생들의 사용 이유나 중단 이유를 조사할 수 없었다.

Kong 등의 초점집단 참여자들을 흡연자와 비흡연자로 구분해보면 흡연자는 중학생(16명) 가운데 6.5%(1명), 고등학생(52명) 가운데 48.1%(25명), 대학생(59명) 가운데 47.5%(28명)이었다. 전자담배 사용 경험률은 고

15 Kong G, Morean ME, Cavallo DA, et al. Reasons for Electronic Cigarette Experimentation and Discontinuation Among Adolescents and Young Adults. Nicotine & Tobacco Research, 2015:17(7):847–854.

등학생 30%(흡연자는 58%, 비흡연자는 5%)이었고, 대학생들은 46%(흡연자 82%, 비흡연자 12%)이었다.

Kong 등의 초점집단이 꼽은 전자담배 시용의 이유들은 가족과 친구들의 영향; 쿨(cool)해서; 호기심; 쉽게 이용할 수 있어서; 향료들 때문에; 연초담배와 비교하여 더 건강에 이로우며; 덜 거칠고; 값이 싸며; 냄새가 좋고; 보다 편리하며; 숨길 수 있고; 실내에서 이용 가능하기 때문 등이었다. 한편 중단한 이유들은 흥미를 잃어서; 부정적인 신체적 효과들(예: 가벼운 두통 등) 때문에; 나쁜 맛; 높은 비용; 연초담배보다 만족시키지 못해서; 등이었다.

Kong 등은 초점집단이 제시한 전자담배 시용 이유와 중단 이유를 횡단면적 자기 기입식 설문조사를 통하여 파악한 결과, 시용의 이유들에서 가장 많이 선택된 이유는 응답자의 흡연 상태와 학교 수준을 불문하고 모두 호기심(54.4%)이었고, 두 번째는 향료의 이용 가능성(43.8%)이었으며, 세 번째는 친구의 영향(31.6%)이었다. 한편, 중단한 이유는 흥미를 잃어버렸다는 등 소위 "기타"(23.6%)이었고, 두 번째는 쿨(cool)하지 않아서(16.3%), 세 번째는 건강상 위험들(12.1%)이었다.

영국의 스코틀랜드 정부가 2014년 9월23일부터 11월 24일 사이에 집락 확률표본추출방법으로 추출한 중 · 고등학교의 11~18세 학생 2,016명을 대상으로 설문지를 이용하여 수집된 자료를 분석한 보고서에 의하면, 조사 대상자들 가운데 전자담배 시용 경험자 265명이 단수 혹은 복수로 선택한 전자담배 시용 이유들을 들면 다음과 같다.[16]

응답자들 가운데 가장 많은 42%가 선택한 이유는 "전자담배가 무엇인지 알기 위하여 그것들을 시용했을 뿐"이었고, 두 번째는 27%가 선택한 "한 친구가 전자담배를 이용하는 것을 보았고 나도 시용해보고 싶어서"이었으

16 The Scottish Government. Young People and Electronic Cigarettes in Scotland: A survey of secondary school pupils. Edinburgh, the Scottish Government. September. 2015.

며, 세 번째는 19%가 선택한 "가족 중에 전자담배를 이용하는 가족을 보고 나도 사용해보고 싶어서"이었다. 네 번째는 10%가 선택한 "연초담배 피우기를 중단하고 싶어서"이었고, 다섯 번째는 9%가 선택한 "피우는 연초담배 개비의 수를 줄이고 싶어서"이었다. 이러한 응답들에 기초하여 저자들은 전자담배를 사용하게 된 이유들을 호기심, 충동, 바람(a wish) 등, 세 개의 단어로 요약하였다.

5장

청소년 흡연자에 대한 입구 효과

전자담배의 해악과 관련한 논의들 가운데 전자담배의 이용이 그 이용자들, 특히 연초담배를 피우지 않는 청소년들로 하여금 니코틴 중독에 빠져 연초담배를 피우게 유도하는 입구 효과(a gateway effect)에 대한 의문이 있다.[1]

입구 효과 이론

'표면상으로 무해한 약품의 사용은 보다 유해한 약품의 사용을 초래한다'는 개념은 20세기에서 약품들을 규제하고 억제하는 노력과 함께 강화되었으며, 입구 이론(혹은 입구 가설)의 대요(大要)에도 영향을 미쳤다. 이 개념의 핵심적 가설은 특정한 약품은 다른 약품을 사용하게 하는 '입구(gateway)'로서 작용한다는 것이다. 이 같은 개념은 여러 다양한 물질들,

1 Etter JF, Bullen C. Electronic cigarette: users profile, utilization, satisfaction and perceived efficacy. Addiction 2011,106:2017–2028.

예를 들면 연초담배, 술, 마리화나, 용제(solvents) 등에 관한 토론들에서도 쉽게 인용되고 있고, 전자담배와 같은 새로운 제품들에 대한 논의에서도 현저하게 다루어지고 있다. 이 이론은 표면적으로는 직설적인 것처럼 보이지만 실체를 파악하는 것은 쉽지 않으며, 충분한 숙고의 시간을 필요로 한다.[2] 약품 사용과 관련하여 논의되는 이론들 가운데 하나인 디딤돌 이론(stepping stone theory)은 그 기원을 1965년, 1950년, 혹은 1930년으로까지 소급할 수 있으며, 입구 이론의 기원 역시 불투명하다.

그런데, Kandel과 Faust는 미국 뉴욕의 고등학생들을 대상으로 전향적 장기 조사를 실시하여 청소년들의 약품 사용에 있어서의 진행과 역행을 뒷받침하는 논문을 1975년에 "청소년의 약물 이용 패턴의 순서와 단계(Sequence and stages in patterns of adolescent drug use)"라는 제목으로 발표하여 전환점을 마련해주었다. Kandel 등에 의하면, 청소년들은 최소한 4개의 단계를 거쳐 약물 사용에 말려든다는 것이다. 즉, (1) 맥주 혹은 포도주를 마시는 단계; (2) 연초담배를 흡연하거나 강한 술을 마시는 단계이며(이 둘은 순서가 서로 바뀔 수도 있다); (3) 마리화나를 사용하는 단계이고; (4) 기타 불법적 약물을 사용하는 단계이다.

그런데 이와 관련하여 청소년들 가운데서는 '마리화나'를 사용하는 단계를 거치지 않고 '기타 불법적 약물'을 사용하는 단계로 진입하는 사례는 거의 찾아볼 수 없고; 이들 단계들은 성별, 교육정도, 인종에 따라 차이가 없으며; 점증적 확대가 주제이고; 약물의 사용은 불가피하게 중독과 연계되며; 정상 상태로부터 맨 밑바닥으로의 불가피한 추락으로 이해되어야 한다는 점 등에 주목할 필요가 있다.[3] 입구 가설은 위와 같은 문화적 그리고

---

2 Bell K, Keane H. All gates lead to smoking: The 'gateway theory', e-cigarettes and the remaking of nicotine. Social Science & Medicine 2014;119:45-52.

3 Kandel DB, Faust R. Sequence and stages in patterns of adolescent drug use. Archives of General psychiatry 1975;32:923-932.

산만한 맥락 하에서 문제의 행태를 서술하고 예보하는 방법의 하나로 이해되어야 한다.

또한 Kandel은 입구 가설은 상호 관련된 3대 명제들, 연달아 일어나기(sequencing), 연관성(association) 및 인과관계(causation) 등을 수반한다고 하면서, ① 연달아 일어나기란 2개의 물질 간에는 하나의 고정된 관계, 즉 하나의 물질이 다른 물질에 앞서서 규칙적으로 개시됨을 함축하며, ② 연관성이란 제1 물질의 개시는 제2 물질을 개시할 가능성을 증대시킴을 함축하고, ③ 인과관계란 1차 물질의 사용이 2차 물질을 사용하는 실제적인 원인이 됨을 함축한다고 설명한다. 이러한 인과관계는 논쟁의 여지가 많으며 정책적 논쟁에서 가장 많이 인용되고 있다.[4]

그렇지만 입구 이론을 두둔하는 전문가들조차 인과관계를 명시적으로 단정하기를 회피하면서, 대부분이 '…을 이끌어 낸다.', '으로 진행한다.', '예보한다.', '…의 위험을 증대한다.', '진행의 단계들', '인과적 연쇄 순서' 등으로 표현한다.

연관성 역시 그 본질이 정확하게 무엇인지가 불분명하다. Lynskey 등은 마리화나 사용자가 다른 불법 약물들을 사용할 가능성을 높이는 이유로, 첫째 사회적 환경의 견지에서 볼 때, 마리화나 사용자는 자기가 사용하고 있는 마리화나를 구입하는 암시장을 통하여 다른 약물도 쉽게 공급 받아 그 약물을 사용할 기회가 많기 때문이고, 둘째 사용자 개인이 마리화나뿐만 아니라 기타 약물의 사용을 즐겨하는 특성을 가지고 있기 때문이며, 셋째 생화학적 또는 약학적 견지에서 약물을 사용한 결과로 두뇌에 변화가 일어나 다른 약물의 보상효과에 민감하게 되었기 때문으로 설명하고 있다.[5]

4 Kandel DB. Does Marijuana Use Cause the Use of Other Drugs? JAMA 2003;289(4):482–483.

5 Lynskey MT, Heath AC, Bucholz KE, et al. Escalation of Drug Use in Early-Onset Cannabis Users vs Co-twin Controls. JAMA 2003;289(4):427–433.

그런데 특정한 물질의 사용과 관련한 연관성을 논의할 때, 이들 중 어느 이유가 보다 중요한 영향을 미치는지, 혹은 복합적으로 영향을 미친다고 말할 경우 각 이유의 상호 관계와 그 중요도를 명확하게 설명하기가 그렇게 간단하지 않다.

한편, 1997년부터 입구 약물에 관한 토론에서 연초담배는 마리화나와 함께 가장 흔히 등장하는 피고(被告)가 되었고, 대중매체들도 담배 규제와 관련된 입법 및 정책 활동의 촉진에 발을 맞추어 연초담배를 입구 약물들에 포함시켜 사용하기 시작하였다. 입구 이론은 인간 행동의 설명으로 상당한 매력을 지니고 있다. 만일 물질이 문제가 된다면 그 물질에 대한 노출에 대한 제한이 바로 '정답'일 것이다. 그러나 노출에 대한 제한은 현실에서는 그렇게 단순하지 않다.

입구 효과 관련 연구들

학계와 연구자들은 물론이고 담배 규제와 관련되는 기관들과 담당자들, 관련 정책의 입안자들과 의사 결정자들 등은 한결같이 "청소년층과 청장년층의 전자담배 이용이 전통적 연초담배의 사용/흡연으로 진행하는가?", "전자담배의 이용과 전통적 연초담배의 사용/흡연과 연관성이 있는가?", "전자담배의 이용이 전통적 연초담배 사용/흡연의 원인인가?", "전자담배는 입구 약물인가?" 등에 깊은 관심을 가지고 있으며, 연구자들도 이에 대해서 다각도로 연구하여 그 결과들을 계속적으로 발표하고 있다.[6] 이들 가운데서 2014년과 2015년 사이에 발표되어 전문가들의 관심을 불러일으킨 논문을

6 Dutra LM, Glantz SA. Electronic Cigarettes and Conventional Cigarette Use Among US Adolescents : A Cross-sectional Study. JAMA Pediatr.doi:10.1001/jamapediatrics.2013.5488. Primack BA, Soneji S, Stoolmiller M, et al. Progression to Traditional Smoking After Electronic Cigarette Use Among US Adolescents and Young Adults. JAMA Pediatr.doi10.1001/jamapediatrics.2015.1742.

연도별로 1편씩을 선택하여 주요 내용과 각각에 대해 비판하는 학자들의 글을 소개하려고 한다.

미국 청소년의 전자담배와 연초담배 사용 연구(2011, Dutra & Glantz)

Dutra & Grantz는 구미 각국의 청소년들 사이에서 전자담배 시용(試用)과 이용이 급증하는 새로운 현상에 주목하면서, 청소년들의 전자담배 이용과 전통적 연초담배 흡연간의 관계를 검토할 목적으로, 미국의 중 · 고등학교를 대표하는 표본으로 뽑힌 해당 중 · 고등학교의 재학생들을 대상으로 2011년(N=17,353)과 2012년(N=22,529)에 횡단면적 조사를 각각 시행하여 수집된 자료들을 분석하였다. 분석된 결과들을 2014년 3월에 발간된 미국의학협회 소아과학회지에 "미국 청소년들의 전자담배와 재래식 궐련 사용: 횡단면 연구"란 제목으로 발표하였다.

Dutra & Glantz는 그 연구에서 독립변수를 전자담배의 시용과 현재 이용으로, 그리고 종속변수는 연초담배의 흡연 시용, 흡연 경험, 현재 흡연, 금연 등으로 지정하였다.

이들 변수들을 좀 더 구체적으로 정의하면, 전자담배 시용자란 "루엔(Ruyan)이나 엔조이(NJOY) 같은 전자담배들을 어느 것이든 지금까지 단 한 번이라도 시용해본 적이 있는가?"라는 설문에 "예"라고 응답한 학생, 전자담배 현재 이용자란 "지난 30일 동안에 다음의 제품 중에서 어느 것이든 적어도 1일간이라도 이용한 적이 있는가?"라는 설문에 "예"라고 응답한 학생을 가리킨다.

전통적 연초담배 시용자는 "지금까지 한두 모금만이라도 연초담배 흡연을 시도해본 적이 있는가?"라는 설문에 "예"라고 응답한 학생; 연초담배 흡연 경험자는 "지금까지의 생애 동안에 약 100개비(5갑) 혹은 그 이상의 연초담배를 흡연한 경험이 있는가?"에 "예"라고 응답한 학생; 연초담배 현재 흡연자는 "현재까지 100개비 이상의 연초담배를 흡연한 경험과 지난 30일 이내에서도 흡연한 학생"을 각각 가리킨다.

Dutra & Glantz는 전자담배 이용이 연초담배의 사용과 연관된다는 사실을 다음의 내용을 통해 주장 하였다.

첫째 연초담배 시용자들(한 모금 또는 그 이상 흡연)들 가운데서, 전자담배 시용은 연초담배의 흡연 경험(100개비 이하 흡연 경험; odds ration=OR 6.31; 95% CI, 5.39-7.39) 그리고 연초담배의 현재 흡연(OR=5.96 95%; CI, 5.67-6.27) 등과 각각 연관성이 높게 나타났다고 하였고, 둘째 전자담배 현재 이용은 연초담배의 흡연 경험(OR=7.42; 95% CI, 5.63-9.79) 그리고 연초담배 현재 흡연(OR=7.88; 95% CI, 6.01-10.32) 등과 정(正)의 연관성이 있었다고 주장하였다.

위와 같은 결과를 근거로 삼아 "전자담배의 이용은 연초담배의 흡연 경험, 연초담배의 현재 이용, 상습적 흡연 등과 보다 높은 승산(odds)으로 연관되었다."고 단정하고, "전자담재의 이용은 미국의 청소년들 가운데서 전통적 연초담배를 저지하지 않고, 그것을 촉진 할 수도 있다"고 결론을 맺고 있다.

Dutra & Glantz의 위의 논문이 발표되는 당일(2014년 3월 6일)에 연구자들의 소속 대학인 캘리포니아대학교 샌프란시스코 캠퍼스는 "전자담배: 미국 10대의 니코틴 중독의 입구라고 연구발표하다(E-Cigarettes: Gateway to Nicotine Addiction for U.S. Teens, Says UCSF Study)"란 제목으로 보도 자료를 제작하여 배포하였다.

이 자료의 핵심은 두 가지로 요약할 수 있다. 하나는 "UC San Francisco의 신 연구에 의하면, 전자담배는 일상의 연초담배를 포기하게 하는 한 방법으로 판촉되고 있지만, 실제로는 10대들에게 전통적 흡연과 니코틴 중독으로 이르게 하는 새로운 통로일 수도 있다." "미국 청소년 가운데서 전자담배 이용과 흡연간의 관계에 대해서 최초로 분석한 이 연구에서 UCSF 연구진은 이 기구를 사용한 청소년들은 연초담배를 흡연할 가능성은 더 많고 흡연을 단념할 가능성은 더 낮다는 것을 발견하였다. 이 나라 각지에 있는 약 40,000명의 젊은이들에 대한 연구에서 중 · 고등학생들에서의 전자담배의 이용이 2011년과 2012년 사이에 3.1%에서 6.5%로 배로 늘어났음을 발견하였다"라는 작성자의 의견이다.

또 다른 하나는 작성자가 인용한 위 논문의 제일 저자인 Dutra의 주장이다. "현재, 전자담배가 사람들이 흡연을 단념하도록 돕고 있다고 주장하지만, 우리들은 전자담배가 청소년 사이에서 연초담배의 흡연과 더 많이, 적지 않게, 연관됨을 발견하였다." "전자담배는 젊은이들 사이에서 니코틴 중독으로 향하게 하는 입구 도구들이 될 것 같이 보이며, 담배의 아주 새로운 시장이 열릴 것 같다"이다. 위의 보도 자료에서 Dutra는 위 논문의 본문에서는 명시적으로 사용하지 않았던 "입구 도구들(gateway devices)이라는 용어를 사용하였다.

2014년 3월 6일자 뉴욕타임스의 Tavernise는 "젊은이들의 전자담배 사용을 연구를 통해 밝힘"이란 제목으로 Duran & Glantz이 발표한 위 논문의 결론 부분을 소개하면서 UCSF가 배포한 '보도 자료'와 논문의 결론과 다른 견해를 소개하였다.[7]

Tavernise는 위 논문의 결론을 인용한 다음에 제시된 자료들은 해석에 문제가 있다는 다른 전문가들의 견해를 소개하였다. 흡연을 많이 하는, 그리고 금연하는 데 더 어려움을 갖는, 젊은이들에 의해 전자담배가 이용되고

7 Tavernise S. Young Using E-Cigarettes Smoke Too, Study Finds. The New York Times, 6 march, 2014.

있다는 것만으로 그 도구들 자체가 이들 문제들의 원인임을 의미하지는 않는다는 것이다. 이들 도구들을 이용하는 젊은이들이 이미 더 심한 골초였든가, 혹은 다른 이유로도 골초가 될 사람이었다고 말하는 것이 옳은 해석이라고 보도하였다.

Tavernise는 이어서 2011년과 2012년 동안에 미국 젊은이들의 전자담배 이용은 2배로 늘어났지만, 다른 한편으로 전통적 연초담배의 흡연은 계속하여 감소하고 있으며, 이들의 2013년 흡연율은 9.6%로, 이러한 흡연율은 정점이었던 1997년의 흡연율보다 2/3가 감소한 수준이라고 기술하였다.

Tavernise의 기사에서 "Dutra 등의 연구 대상들은 미국의 중·고등학생을 대표하는 표본으로 2011년에는 17,000여 명이었고, 2012년에는 22,000여 명이었다. 동일한 학생들을 대상으로 시간을 두고 추적하는 것이 전자담배로부터 실질적 흡연으로 진행하는 것인지 여부를 결정하는 데 중요하다고 전문가들은 말한다. 그러나 이 연구는 두 개의 서로 다른 집단을 조사하였고, 필연적으로 두 장의 스냅사진을 가지고 창작된 것이다."라고 평가하였다.

Phillips는 "Anti-THR Lies and related topic"이란 블로그에 "Stanton Glantz는 미국 화학학회도 실망시킬 정도의 거짓말쟁이: 최신 전자담배 입구 효과 연구"란 제목의 글을 올렸다.[8] Phillips가 쓴 장문의 논평을 한 마디로 요약하자면 "논문의 저자들은 전자담배가 흡연으로 향하게 하는 한 입구라고 주장하였으나, 실제로 그것을 전혀 보여주지 못하였다"는 것이다. Phillips는 위 논문은 연구 대상자들을 시간을 두고 계속 추적한 것이 아니고 특정 시점에서 단 일회만 조사한 횡단면적 조사에 불과한데, 연구 방법 자체가 가지는 한계를 뛰어넘어 성급한 결론을 내렸다고 평가하

8 Phillips CV. Stanton Glantz is such a liar that even the ACS balks: his latest e cig gateway "study". Anti-THR Lies and related topics, March 2014.
http://antithrlies.com/2014/03/07/stanton-glantz-is-such-a-liar-that-even...

였다.

이 논문에서 사용된 자료는 횡단면적 조사에서 얻은 자료이기 때문에, 연구자들은 전자담배 이용과 흡연과의 선후관계를 결정할 수가 없다. '전자담배 이용이 연초담배의 흡연에 선행하였다는 것을 보여주지 못한다면 전자담배가 흡연의 입구라고 말할 수 없고, 사용의 순서를 결정하는 것도 가능하지 않다는 것'이다. 그런데 횡단면적 조사에서도 '사용의 순서'를 정확히 조사할 경우에는 가능할 수도 있다. 예를 들면, 설문에서 "지금까지 학생이 여러 담배 제품들을 시용하였을 때, 어떤 것을 가장 먼저 시용하기 시작하였는가?"라고 질문하여 응답을 받았다면, 그 응답을 기초로 이들을 추론할 수는 있다. 그러나 이 논문이 사용한 자료는 이 같은 설문이 없었다. 따라서 '전자담배가 흡연의 입구'라는 결론을 이끌어낼 자료가 없는데도, 논문의 연구자들은 이 논문에서 '전자담배가 흡연의 입구'라고 결론을 맺은 것은 자신들이 사용한 연구 자료 자체가 지닌 한계를 뛰어넘어 고의적으로 해석하여 저지른 '잘못'이라고 지적하였다.

Bates는 "반 사실(The counterfactual)"이라 명명한 자신의 블로그에 2014년 3월 13일자로 Dutra & Glantz가 발표한 예의 논문에 대하여 부정적으로 논평하는 글을 게재하였다.[9]

Bates는 예의 논문의 요약의 마지막 부분인 '결론과 적용'의 첫 문장, "전자담배의 이용은 연초담배의 사용 경험 혹은 현재 사용 등과 높은 대응비, 그리고 일상의 사용과 높은 대응비를 보였다."를 그대로 옮겨 소개한 후, 이들 문장에서 언급된 발견들은 모두가 '전자담배는 연초담배 흡연자들에게 더 매력적이라는 내용 정도임에도 불구하고, 연구자들은 오히려 이 연구가 전자담배로부터 연초담배로 가는 입구가 있음을 보여주고 있다

9 Bates C. Cease and desist: making false claims about the gateway effect. March 13th, 2014. http://www.clivebates.com/?p=2053

는 입장으로 건너 뛰었다는 것이다. 그러나 이 연구에서는 이것을 증명하는 연관성이 전혀 없고, 또한 기초가 되는 자료도 없다고 부정적으로 논평하였다.

또한 Dutra 등의 논문 표 1에서 제시한 '전자담배 시용'과 '연초담배 현재 사용'에 대한 통계가 미국 CDC의 이환율과 사망률 조기 보고(Morbidity and Mortality Early Report) 2013/62(35):729–730에 제시된 통계와 일치하지 않고, 이들이 말하는 응답자들이 중학생인지 고등학생인지 아니면 중·고등학생을 망라한 통계인지를 밝히지 않아서 이러한 통계치를 가지고 무엇을 말하는지를 알 수 없다고 지적하면서 CDC의 통계를 제시해주고 있다.

Bates가 제시한 CDC 보고서에 의하면, 중학생의 경우, 전자담배 이용(전자담배 이용+전통적 연초담배 사용)은 2011년 0.6%에서 2012년 1.1%로 약 2배 증가하였고; 전통적 연초담배의 흡연은 2011년 4.9%에서 2012년 2.8%로 오히려 약 1.8배 감소하였다. 고등학생의 경우도 전자담배 이용(전자담배 이용+전통적 연초담배 사용)은 2011년 1.5%에서 2012년 2.8%로 역시 약 1.9배 증가하였고; 전통적 연초담배의 흡연은 2011년 14.6%에서 2012년 11.8%로 오히려 약 1.2배나 감소하였다.

CDC 보고에 의하면 미국의 중학생 층이나 고등학생 층에서의 전자담배 이용은 단독 이용이나 이중 이용 모두가 증가하는 추세이었지만 전통적 연초담배의 사용은 감소하는 추세로 나타났다. 이를 구체적으로 살펴보면, 중학생 층의 경우; 전자담배 단독 이용은 2011년 0.3%에서 2012년 0.4%로; 이중 이용은 2011년 0.3%에서 2012년 0.7%로 증가하였으나 전통적 연초담배 사용은 2011년 4.9%에서 2012년 2.8%로 감소하였다. 고등학생의 경우; 전자담배 단독 이용은 2011년 0.3%에서 2012년 0.6%로; 이중 이용은 2011

년 1.2%에서 2012년 2.27%로 역시 같은 추세로 증가하였으나 전통적 연초담배 사용은 2011년 14.6%에서 2012년 11.8%로 역시 감소하였다.

Bates는 CDC의 보고서에 기초하여 전자담배의 이용은 단독으로의 이용이나 이중으로의 이용이나 모두 같이 증가하는 추세를 보여주고 있는 반면에 전통적 연초담배의 사용은 오히려 감소하는 추세를 보여주는 현상을, 특히 전자담배와 전통적 연초담배의 이중 이용이 증가하는 추세를 감안할 때, 예의 논문 연구자들과는 다르게 '전자담배의 이용은 전통적 연초담배에서 전자담배로 갈아타게 하여 결과적으로 연초담배의 사용을 감축'시키는 데 기여한다고 해석할 수 있다고 주장하였다. Bates는 Dutra와 Glanz 논문의 결론인 "전자담배는 전통적 연초담배의 사용을 촉진할 수도 있다"에 대한 어떤 근거도 찾을 수 없다고 결론을 내렸다.

미국 청소년과 청장년 가운데서 전자담배 이용 후 전통적 연초담배 흡연으로의 진행(2015, Primack 등)

미국 피스버크 대학교 의대 교수인 Primack 등은 전자담배가 흡연자들의 전통적 연초담배의 사용을 감축하도록 돕는다고 하나, 전통적 연초담배를 전혀 흡연하지 않은 청소년들과 청장년들 가운데서도 전자담배를 이용하고 있고, 이들이 전통적 연초담배를 흡연하는 쪽으로 진행할 위험에 있다는 가설을 세웠다. 이들은 흡연하지 않으면서 흡연에 민감하지도 않는 청소년과 청장년들 중 연구를 시작할 당시에 전자담배 이용이 설정된 궤도를 따라 전통적 연초담배의 흡연과 어떻게 연관되는가를 결정할 목적으로 장기 코호트 연구를 수행하였다.[10]

---

10 Primack BA, Soneji S, Stoolmiller M, et al. Progression to Traditional Smoking After Electronic Cigarette Use Among US Adolescents and Young Adults. JAMA Pediatr.doi10.1001/jamapediatrics.2015.1742.

미국의 16~26세의 연초담배를 전혀 흡연하지 않으면서 흡연에 대해 민감하지 않는 태도를 가진 청소년과 청장년을 대표할 수 있는 표본으로 추출된 694명을 대상으로 2012년~2013년간의 흡연에 대해서, 2012년 10월 1일부터 2014년 5월 1일 사이에 기초 조사들을 완료하였고, 그것들을 다시 1년 후에 재차 사정(査定)하여, 모아진 자료들을 2014년 7월1일부터 2915년 3월1일 사이에 분석하였다.

연구자들은 연구의 독립변수는 기초 조사 시에 참여자들의 전자담배 시용 여부로, 종속변수는 궤도를 따라 연초담배 흡연으로의 진행으로 각각 정의하였다. 그리고 이 구조를 실제로 운용하기 위하여, 조사에 참여하는 각 개인은 궤도에 따라 3개의 상태들, 즉 ① 흡연에 민감하지 않는 비흡연자, ② 흡연에 민감한 비흡연자, ③ 연초담배 흡연을 시작하는 자 : 일생 동안에 담배 연기를 단 한 모금이라도 들이마신 자) 가운데 어느 하나에 속하도록 범주화하였다.

연구자들은 "기초 조사 시에 694명의 대상자들 가운데 16명(2.3%)을 전자담배 시용자들로 파악하였고, 1년여 동안 추적 조사한 결과, 전자담배 시용자 16명 가운데 11명(68.8%), 전자담배 비시용자 678명 가운데 128명(18.9%)이 각각 연초담배 흡연 쪽으로 진행하였음을 밝혔다. 일차적으로 완전히 보정된 모형들에서, 기초 조사 시 전자담배 시용은 흡연으로의 진행(AOR, 8.3; 95% CI, 1.2~58.6), 그리고 비흡연자 가운데서는 민감 쪽으로 진행(AOR, 8.5; 95% CI, 1.3~57.2)과 각각 독립적으로 연관되었다. 그 같은 발견들에 기초하여 "청소년들과 청장년들에게 전자담배 판매를 제한하고 호소를 감축하는 규제들을 지지하고 있다"는 연구 결과를 제시하였고, 자신들의 연구 결과를 근거로 삼아 "미국 청소년과 청장년의 국가 대표 표본에서 기초 조사 시 전자담배의 이용이 전통적 연초담배 흡연으로의 진행과 연관되었다"고 결론을 맺었다. Primack가 소속한 피스버그대학교 건강과학대학은 논문 발행일인 2015년 9월 8일에 "전자담배가 십대, 청장년들의 흡연에 입구로서 이바지하다(E-cigarettes serve as gateway to smoking for teens, young adults)"란 제목으로 본 연구를 소개하는 보도 자료를 제작하여 대내외에 배포하였다.[11]

미국의 CBS/Boston의 한 기자는 2015년 9월 8일 11시 뉴스에서 "전자담배, 진짜 흡연으로의 입구, 연구가 발견하다"란 제목으로 Primack 등의 연구를 소개하면서 "이 연구는 같은 유의 연구들 가운데서 최초로 전자담배와 전통적 연초담배 간의 잠재적 인과관계를 찾아냈다"고 방송하였다.[12]

미국의 Time지도 같은 날에 "전자담배는 담배로 가는 입구이다, 연구는 말하고 있다"라는 제목 하에 "한 새로운 연구가 흡연과 vaping 습관들이 시간을 두고 어떻게 변하는지를 고찰하다"란 부제를 붙여 기사화하였다.[13]

여기에서 우리는 Primack 등의 논문에서는 직접적으로 사용되지 않았던 '입구(a gateway')라는 용어를 대학교의 보도 자료와 매체들의 기사들에서는 공통적으로 사용되었다는 점에 주목할 필요가 있다.

Klein(미국 소아과학회 집행위원회 부위원장)은 본 논문이 게재된 학술지와 같은 호수의 '편집인의 글'에서 "이들 자료들은 전자담배 이용이 대부분 니코틴 중독 때문에 흡연으로 통한다는 강력한 장기적 근거를 제공하고 있다. 우리는 이들 의문에 대한 연구조사를 더 이상 할 필요가 없다; 우리는 비흡연자들을 전자담배와 기타 형태의 담배 제품들로부터 보호하기 위하여

---

11 University of Pittsburgh Schools of the Health Sciences. E-cigarettes serve as gateway to smoking for teens, young adults. ScienceDaily. Sept. 8, 2015. https://www.sciencedaily.com/releases/2015/09/150908131240.htm

12 Stern D. E-Cigarette Smoking Gateway To The Real Thing, Study Finds. Boston CBS. September 8, 2015 11:05 AM. http://boston.cbslocal.com/2015/09/08/e-cigarette-smoking-gateway-to-...

13 Sifferlin A. E-Cigarettes Are a Gateway to Tobacco, Study Says. Sept. 8, 2015. http://time.com/4024822/ecigs-gateway-tobacco/

일할 근거 기초와 전략들을 가지게 되었다. 아직도 우리가 필요로 하는 것은 이를 근거로 젊은이들을 보호하겠다는 정치적 의지이다."고 평하였다.[14]

Primack 등의 논문이 발표된 후 이틀 만인 2015년 9월 8일에 보스턴대학교 보건대학원 Michael Siegel 교수는 자신의 담배뉴스 분석 및 해설 블로그에 "미국의학협회 소아과학학회지에 게재된 새로운 연구가 전자담배는 젊은이들이 흡연으로 들어가는 입구의 하나임을 보여주는가?"이란 제목의 글을 게재하였다.[15]

Siegel은 Primack의 결론이 지니고 있는 문제는 연구가 흡연으로의 진행을 계측한 것이 아니고 단지 한 모금이라도 흡입했는지 여부를 물은 것 뿐인데, 이를 '규칙적 흡연으로의 이행'으로 속단했다는 점을 지적하였다.

Primack 등의 연구 결과들을 기술한 내용들을 면밀하게 살펴보면, 기초조사를 시행할 당시에 전자담배를 사용한 경험이 있는 자로 파악했던 16명 가운데 6명만이 기초 조사가 시행된 후 1년 동안에 한 개비의 연초담배를 단 한 모금이라도 빨아본 상태로 진행되었을 뿐이었다. 실제로 이들 6명 가운데 1명이라도 보통으로 말하는 흡연을 시작하지 않았을 가능성도 있다. 사실 대상자들 가운데 어느 한 사람이라도 연초담배 1개비를 전부 피웠는지 여부조차도 알지 못한다. 그럼에도 본 연구는 이들 6명의 젊은이들 모두가 "전통적인 연초담배 흡연"으로 진행되었다고 판단하였다.

또한 16명의 전자담배 사용자 가운데 5명은 흡연에 민감하게 되었을 뿐, 아무도 연초담배의 연기를 한 모금조차도 빤 경험이 없었는데도 연구자들은 이들 5명 모두가 전통적 연초담배 흡연으로 진행된 것으로 간주하였다.

---

14 Klein JD. Electronic Cigarettes Are Another Route to Nicotine Addiction for Youth. doi:10.1001/jamapediatrics.2015.1929.

15 Siegel M. Does New JAMA Pediatrics Study Show that E-cigarettes Are a Gateway to Young Smoking? The Rest of the Story: Tobacco News Analysis and Commentary, 8 September, 2015. http://tobaccoanalysis.blogspot.kr/2015/09/does-new-jama-prdiatrics-st...

Siegel은 앞에서와 같이 판단하는 이유는 연구자들이 "연초담배의 사용을 '단 한 모금이라도 빠는 것이다.'라고 정의하였기 때문에 전통적 연초담배 흡연으로 진행된 젊은이들 가운데 어느 누가 실제로 일상의 흡연자가 되었는지를 우리는 알 수 없다. 이들은 단순히 호기심 때문에, 혹은 친구의 권유를 받아서 등 여러 이유로 단 한 번 연초담배의 연기를 빨아보았을 가능성도 있고, 한 번 빨아보니 나쁜 것 같아서 '연초담배 빨기'를 중단하고 전자담배를 이용했을 가능성도 있을 것인데, 어떻게 이들 모두를 전통적 연초담배 흡연으로 간주할 수 있을까라고 의문을 제기했다.

Siegel은 Primack 등의 연구가 가지는 앞에서 말한 문제와는 또 다른 문제를 안고 있다고 평한다. 11명의 전자담배 사용자들이 연초담배 사용으로 진행하기 전에 실제로 전자담배를 정규적으로 이용하였는지, 그리고 전자담배에 중독되었는지를 기록하지 않고 다만 이들 젊은이들은 단 한 번이라도 전자담배를 사용한 적이 있음을 기록하고 있을 뿐이다. 따라서 이 연구의 대상자들이 전자담배의 정규적 이용자들이 되었는지, 전자담배에 중독되었는지, 혹은 그 후에 전자담배를 다시 사용으로 되돌아갔는지 추론할 수 없다.

Siegel은 위와 같은 이유로 Primack 등의 연구는 전자담배 이용이 아이들을 흡연을 시작하게, 또는 정규 흡연자들로 이끌어간다는 것을 보여주지 못하였고, 입구 효과를 논증하지도 못하였다고 논평하였다.

또한 Siegel은 Primack 등이 소속한 대학 당국이 만든 보도 자료와 잇단 매체들의 보도는 실제로 전혀 측정하지 안했던 자료들을 마치 과학적으로 측정한 자료인 양 호도하여 기사화함으로써 독자들을 잘못 이끌었다고 논평하였다. 그 예로 보도 자료와 실제 기사의 제목들을 읽은 독자들은 전자담배가 젊은이들이 연초담배 흡연을 시작하게 한 원인이 되는 것으로 믿는 것으로 보이게 하였다. 그러나 진실은 이 연구는 전자담배를 사용한 후 연초담배

1개비를 모두 피운 젊은이를 한 사람도 입증하지 못하였다는 것이다.

반면, Klein 등은 "이들 자료들은 전자담배 이용은 대부분 니코틴 중독 때문에 연초담배 흡연을 시작하게 한다는 강력한 장기적인 근거를 제공한다. 우리는 이 의문에 관한 더 이상의 조사 연구를 필요로 하지 않는다. 우리는 기초 근거를 가지고 있고, 비흡연자들을 전자담배와 기타 담배 제품으로부터 보호할 전략들을 가지고 있다. 우리가 아직도 필요로 하는 것은 근거에 기초한 활동을 펼치겠다는, 그리고 젊은이들을 보호하겠다는 정치적 의지이다."고 주장하였다.

그러나 Siegel은 Klein의 위와 같은 주장에 대해 "그의 주장은 담배 규제 운동에 있어서 과학적 엄밀함을 완전히 타락시킨 결과를 들춰내 있어서 슬프다"고 탄식한다. 그러면서 "위 논문은 전자담배를 시용한 다음에 연초담배를 단 한 모금 흡입한 5명의 젊은이들을 기초로 하여 전자담배가 흡연으로 가는 '입구'라고 결론을 맺고 있다"는 의미심장한 글로 논평을 마무리하였다.

우리는 위에서 지적한 질문들에 응답하려는 여러 연구자들의 논문들을 간략하게 살펴보았다. Kandel 등에 의하면, 청소년들은 최소한 4개의 단계를 거쳐 약물 사용에 말려드는데, 이들 단계들은 성별, 교육 정도, 인종에 따라 차이가 없으며[16]; 점증적 확대가 주제이고; 약물의 사용은 불가피하게 중독과 연계되며; 정상 상태로부터 맨 밑바닥으로의 불가피한 추락으로 이해되어야 한다는 점 등에 주목할 필요가 있다. 그리고 입구 이론 혹은 가설은 논의되는 물질은 물론이고 그 물질이 사용되는 문화적 맥락 그리고 산만한 환경적 맥락 하에서 문제와 관련된 인간의 행태를 서술하고 예보하는 방법의 하나로 이해되어야 한다. 또한 입구 가설은 상호 관련된 3대의 명제들, 즉 연달아 일어나

16 Kandel DB, Faust R. Sequence and stages in patterns of adolescent drug use. Archives of General psychiatry 1975;32:923-932.

기, 연관성 및 인과관계 등이 동시에 다루어져야 한다.

그러나 입구이론의 3대 필수조건들인 연달아 일어나기, 연관성 및 인과관계 등을 모두 입증하는 근거로 제시될 만한 근거들이 아직 충분하지 않다. McNeill 등은 "입구 이론이 전자담배의 시용과 이용의 면에서 시험 방법이 명확하게 될 때까지는 '입구'라는 전문 용어의 사용을 버려두어야 한다"고 강력히 제안한 바 있다. 그렇지만 청소년층과 청장년층에서의 전자담배 이용과 연초담배 등의 흡연간의 연관성은 계속하여 주의 깊이 감시할 필요가 있는 주제들 가운데 하나이다. 이와 관련해서 가장 바람직한 선택지는 모두가 전자담배와 연초담배를 아예 이용하지 않는 것이다. 그러나 현실적으로 이 같은 최선책이 실현될 수 없다면, 이들이 전통적 연초담배를 흡연하는 대신에 위해가 훨씬 낮은 전자담배를 이용하는 것이 차선책일 수도 있다는 견해를 무시하긴 어려워 보인다.[17]

여기에 더하여 간단한 사고 실험을 해 보자. 현재 성인 흡연율이 유지된다고 가정할 때 10명의 비흡연 학생 중에서 향후 4명 정도가 성인 흡연자가 될 것이다. 여기에 전자담배를 접한 학생들이 더해져 최종적으로 5~6명이 성인 흡연자가 된다고 가정하자. 이때 5~6명 모두가 연초담배 흡연자라면 전자담배의 해악이 명확하다. 하지만 이중 2~3명 이상이 전자담배만 사용한다면 흡연의 사회적 해악이 늘어났다고 보기는 어렵다. 연초담배 흡연에서 전자담배로의 이행이 기존 흡연자의 건강에 덜 해로운 행위라면, 이는 흡연 청소년들에게도 마찬가지로 봐야 한다는 주장이 있다.[18] 기존 담배회사들이 전자담배의 출시에 관심을 보이는 것도 니코틴 이용자들 중 청소년을 포함한 상당수가 전자담배로 이행할 것을 내다보기 때문이다. 전자담

17 McNeill A, Brose LS, Calder R, et al. E-cgarettes: an evidence update - A report commissioned by Public Health England. London, Public Health England, 2015.

18 Etter JF. Should electronic cigarettes be as freely available as tobacco? Yes. BMJ 2013;346:f3845 doi: 10.1136/bmj.f3845

배가 있든 없든 니코틴이 허용된 사회라면 청소년들은 언제나 흡연을 시도할 것이다. 따라서 지나친 규제는 자칫 전자담배로 이행할 수 있는 흡연자들에게 장벽이 되어 더 해로운 연초담배 흡연을 할 수밖에 없도록 강제하는 꼴이 될 수도 있다.

6장

전자담배는 이중 이용자를 양산하는가?

미국과 영국 등에서 발표된 최신의 자료에 의하면, 이들 국가들에서 전자담배의 보급률은 청소년층이나 장년층에서 꼭 같이 기하급수적으로 증가하는 한편 그와는 대조적으로 기존 연초담배의 보급률은 감소하는 흥미로운 현상이 일어나고 있다. 이러한 새로운 현상에 직면한 담배 제품 규제자들, 정책 입안가들, 보건학계 등등은 이 현상에 대해 깊은 관심을 가지고 전자담배와 연초담배의 이용 패턴과 그에 부응하는 시장의 동향, 그것들로 말미암은 이용자와 비이용자 인구 집단에 미치는 위해와 편익에 초점을 맞추어 관망하며 주시하고 있다.[1]

연초담배 비흡연자들과 연초담배를 금연한 지 오래된 과거 흡연자들은 전자담배 시용률이나 이용률이 대단히 낮은 수준임을 감안할 때, 전자담배가 성인에서 연초담배의 광범한 입문이나 연초담배의 흡연을 다시 하도록 촉진한다고 보기는 어렵다. 그런데 미국에서 전통적 연초담배를 현재 흡연

1 Delnevo CD, Giovenco DP, Steinberg MB, et al. Pattens of Electronic Cigarette Use Among Adults in the United States. Nicotine & Tobacco Research, 2015;1–5. doi: 10.1093/ntr/ntv237.

자(15.9%)와 연초담배를 금연한 후 1년 미만인 금연 시도자(22.0%)들이 전자담배를 이용하고 있는 것으로 나타나, 소위 '전자담배와 연초담배의 이중 이용'이 장 · 단기적으로 가져올 결과들은 관계 당국과 전문가들의 관심을 불러일으키는 쟁점들 가운데 하나가 되었다.

'전자담배와 연초담배의 이중 이용'이 장 · 단기적으로 가져올 전자담배와 연초담배의 이중 이용으로 나타날 경우의 수들은 다음과 같다.

첫째, 연초담배 흡연량이 줄지 않은 상태에서 전자담배를 추가로 사용한다.
둘째, 전자담배의 이용은 중단하고 연초담배만 사용한다.
셋째, 전자담배의 이용은 지속하면서 연초담배는 사용량이 점진적으로 줄어든다.
넷째, 전자담배의 이용은 지속하나 연초담배는 금연한다.
다섯째, 전자담배 이용과 연초담배 사용을 모두 중단한다.

위의 상황 중 연초담배만을 피우는 것보다 확실히 더 문제가 될 수 있는 상황은 첫 번째 경우뿐이다. 두 번째는 전자담배 사용에 적응하지 못하고 연초담배 흡연으로 되돌아간 상황이다. 가장 바람직한 경우는 다섯 번째이고 세 번째와 네 번째 경우는 현재로선 유해성 평가가 어려운 상황이다. 따라서 우리 사회가 전자담배와 연초담배의 이중 이용으로 나타날 앞에서 열거한 경우의 수들 가운데서 무엇에 어느 정도의 무게를 둘 것인가에 따라서 전자담배에 대한 규제나 정책의 설계와 집행은 판이하게 될 것이다.

이중 이용의 실태

미국

Schoenborn & Gindi는 2014년에 미국에서 실시된 전국건강인터뷰조사에서 수집된 자료를 중심으로 미국의 18세 이상 성인들의 전자담배 이용패턴이 인구 수준에서 기존의 연초담배의 사용 여부에 따라 어떻게 상이한가를 보고하였다.[2] 보고에 의하면, 전자담배 시용률은 성인 전체로는 12.%; 성별로는 남자 14.2%, 여자 11.2%; 연령 그룹별로는 18세~24세 21.6%, 25세~44세 16.5% 45세~64세 10.2%, 65세 이상은 3.7%이었다. 전자담배 현재 이용률은 전체로는 3.7%; 성별로는 남자 4.1%, 여자 3.4%; 연령그룹별로는 18세~24세 5.1%, 25세~44세 4.7% 45세~64세 3.5%, 65세 이상은 1.4%이었다.

위와 같은 미국 18세 이상 성인들의 전자담배 시용률과 현재 이용률을 연초담배의 흡연 패턴에 따라 살펴보면; 전자담배 시용률은 현재 연초담배 흡연자들 가운데서는 47.6%; 연초담배를 금연한 후 1년 미만인 금연자들 가운데서는 55.4%; 연초담배를 금연한 후 1년 이상이 지난 금연자들 가운데서는 8.9%; 연초담배를 흡연한 경험이 전혀 없는 비흡연자 가운데서는 3.2%이었다.

한편 진자담배 현재 이용률은 현재 연초담배 흡연자들 가운데서는 15.9%; 연초담배를 금연한 후 1년 미만인 금연자들 가운데서는 22.0%; 연초담배를 금연한 후 1년이 지난 금연자들 가운데서는 2.3%; 연초담배를 흡연한 경험이 없는 비흡연자들 가운데서는 0.4%이었다.

---

2 Schoenborn CA, Gindi RM. Electronic Cigarette Use Among Adults: United States, 2014. NCHS Data Brief No. 217. Atlanta, National Center for Health Statistics/CDC. October 2015.

미국의 성인들 가운데서 전자담배를 시용하거나 이용하는 이들의 분포를 살펴보면 연령별로는 18세~24세와 25세~44세의 청장년층이 많았고; 연초담배의 사용과 관련시켜보면 연초담배를 금연한 후 1년 미만인 최근의 과거 흡연자들과 연초담배를 사용하고 있는 현재 흡연자들이었다. 반면에 고령층과 연초담배를 금연 한 후 1년 이상인 과거 흡연자들이나 비흡연자들은 전자들과 비교가 안 될 정도로 낮은 수준이었다.

전자담배 시용자들 가운데서 지난해에 최소한 한 번이라도 금연을 기도해 본 시용자는 55.3%이고 전혀 기도하지 않은 시용자는 40.2%이었다. 전자담배 현재 이용자들 가운데서는 전자는 20.3%이었고 후자는 11.8%이었다. 지난 1년 동안 금연을 시도한 경험이 있는 흡연자일수록 전자담배를 시용률도 높고 이용률도 높았던 것이다.

영국

ASH/England는 의하면, 2015년에 영국의 성인들 가운데 전자담배를 이용자수는 약 260만 명이 있는 것으로, 그리고 이들 가운데 110만 명은 과거 흡연자들이고, 140만 명은 전자담배와 전통적 연초담배를 동시에 이용하는 것으로 조사되었다.[3]

2015년에 실시된 조사에 의하면, 영국의 성인들 가운데 흡연자들의 95%, 비흡연자들의 93%는 전자담배에 대해서 들어본 일이 있는 것으로 파악되었다. 연초담배 흡연자들 가운데 전자담배를 현재 이용하고 있는 자들은 2010년에는 2.7%이었고, 2014년에는 17.6%로 상승하였으나 2015년에는 2014년의 수준이 유지되고 있는 것으로 조사되었다. 또한 2014년과 2015년 간

3 ASH Fact Sheet. Use of electronic cigarettes(vapourisers) among adults in Great Britain. ASH, May 2015.

에 영국의 연초담배 흡연자들 가운데 전자담배 이용자들은 대부분이 과거 흡연자들로, 2014년 4.5%에서 2015년에는 6.7%로 상승하였다. 한편 비흡연자들 가운데서 전자담배 이용자들은 2012년 0.1%, 2013년 이후부터 2015년까지는 0.2%에 머물러 있었다.

전자담배 이용자들의 다양한 이용 행태

Etter & Bullen은 전자담배 이용자들의 전자담배 이용과 관련된 행태들이 기초 조사 시점으로부터 1개월 또는 1년이 지나면서 어떻게 변화되는가를 관찰하기 위하여, 2010년에 인터넷망을 통해 18세 이상 성인 1,329명을 모집한 후 이들을 대상으로 온라인에서 설문지를 이용하여 기초 조사를 시행하였다.[4] 기초 조사 참여자들 가운데서 연구팀에게 자신들의 e-mail 주소를 제공한 미국(32%), 프랑스(24%), 영국(8%), 스위스(6%), 기타 국가(28%)의 응답자 773명을 대상으로 2011년 8월부터 2013년 1월 사이에 기초 조사 일자로부터 1개월(참여자, 477명: 응답률, 62%)이 되는 시점에서, 그리고 1년(참여자, 367명: 응답률, 47%)이 되는 시점에서 응답자들의 전자담배의 이용, 현재의 흡연 상태, 지난 7일 간의 담배 제품의 이용, 흡연자들의 1일 흡연 연초담배 개비 수, 전자담배의 1일 들어 마심 회수(1년 이상 이용자를 대상으로), 금연 일자(과거 흡연자를 대상으로) 등의 자료를 수집하는 추적 조사를 각각 한 차례씩 시행하였다. 수집된 자료들을 1개월과 1년으로 나누어 분석해서 이들을 종합, 2014년에 발표하였는데 주요 결과는 다음과 같다.[5]

기초 조사 시에 전자담배를 매일 이용한 자들 가운데 기초 조사 후 1개월

4 Etter JF, Bullen C. A longitudinal study of electronic cigarette users. Addictive Behaviors 2014;39:491–494.
5 Etter JF, Bullen C. A longitudinal study of electronic cigarette users. Addictive Behaviors 2014;39:491–494.

이 되는 시점에서는 98%, 기초 조사 후 1년이 되는 시점에서는 89%가 여전히 전자담배를 매일 이용하고 있었다. 기초 조사 시 전자담배를 매일 이용하기 시작한 지 1개월 미만이었던 전자담배 매일 이용자들 은 기초 조사 후 1개월 시점에 93%, 1년 후에는 81%가 매일 전자담배를 이용하고 있었다. 또한 기초 조사 시에는 전자담배를 이용하지 않던 층에서 1개월 후에는 15%, 1년 후에는 13%가 각각 매일 또는 가끔씩이라도 전자담배를 이용하기 시작하는 것으로 나타났다.

기초 조사 시에 연초담배를 매일 흡연하면서 동시에 전자담배를 매일 이용하던 자들, 곧 이중 이용자들은 전자담배를 이용하기 전에는 하루 평균 연초담배 24.3개비를 흡연하던 양을 기초 조사 시에는 13.8개비로 감축한 것으로 분석되었다.

기초 조사 시에 전자담배를 매일 이용하던 과거 흡연자들 가운데 기초 조사 후 1개월 시점에서는 6%가, 1년 후 시점에서도 6%가 각각 연초담배 흡연자로 되돌아갔다. 기초 조사 시에 금연한 지 1개월 미만의 최근의 금연자이면서 전자담배 매일 이용자들 가운데서 가끔 연초담배를 흡연하는 흡연자로 되돌아간 자들이 1개월 시점에서는 8%, 1년 시점에서는 5%가 있었다. (매일 흡연하지는 않음)

기초 조사 시점에서 전자담배를 매일 혹은 가끔 이용자들 가운데 기초 조사 후 1개월 시점에서는 22%가, 그리고 1년 시점에서는 46%가 연초담배 흡연을 중단한 것으로 파악되었다.(여기에서 흡연의 중단은 지난 7일 동안에 단 한 모금도 흡연하지 않은 것을 표준으로 삼음)

Etter & Bullen는 다국적 성인 코호트를 대상으로 자연 환경에서 전자담배 이용, 그리고 전통적 연초담배 흡연과 관련되는 행태들이 비교적 장기간이라 말할 수 있는 1년 동안에 무엇이 어떻게 변화되는가를 양적으로 관찰한 결과들을 제시해주었다.

이중 이용자들의 연초담배 중단, 혹은 흡연으로의 복귀 이유

Biener & Hargraves는 미국의 도시지역에서 성인 연초담배 흡연자들 가운데서 인구 집단에 기초를 둔 표본을 추출, 추출된 대상자들에 대해서 2011/2012년에 기초 조사(대상자:1,374명)를 그리고 2014년에 추구 조사(대상자: 695명)를 실시하면서 추구 조사 시점에서, 이들의 전자담배 이용율, 전자담배 이용과 금연과의 연관성, 전자담배 이용과 금연 동기와의 연관성, 전자담배를 시작한 이유, 전자담배 이용을 포기한 이유와 연초담배 흡연을 계속한 이유 등을 조사하였다.[6]

Biener 등의 연구 결과에 의하면, 추구 조사 시점에서의 연구 대상자들의 전자담배 이용률은 70.4%(1개월 이상 매일 이용한 자 23% – 매일로 표시함; 몇 번 이용한 자 29% – 가끔으로 표시함: 거의 이용하지 않은 자 – 시용으로 표시함; 18%)로 기초 조사 시의 이용율 22.3%보다 2~3년 사이에 약 3배나 증가하였다. 또한 이 시점에서 대상자들의 13.1%가 연초담배를 금연하였는데 전자담배를 이용하는 강도를 "매일", "가끔", "시용"으로 구분하면 '매일'은 20.4%, 가끔은 8.5%, 그리고 시용은 12.4%로 이들 간에는 통계적으로 유의한 차이가 없었다.

그러나 연령층, 성, 교육 정도, 인종 등의 변수를 통제한 후 로지스틱 회귀분석을 할 경우 전자담배의 "매일 이용"이 연초담배의 금연과 유의한 연관성이 있었고, "가끔 이용" 혹은 "시용"보다 금연 가능성이 약 6배나 높은 것으로 분석되었다.

---

6 Biener L, Hargraves JL. A Longitudinal Study of Electronic Cigarette Use in a Population-based Sample of Adult Smokers: Association with Smoking Cessation and Motivation to Quit. Nicotine & Tobacco Researcj 2014;1-7. doi:10.1093/ntr/ntu200.

또한 추구 조사 시에 여전히 연초담배를 흡연하고 있는 자들 가운데서 전자담배 이용과 금연할 동기의 변화 간의 관계를 알아보기 위하여 양변량 분석을 시행한 결과에 의하면, 전자담배 이용은 금연할 동기를 말해주는 지표(1년 이후에는 금연자가 될 가능성리 있다는 인지)와만 유의하게 연관성이 있었다.

전체 연구 대상자들이 선택한 전자담배를 이용하기 시작한 이유들 가운데 가장 중요한 이유는 전자담배가 자신들의 금연을 도와 줄 수 있다는 희망이었고(53%), 그 다음은 옆에 있는 다른 사람들이 담배 연기로부터 피하게 해주기 위해서였으며(16.1%), 세 번째는 전자담배가 건강에 해롭지 않을 것 같아서(8%) 등이었다.

전자담배 이용을 단념하고 연초담배 흡연을 계속하는 이유들 가운데 첫째(36.3%)는 "연초담배의 흡연과 같은 느낌을 충분히 느끼지 못하기 때문"이고, 둘째(19%~24%)는 맛과 자신들의 건강에 나쁠 것 같은 느낌을 꼽았다. 세 번째(10%~12%)는 전자담배의 외형과 느낌(너무 크다 혹은 손에서 너무 무겁다)을 말하는 자들도 있었다. 이 같은 이유들 외에도 "가격"과 "기구가 작동이 잘 안되어", "증기를 충분히 내뿜지 못해서"를 꼽는 자들도 있었다.

Biener 등은 이 연구를 통하여 전자담배의 "매일 이용"은 "가끔 혹은 시용"에 비해서 연초담배의 금연과 유의하게 관계가 있음을 논증하였고, 전자담배를 이용하다가 다시 연초담배 흡연으로의 복귀 여부는 처음에 전자담배의 이용을 시작하게 된 동기가 중요한 지표임을 밝혀주었다.

전자담배는 전통적 연초담배의 대체제인가 보충제인가?

Doyle 등은 2015년 4월에 "The Amazon Mechanical Turk Platform"을 통하여 모집한 2,406명 중 413명(17.2%)의 전자담배와 연초담배의 이중

이용자들을 대상으로 그들이 '전자담배를 이용하게 된 동기가 전자담배를 대체제로 보았기 때문인가 아니면 보충제로 보았기 때문인가, 그리고 그것들의 강도'를 확인하는 연구를 수행하였다.[7]

Doyle 등이 보고에 의하면, 이중 이용자의 37%는 전자담배를 보충제품으로 이용한다고 응답하였고, 그들 가운데 8%는 최고의 강도를 보여 이들은 전자담배를 보충제로만 생각함을 시사하고 있었다. 반면에 이중 이용자들 가운데 63%는 전자담배를 전통적 연초담배의 대체제로 이용하고 있다고 응답하였으며, 이들 가운데 18%는 최고의 강도를 보여 이들은 전자담배를 전적으로 대체제로만 여기고 있음을 시사하고 있다.

Doyle 등은 이전의 연구들에서는 전자담배를 전통적 연초담배의 대체제로서 간주하여 논의해 왔으나, 자신들의 연구에 의해, 전자담배가 전통적 연초담배의 보충제로도 이용되고 있다는 근거가 나왔다고 하였다. 연초담배의 대체품이 아닌 보충적인 사용자의 경우는 결국 이중 흡연으로 이어진다는 것이다. 이 경우, 전자담배는 연초담배 흡연자들을 니코틴 중독에서 벗어나지 못하게 할, 그래서 연초담배의 흡연을 지속하게 만들고, 전자담배를 통하여 연초담배를 중단한 사람들의 성공담에 초점을 맞추어 일반인들에게 전자담배의 용도를 제시하여, 전자담배에 관한 대중들의 인지를 왜곡시킬 가능성이 있으며, 이러한 왜곡은 장기적으로는 전자담배를 연초담배의 대체제로 간주하는 이용자들의 비율이 지금보다 더 낮아지는 결과를 초래할 것이라고 주장하였다.

이제 지금까지의 논의들을 정리해 보자.

---

7 Doyle C, Ronayne D, Sgroi D. E-Cigarettes: The Extent and Impact of Complementary Dual-Use. Warwick Economics Research Paper Series No. 1064. Warwick Policy Lab and Department of Economics, University of Warwick, United Kingdom. October, 2015.

Etter 등의 연구는 전자담배 이용과 연초담배의 이중 이용의 진행 과정에서 나타날 경우의 수들 간의 인과관계를 명확히 설명하지 못하였으며, 전자담배 이용자들의 대부분이 과거 흡연자들이고, 이용에 따른 행태들이 비교적 안정적이며, 담배 제품 규제 측면에서 전자담배 이용은 긍정적인 면들, 즉 이중 이용자들은 이용 기간 중에 연초담배의 소비량을 대폭 감축하였고, 전통적 연초담배 금연자들의 비율이 관찰 후 1년쯤에는 약 40%의 수준에 이르렀다는 점 등을 보여주었다.

Caponnetto 등은 전자담배와 전통적 연초담배를 이중으로 이용하면서 금연에 성공한 사람들은 흡연으로 되돌아갈 가능성이 있음을 시사하였다.[8]

Biener 등은 전자담배의 "매일 이용"은 "가끔 혹은 시용"에 비해서 연초담배의 금연과 유의한 관계가 있음을 논증하였고, 전자담배를 이용하다가 다시 연초담배 흡연으로의 복귀 여부는 전자담배를 이용하게 된 동기가 중요한 지표임을 밝혀주어 전자담배 이용자들이 이용 시초에 가진 이용의 동기가 무엇인가가 이용 후에 연초담배의 금연 여부를 판가름 나게 함을 시사했다.

Dolye 등은 이전의 대부분의 연구자들이 논의해 왔던 데로 전자담배 이용과 연초담배 흡연을 이중으로 하는 사람들의 대부분은 전자담배를 연초담배의 대체제로 간주하지만 이를 보충제로 간주하는 사람들도 있다는 점을 보여주면서 전자담배의 보충제로서의 쓰임새도 간과해서는 안되는 중요한 부분임을 강조하였다.

결국, 전자담배는 보충제가 아닌 연초담배의 완전한 대체제로 시작하고, 일단 시작한다면 "매일 혹은 자주" 사용하는 경우에 연초담배를 끊게 될

8 Caponnetto P, Campagna D, Cibella F, et al. Efficiency and Safety of an electronic cigarette(ECLAT) as Tobacco Cigarettes Substitute: A Prospective 12-month Radomized Control Design Study. PLOSONE 2013;8(6):e66317.

가능성이 높은 반면, 그렇지 않은 경우에는 두 가지를 다 사용하는 이중 흡연으로 이어질 수 있다는 것이다. 이중 흡연은 연초담배 흡연 개비의 감소를 초래한다는 점에서 연초 담배 단독 흡연보다 더 나쁘다고 할 수는 없을 것이다. 따라서 한 사회에서 전자담배를 '어떻게 규정하느냐'와 전자담배 사용자가 '얼마나 만족할 것인가'가 전자담배 이중 흡연 논란의 해악을 계산하는 척도가 될 것이다.

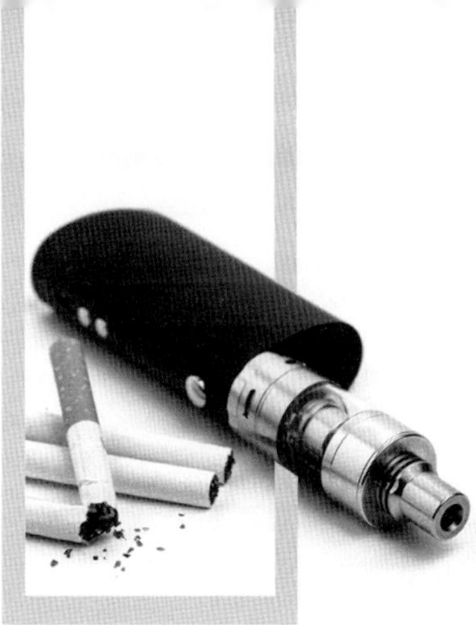

7장

전자담배는 금연, 혹은 감연에 도움이 되는가?

전자담배의 이용과 전통적 연초담배의 금연 및 소비량 감축 간의 관계는 전자담배의 이용과 관련된 논의에서 중요하게 검토되어야 할 쟁점들 가운데 하나이다. 여러 연구자들이 이에 대해 횡단면적 조사 연구, 무작위 대조 연구, 사례 연구, 문헌 연구 등 다양한 방법들을 동원하여 그 결과를 제시하고 있다. 최근에 발표된 논문들 가운데서 전자담배 이용과 전통적 연초담배의 금연과 사용 개비 수의 감축과의 관계를 연구 방법별로 살펴보자.

사례 연구

Caponnetto 등은 이탈리아 카타니아 대학병원 금연클리닉에서 니코틴 의존 때문에 반복적으로 관리를 받았던 만성 재발 병력이 있으면서 전자담배를 시용했던 세 사람의 골초(47세와 65세의 남성 2명과 38세의 여성 1명)을 대상으로 금연을 객관적으로 측정하기 위한 사례 연구를 수행하여 그 결과를 다음과 같이 보고하였다.[1]

환자 1

47세의 백인 변호사인 이 남성은 매일 연초담배를 32개비를 피워 4년 전에 대학금연클리닉에서 '중증 니코틴 의존'으로 진단을 받았고, 기초 조사 시 내쉬는 숨결의 배기에는 31ppm의 일산화탄소가 들어 있는 것으로 측정되었다. 그래서 4년 7개월 동안 '니코틴 의존'으로 집중 치료를 받았다. 그 외에 다른 시설에서도 그에 대한 집중 치료를 받은 경력이 있었다. 매 치료 시마다 니코틴패치와 부프로피온(bupropion) 처방과 금연 상담을 받았다. 그의 최종 재발은 치료 후 1개월 만에 일어났다. 약 2년 전, 정기적으로 시행하는 전화추구상담을 하는 동안에 그 환자는 전자담배를 이용하기 시작한 후 스스로 금연하였다고 응답하였다.

환자는 2년 전에 고농도의 니코틴(7.2mg)이 들어 있는 카트리지가 들어 있는 전자담배를 시용하기 시작하였고, 수주가 지나 연초담배의 흡연을 완전히 중단할 수 있었고, 전자담배 이용도 함께 중단하기까지 몇 개월 동안은 전자담배를 계속하여 이용하였다고 말하였다.

그의 금연을 객관적으로 사정하기 위하여 내쉬는 배기의 일산화탄소 농도를 측정해본 결과 통상의 수준인 4ppm임을 확인하였고, 약 6개월 동안에 한 번의 재발이 없이 계속하여 금연하였고, 그에 따른 어떤 부작용도 없었다.

환자 2

'중증 니코틴 의존'을 가진 38세의 백인 여성 사회사업가로 4년 동안 대학금연클리닉에 내원하여 금연 상담과 니코틴패치와 부프로피온 처방을 받은 환자이다. 이 환자는 하루에 연초담배 28개비를 피웠고, 기초 조사 시 일산

---

1 Caponnetto P, Polosa R, Russo C, et al. Successful smoking cessation with electronic cigarettes in smokers with a documented history of recurring relapses: a case series. Journal of Medical Case Reports 2011;5:585.

화탄소 배출양은 29ppm이었으며 우울증세도 약간 있었다. 이 환자의 최종 재발은 2년 전에 발생하였다. 이 환자 역시 1년 전 정기 전화 상담 시에 전자담배를 이용하면서 자력으로 금연하였다고 말하여서 우리는 클리닉에 내원하여 금연을 객관적으로 확인받아 보라는 권면을 하였다.

환자는 앞에서 말한 남성 환자와 같이 2년 전에 니코틴 농도가 7.2mg인 카트리지의 전자담배를 시용하기 시작한 후 3개월 만에 연초담배의 흡연을 완전히 중단할 수 있었고, 그 다음 1개월 동안은 고농도의 니코틴 카트리지의 전자담배를 이용한 후, 멘톨이 함유된 카트리지의 전자담배로 바꿨다고 말하였다.

이 여성 환자의 내쉬는 호기 중 일산화탄소 농도는 정상 수준인 2ppm으로 확인되었고, 그 후 7개월 동안 단 한 번의 재발도 없이 계속 금연하였으나 가끔 마른기침을 하였다고 보고하였다.

환자 3

65세의 백인 남성 약사인 이 환자는 2년 전에 호흡기클리닉에서 정기 검진을 받을 때, 만성 폐쇄성 폐질환 진단을 받은 환자로 약 50년 동안 골초이면서, 과거에 알코올을 남용한 경력도 있었다. 이 환자는 7년 전과 4년 전에 두 차례에 걸쳐 지방의 금연상담실에서 '니코틴 의존'을 치료받았는데, 그 때마다 니코틴패치 처방을 받았고, 집단 상담 수업에도 참석하였다.

이 환자가 4년 전에 금연클리닉을 방문하였다. 환자의 하루 연초담배 소비량은 30~40개비로 니코틴 의존 수준이었다. 그가 내쉬는 호기 중 일산화탄소의 농도는 34.9 ppm이었고, 바레니클린(varenicline) 처방과 금연 상담을 받았으나, 예정된 금연 일자로부터 1개월이 될 때까지 금연클리닉을 방문하지 않았다.

2년 전 환자는 정기검진을 받으러 호흡기클리닉에 와서, 자기는 니코틴이 함유된 전자담배를 이용하기 시작한 이후부터 스스로 금연하게 되었다고 말하였다. 그는 니코틴이 함유된 카트리지가 들어있는 전자담배를 시용한 후 2개월 만에 연초담배의 흡연을 완전히 중단할 수 있었고, 지금도 전자담배를 일상으로 이용하고 있다고 말하였다. 검사 결과, 호기 중 일산화탄소 농도는 5ppm으로 측정되어 정상 수준이었으며, 어떤 부작용도 없었다.

Caponnetto 등은 위 3명의 사례는 "전자담배를 이용한 후 금연에 성공한 골초들의 금연 상태를 객관적 수치로 계측하여 발표한 최초의 연구란 점, 특히 이들 환자들은 수차례나 전문가의 금연상담과 니코틴패치, 부프로피온, 바레니클린 등을 처방받아 반복적으로 금연을 시도해 보았지만 연이어 흡연자로 되돌아갔던 경력을 가졌다는 점" 등에서 의의가 있다고 하였다.

전향적 코호트 관찰 연구

Polosa 등은 앞에서 설명한 3건의 전자담배 이용과 연초담배의 금연에 대한 사례 연구와 함께 전자담배의 이용과 연초담배의 금연 및 흡연 감축에 대한 효과를 알아보기 위하여 6개월 동안 전향적 예비 조사 연구를 수행하여 그 결과를 보고하였다.[2]

- Polosa 등이 본 연구의 대상자들을 선발하는 기준 :
- 18세~60세까지의 성인들,
- 하루에 연초담배를 15개비 이상 피우면서

2 Polosa P, Caponnetto P, Morjaria JB, et al. Effect of an electronic nicotine delivery device (e-Cigarette) on smoking reduction and cessation: a prospective 6-month pilot study. BMC Public Health 2011;11:786.

• 최소한 10년 이상의 흡연 경력이 있고,
• 조사 당시 금연을 시도하지 않고 있거나 향후 30일 이내에 금연을 시도하지 않음
• 이탈리아 칸타타에 소재하는
• 병원 직원일 것

위의 6가지의 기준을 세워놓고 이들 기준들에 적합한지를 심사하여 대상자를 공개로 모집하였다. 대상자들은 위의 기준들 외에도 추가로 알코올 남용이나 불법 약물을 사용한 경력이 없어야 하고, 우울증 등 정신 심리적 장애도 없어야 하였다. 뿐만 아니라 심근 경색, 고혈압, 당뇨, 천식이나 기타 호흡기도 관련 질병, 심한 알레르기 등이 없는 자들이어야만 하였다.

위와 같은 기준들에 부합하다고 생각하는 66명(남: 38명, 여: 28명)이 최초에 응모하였으나 연구진은 이들 가운데 금연을 도와달라고 청하는 14명을 탈락시켰고, 다시 12명은 설정된 기준에 부적합하여 탈락시켜 기초 조사 시 40명(남: 26명, 여: 14명)을 연구 대상자로 확정하였다. 이후 계속되는 연구 과정에서 2차 방문 시 6명, 3차 방문 시 2명, 4차 방문 시 2명, 5차 최종 방문 시 3명이 각각 탈락하여 최종에는 27명(남: 18명, 여: 9명, 27/40=70%)이 연구 대상이었다.

연구진은 이 연구의 수행 과정에서 필수적으로 요구되는 전자담배 기본 장치, 부속물, 보충제 등 일체를 기초 조사 시에 최초로, 그리고 대상자들이 클리닉을 12주째에 방문 시에 각각 무료로 제공하였고, 피대상자들이 그것들을 자기 의사에 따라 자유로이 이용하게 하였다. 그리고 전자담배의 운용 방법, 부속물의 보충이나 교환하는 방법 등 전자담배 이용에 전혀 불편함이 없도록 훈련하였다.

연구 대상자들은 기초 조사, 기초 조사 후 4주, 8주, 12주, 24주 등 총 5차례 클리닉을 방문하여 필요한 조사를 받았다. 12주에 방문했을 때는 전자담배 니코틴 카트리지와 일기장을 무료로 다시 제공, 일산화탄소 배출 검사, 사용하고 남은 기자재 반납 등을 하게 하였다. 클리닉을 최종으로 방문하는 24주째에서는 연구를 마무리하기 위해 여러 가지 과제들을 수행하게 하였다. 제품들의 이용 실적, 1일 연초담배 흡연 개비 수, 내쉬는 배기 중 일산화탄소 재측정 등 연구를 마무리하기 위한 자료들을 수집하였다.

연구진은 본 연구가 관찰 연구임을 고려하여, 전 연구 과정에서 대상자들에게 금연의 조장, 금연할 동기 부여, 금연 노력에 대한 보상 등, 외부적 영향력을 전혀 행사하지 않으면서 자연 그대로의 진전 상태를 관찰하는 데 역점을 두었다.

본 연구는 연구의 결과물을 다음과 같이 세 가지로 분류하였다.

- 감축자: 기초 조사 후 24주째가 되기 전 30일 동안에 하루에 흡연한 연초담배개비 수가 기초 조사 시보다 50% 이하로 지속적으로 감축된 자
- 대감축자: 기초 조사 후 24주째가 되기 전 30일 동안에 하루에 흡연한 연초담배 개비 수가 기초 조사 시보다 80% 이상 지속적으로 감축된 자
- 금연자: 기초 조사 후 24째가 되기 전 30일 동안에 단 한 모금의 담배 연기도 마시지 않은 것이 내쉬는 배기 중 일산화탄소 함유량이 10ppm 이하라고 객관적으로 확증된 자를 완전 금연자로 정의하였다.

전반적으로 볼 때, 대상자들의 약 80%가 1일 연초담배 흡연 개비 수가 기초 조사 시 중간치 25개비에서 최종 검사 시에는 5개비로 감축되었다.

이를 다시 감축자와 대감축자로 나누어 보면 감축자는 32.5%(13/40)이었고(감축량: 1일 평균 25개비에서 6개비로 감축) 대감축자는 12.5%(5/40)이었다.(감축량: 1일 평균 30개비에서 3개비로 감축) 최종 검사 시 감축자와 대감축자들을 합하여 볼 때, 이들은 1일 평균 연초담배 흡연 개비 수를 기초 조사 시에 비해 약 88%를 감축한 셈이었다. 최종 검사 시에 연구 대상자들 가운데 금연자는 22.5%(9/40)이었다.

연구 대상자들의 내쉬는 배기 중 일산화탄소 함유량은 금연자는 기초 조사 시에는 24ppm이었으나 4주 후부터는 주에 따라 약간의 등락은 있었지만 최종 검사 시까지 10ppm 이하 이었다. 대감축자는 20ppm에서 11ppm으로, 감축자는 29ppm에서 15ppm으로 감축된 것이 각각 확증되었다.

위 연구는 금연에 흥미가 없는 골초들이 전자담배를 이용함으로써 연구 대상자의 22.5%는 금연을 하였고, 감축자와 대감축자들은 대체로 흡연하는 연초담배의 개비 수를 88%나 감축했음을 객관적으로 확증하였으며, 전 대상자의 67.%가 평소 자신들의 흡연 습관에 커다란 변화를 일으켰음을 보여준 최초의 연구이다.

전자담배의 실생활에서의 효과: 24개월 전향적 코호트 관찰 연구

Polosa 등은 앞에서 제시한데로 "6개월간의 예비 조사 연구"를 수행하여 2011년에 결과를 발표한 다음에 계속하여 24개월 동안 동일한 연구 대상자들에 대해 관찰 연구를 속행하여 그 결과를 2013년에 발표하였다.[3]

예비 조사 연구 시의 기준들을 준수한 본 연구의 기준들에 대한 설명은 모두 생략하고, 기초 조사 시 연구 대상자 40명 가운데 24개월 최종 검사에

3 Polosa P, Morjaria JB, Caponnetto P, et al. Effectiveness and tolerability of electronic cigarette in real-life: a 24-month prospective observational study. Intern Emerg Med, 2013, doi 10.1007/s11739- 013-0977-z.

참여했던 23명(57.5%, 23/40)의 금연, 연초담배 흡연양의 감축 상태, 일산화탄소 함유량 등만을 간략하게 기술하고자 한다. 24개월 시점에서 기초조사 시 1일 평균 연초담배 소비량 24개비를 4개비까지 지속적으로 감축해 온 감축자들은 27.5%(11명/40명)로, 이들 11명 중 6명(15.0%; 6명/40명)은 대감축자로 27.5개비를 4개비까지 감축한 것으로 조사되었다. 특히 24개월 최종 검사 시에 확증된 금연자는 12.5%(남자, 5명/40명)가 있었다. 이들 금연자들의 내쉬는 배기 중 일산화탄소 함유량은 5 ppm이었다.

본 연구는 10년 이상 골초로 연초담배를 흡연해온 더구나 금연이나 흡연개비 수의 감축에 전혀 민감하지 않았던 대상자들 가운데 40%가 과거의 오랜 흡연 습관을 바꾸어 12.5%는 완전히 금연을 하였고, 27.5%는 1일 연초담배 흡연 개비 수를 50%~80%씩이나 지속적으로 감축하였다는 사실을 확인하였다. 연구 대상자들 중 7.5%(3명/40명)는 연초담배 흡연으로 되돌아갔고, 10%는(4명/40명)은 전자담배의 니코틴 함량을 상향시켜 일상으로 이용하고 있어서 17.5%(7명/40명)의 실패자들도 있었다는 것과 기초조사 후 24개월이 경과하면서 당초 대상자들 중 57.5%(23명; 남17명, 여7명)만 최종 조사에 참여하여 탈락률이 42.5%(17명; 남 9명, 여 8명)로 높았다는 점도 주목해야 한다.

Polosa 등은 "전자담배는 금연을 할 수 없거나 원하지 않는 흡연자들을 도와서 그들의 금연을 지속하게 하거나 연초담배 소비량을 감축하게 하며, 현재로 보아서는 연초담배의 궁극적 대체품으로서의 가능성을 보여주고 있다."라는 말로 논문을 끝맺었다.

금연 도구로써의 전자담배: 온라인 조사 결과

Siegel 등은 전자담배를 시용한 경험이 있는 연초담배 흡연자들에서 전자담배가 연초담배의 금연에 어떤 효과가 있는가를 검토하는 연구를 2010년에 온라인을 이용한 횡단면적 조사 방법으로 수행하여 그 결과를 2011년에 다음과 같은 요지로 발표하였다.[4]

Siegel 등은 한 큰 전자담배판매회사(Blu distributor)에서 전자담배를 구매한 사람들 가운데서 순차 표본으로 뽑힌 자의 이메일 주소를 제공받았다. 이들은 2009년 7월 1일부터 2주 동안에 이 회사로부터 전자담배를 구매한 5,000명의 고객들이었다.

Siegel 등은 제공받은 이메일 주소로 2010년 3월에 연구에 참여해줄 것을 요청하는 메일을 발송하였고, 초청하는 이메일에 222명이 응답하여 왔으나 부적격자(평생 동안 100개비의 연초담배를 흡연한 경험이 없는) 6명을 제외한 216명을 본 연구의 대상자로 선정하여 조사 연구를 수행하였다.

연구 대상자들은 남자가 71.3%(153명), 여자는 28.5%(61명)이었고, 연령그룹별로는 18세~24세 19.1%(41명), 25세~44세 53%(114명), 45~64세 22.9%(48명), 65세 이상 5.5(12.0%이었다. 흡연한 연수별로 보면 5년 이하 14.7%, 6년~15년 35.5%, 16년~30년 30.9%, 30년 이상 18.9%이었다. 이들의 지금까지 금연을 시도한 횟수별로 보면 없음 7.9%, 1회~2회 27.4%, 3회~5회 41.9%, 5회 이상 22.8%이었다. 전자담배를 이용한 이후 연초담배의 금연 또는 감축 상태를 보면 1일 흡연하는 연초담배 개비 수를 감축하였다고 응답한 자는 66.8%이었고, 전자담배 시용 후 일정 시간 동안 금연하였다고 응답한 자는 48.8%이었다.

연구 대상자들이 전자담배를 구매하여 시용한 후 6개월이 지난 시점에서 그들의 흡연 상태를 조사하였다. 그 결과, 그들 가운데 연초담배를 금연한 자는 31.0%(67명/216명)이었다. 연초담배를 금연하고 전자담배를 이용하

---

4 Siegel M, Tanwar KL, Wood KS. Electronic Cigarettes As a Smoking-Cessation Tool: Results from an Online Survey. Am J Prev Med, 2011;40(4):472-475.

는 자는 17.6%(38명), 담배가 아닌 다른 니코틴제품 사용자는 2.8%(6명), 니코틴에서 완전히 벗어난 자는 10.6%(23명)이었다.

Siegel 등은 연구의 제한점을 세 가지로 설명하였다. 첫째 본 조사 연구의 응답률이 너무 낮아 코호트 표본을 대표할 수 없을 가능성이 높다는 것이고, 둘째 대상자들이 스스로 응답한 바에 기초하여 흡연 또는 금연 상태들을 판단하였기 때문에 금연에 대한 스스로 느끼는 사회적 압력 등에 의해 과잉 보고했을 가능성이 있어 사실을 반영하기 어려울 것이고, 셋째 한 상표의 전자담배 구매자 가운데서만 표본을 추출하였기 때문에 연구 결과들을 일반화하기에는 제한점들이 너무 많다는 것 등이다.

그럼에도 본 연구는 전자담배 이용으로 최소한 연초담배의 흡연 개비 수를 감축할 수 있으며, 더 나아가서는 연초담배를 금연할 수 있음을 시사해 주고 있어서, 이에 대한 심층적이고 광범위하며 장기적인 연구가 필요함을 일깨워주었다.

전자담배와 니코틴패치의 금연효과 비교: 무작위 대조 연구

Bullen 등은 니코틴 전자담배가 니코틴패치나 플라시보 전자담배보다 흡연자들의 금연을 돕는 효과가 더 높은지 여부를 조사하기 위하여, 뉴질랜드 오클랜드에서 18세 이상의 금연을 원하는 흡연자들을 인종, 성, 니코틴 중독 수준, 그리고 사용할 금연 보조 도구(16mg 니코틴 전자담배; 21mg 니코틴패치/하루/한개): 플라시보 전자담배; 4:4:1로 배분함) 등에 따라 구분되는 그룹들(9개 그룹)로 층화하여 2011년 9월6일에 연구 대상자를 무작위로 추출하여 2013년 7월 5일에 최종적으로 추구 조사를 마친 무작위 대조 연구를 수행하였다.[5]

Bullen 등이 정한 연구 대상자의 자격 요건은 첫째 18세 이상의 성인일 것, 둘째 10년 이상 흡연 하였거나 이전 해 동안에 매일 흡연하였을 것, 셋째 금연을 원했을 것, 넷째 연구에 동의할 것 등이었다. 그 같은 자격 요건을 갖춘 연구 참여 희망자들을 지역 사회 신문들을 통하여 모집하였고, 연구소를 방문하도록 초청되었다.

연구진은 연구소를 방문한 1,293명에 대해 적격 여부를 심사하여 부적격자로 판정을 받은 636명은 제외하고, 657명을 니코틴 전자담배 군, 289명; 니코틴패치 군, 295명; 플라시보 전자담배 군, 73명 등으로 구분하여 연구 대상자를 확정한 후 연구를 수행하였다.

연구에 사용된 니코틴 전자담배(일체의 부속물 포함)와 니코틴패치는 품질이 엄격하게 보장된 것들이며, 그것들은 적절한 방법으로 대상자 개인들에게 무료로 배부되었고, 대상자 개인들은 자신들이 선택한 금연일자를 기준으로 1주전부터 12주까지 본인이 의사에 따라 임의로 사용하게 하였다.

본 연구의 제일차 결과물은 본인이 스스로 보고한 지속적 금연과 금연일자로부터 6개월이 되는 시점에서 흡연자가 내쉬는 배기 중 일산화탄소 함유량이 10ppm 이하임을 확증하는 것이다. 두 번째 결과물은 금연일자로부터 1개월, 3개월, 그리고 6개월이 되는 각 시점에서의 지속적인 금연, 7일간 금연율(조사 시점으로부터 지난 7일 동안 연초담배 흡연을 단 한 모금도 안한 비율), 1일간 흡연한 연초담배 개비 수, 흡연을 감축한 참여자의 비율, 흡연으로 복귀한 시간, 사용한 카트리지나 패치의 수, 사용된 다른 금연 치료제들, 금단증상들, 중독의 단계, 흡연의 잠재물(smoking latency), 그리고 해로운 사건들 등이었다.

금연 일자로부터 1개월, 3개월, 그리고 6개월이 되는 각 시점에서 확증된 지속적 금연 상태를 연구 대상자 군별로 살펴보면 니코틴 전자담배 군(1군)

---

5 Bullen C, Howe C, Laugesen M, et al. Electronic cigarettes for smoking cessation: a randomised controlled trial. Lancet 2013;382(16):1629-1637.

은 23.2%, 13.1%, 7.3%이었고; 니코틴패치 군(2군)은 15.9%, 9.2%, 5.8%이었으며; 플라시보 전자담배 군(3군)은 16.4%, 6.8%, 4.1%이었다.

이를 다시 말하면, 금연일자로부터 6개월이 되는 시점에서의 각 군별로 본 지속적 금연 상태는 니코틴 전자담배 군 7.3%, 니코틴패치 군 5.8%, 니코틴이 없는 플라시보 전자담배 군 4.1%로 각 군 간에 외견상으로는 차이가 있는 것으로 보이나 통계적으로는 유의한 차이가 없어서 각 군의 결과물이 모두 같은 수준임을 시사해주었다. 1군과 2군의 6개월 시의 금연 상태에 관한 상대 위험은 1.26이었고 1군과 3군의 것은 1.77이었지만 이들 역시 통계적으로 유의한 차이는 없었다.

Bullen 등은 이상의 결과물들에 기초하여, 니코틴을 함유한 것이든 함유하지 않은 것이든 전자담배는 흡연자들이 금연하도록 돕는 도구이며, 니코틴 전자담배는 최소한 니코틴패치와 같은 정도의 효과가 있고, 금연 도구로 NRT보다 전자담배를 더 수용하는 흡연자들이 점점 늘어나고 있다는 점에서, 전자담배의 금연 도구로써의 가능성에 대한 추가 연구가 절실함을 주장하였다.

성인의 전자담배 이용에 관한 장기 연구: 금연과의 연계성을 중심으로

Biener 등은 전자담배 이용이 연초담배의 금연을 증가시키는지 혹은 금연 시도에 어떤 해로운 효과가 있는지를 검토하기 위하여 본 연구를 수행하였다.[6]

Biener 등의 본 연구는 이중으로 수행되었다. 최초의 연구는 2011/2012년에 미국의 텍사스 주 댈러스/포트워스와 인디아나 주 인디애나폴리스 등 두 대도시에 거주하는 성인들을 모집단으로 삼아 인구와 가구를 기반으로

6 Biener L, Hargraves JL. A Longitudinal Study of Electronic Cigarette Use Among a population-Based Sample of Adult Smokers: Association With Smoking Cessation and Motivation to Quit. Nicotine & Tobacco Research 2015;127-133.

추출된 표본을 대상으로 수행되었던 스웨덴의 스누스(snus)에 관한 조사이고, 두 번째는 본 연구이었다. 전자의 연구 대상자는 표본으로 선정되었던 5,000명이었고, 후자의 연구 대상자는 5,000명 중 전화로 인터뷰를 시도했던 흡연자 1,675명 가운데서 2014년 1월부터 3월 사이에 인터뷰가 완료된 1,374명을 연구 대상으로 최초 조사의 추구 조사 형식으로 본 연구를 수행하였다.

본 연구의 주요 종속변수는 금연이었고, 독립변수는 대상자들의 연초담배 흡연 상태, 전자담배 시용 후 이용 상태(매일 이용, 가끔 이용, 안함/시용 등으로 구분), 전자담배 이용 기간(1개월 미만, 1~6개월, 6개월 이상 등으로 구분), 전자담배 이용 수준(강한 이용 – 최소한 1개월 동안 매일 이용; 간헐 이용 – 1개월 동안 매일 이용은 아니고 1번이나 2번 정도 이용; 비이용/시용 – 지금까지 1번이나 2번 정도 이용) 등이었다.

연구 대상자 1,374명 가운데서 695명만이 본 연구의 기준에 부합하여 이들을 대상으로 확정하여 연구를 수행하여 대상자 보유율은 50.6%였다.

추구 조사 시 대상자 695명 가운데 13.1%가 최소한 1개월 또는 그 이상 기간을 금연하였다. 이들 금연자들을 전자담배 이용 수준(수준별 구분 방법은 앞에서 제시하였음)에 따라 구분하여 살펴보면, 강한 이용자 군은 20.4%, 간헐적 이용자 군은 8.5%, 시용자 군은 12.4%였다. 그러나 3개 군의 금연율은 이변량 검정 결과 통계적으로 유의한 차이가 없는 것으로 분석되었다.

그러나 성, 연령, 집단(군), 종족, 교육 수준, 기초 조사 시 흡연 수준 등이 통제된 로지스틱 회귀분석 모형은 전자담배 강한 이용 군이 시용/안함 군보다 금연의 가능성이 약 6배(95% CI=1.11~33.18)나 더 높음을, 간헐 이용 군과 시용/안함 군 간에는 금연 가능성이 통계적으로 차이가 없음을 각각 시현하였다.

본 연구는 미국의 특정한 2개 대도시에 거주하는 흡연자를 가구와 인구를 기반으로 표본 으로 추출된 자를 대상으로 연구가 수행되었기 때문에 미국의 흡연자 전체를 대표하는 일반화된 자료를 생산해내지 못한 제한점을 가지고 있다. 그럼에도 표본으로 추출된 비교적 다수의 흡연자들을 대상으로 기초 조사와 추구 조사 사이에 2년~3년이란 비교적 장기간의 시차를 두고 각각 수행된 본 연구는 특정한 집단들을 대상으로 단기간의 시차를 두고 수행되는 연구들과는 그 성격이 매우 다르다는 점이 강조될 수 있다.

또한 최소한 1개월 동안 전자담배를 매일 이용하는 것이 전자담배를 시용만 하거나 전혀 이용하지 않는 것보다 금연할 가능성을 6배나 증가시킨다는 중요한 결과를 보여줌으로써, 담배 규제 및 정책 부문의 새로운 전략으로 활용할 가능성을 보여주었다.

흡연하는 동안 전자담배의 이용과 금연과의 연관성: 1년의 추구 조사

Brose 등은 흡연하는 동안에 전자담배의 이용과 금연의 시도, 금연과 흡연 개비 수 감축 등과의 연관성을 측정할 목적으로 장기 web-based 조사 연구를 영국의 전 국민을 대표하도록 영국의 온라인 명부에서 추출한 4,064명의 성인 현재 흡연자들을 대상으로 2012년 11월~12월에는 기초 조사를, 2013년 12월에는 추구 조사를 1,759명(43.3%)을 대상으로 각각 수행하여 그 결과를 발표하였다.[7]

Brose 등은 본 연구에서 얻은 자료들을 다음의 세 가지의 연관성을 사정하는 데 사용하였다. 첫째 기초 조사 시 연초담배 흡연자들의 전자담배 매일 이용, 간헐 이용, 비이용 등과 추구 조사 시 각각과의 연초담배 금연 시도의

7 Brose LS, Hitchman SC, Brown J, et al. Is the use of electronic cigarettes while smoking associated with smoking cessation attempts, cessation and reduced cigarette consumption? A survey with a 1-year follow-up. Addiction 2015;110:1160-1168.

연관성; 둘째 기초 조사 시 연초담배 흡연자들의 전자담배 매일 이용, 간헐 이용, 비이용 등과 추구 조사 시 각각과의 금연의 연관성; 셋째 추구 조사 시 전자담배의 매일 이용, 간헐 이용, 비이용 등과 각각과의 연초담배의 감축된 소비량의 연관성 등이었다.

연구 대상자 가운데서 금연 시도는 전체적으로 46.2%; 전자담배 비이용 군은 43.7%; 전자담배 간헐 이용 군은 52.5%; 매일 이용 군은 64.9%가 하였고, 비보정분석(unadjusted analysis)에 의하면 전자담배 매일 이용은 비이용에 비해서 금연 시도의 가능성을 통계적으로 유의하게 증가시켰다.

기초 조사 시, 전자담배를 이용하지 않던 흡연자들 가운데서는 12.5%가, 간헐 이용자 가운데서는 9.5%가, 7일간 매일 이용자 가운데서는 8.1%가 각각 금연하였으나, 비보정 분석에 의하면 전자담배 매일 이용은 비이용에 비해서 금연의 가능성을 통계적으로 유의하게 증가시키지 못하는 것으로 분석되었다.

전체적으로 보아 6.2%가 연초담배의 소비량이 줄었다. 그러나 그 감축량은 소량에 불과하였다. 추구 조사 시에 5.7%의 흡연자들이 전자담배 이용을 중단하였고, 전자담배의 이용 횟수도 간헐 이용자의 5.5%, 매일 이용자의 13.9%가 소수이지만 감축한 것으로 분석되었다.

Brose 등은 본 연구의 자료들은 전자담배는 흡연자들의 더 많은 금연 시도와는 연관성이 있음을 보여주었으나, 흡연 중 전자담배 이용이 흡연자의 금연을 증가시킨다는 증거는 발견하지 못하였다.

지금까지 전자담배 이용이 연초담배 흡연자들의 금연과 흡연 개비 수 감축과 어떤 연관이 있는가를 연구한 논문들을 검토하였다. 검토된 논문들은 연구한 연도, 기간, 대상자, 방법, 분석 틀 등이 다양하였다. 예를 들면 3명의 골초들을 관찰한 사례 연구, 40명의 병원 직원을 코호트로 예비 연구와 본 연구를 수행한 장기간에 걸친 전향적 코호트 연구, 인구 집단을 대상으로 한 횡단면적 조사 연구, 무작위 대조 연구, web을 기반으로 추출된 대상자들에 대한 코호트 연구 또는 횡단면적 연구 등이었고, 조사 대상 지역도 이탈리아, 뉴질랜드, 미국, 영국 등이었고, 측정한 변수들의 정의도 다양하였다.

그러한 다양성에도 불구하고 검토된 연구들의 결론은 일관성이 있었다. 즉 전자담배 이용은 연초담배 흡연자들의 금연 가능성을 증가시키고, 하루에 흡연하는 연초담배의 개비 수를 감축한다는 것이다.

이처럼 다양한 전자담배의 금연 효과에 대한 기존 연구들을 모아 체계적으로 분석하는 메타 연구들도 상반된 결과를 보고하고 있다.

Kalkharan & Glantz는 "실제 세계와 임상적 장들에서의 전자담배와 금연: 체계적 고찰과 메타 분석"이란 제목으로 2015년 4월 27일부터 6월 17일 사이에 'PubMed', 'Web of Science'에서 검색된 577개의 논문 가운데서 38개의 연구 논문들을 검토하고 메타 분석을 하여 "전자담배를 이용했거나 이용해왔던 사람들이 전자담배를 이용하지 않았던 사람들에 비해 연초담배를 단절할 승산이 28% 낮았다(odds ratio 0.72, 95% CI 0.57–0.91)고 한다. 이 같은 결론은 "여러 다양한 범위의 연구 설계 요인들에 의해 영향 받지 않았다."고 기술하였다. 그는 "이용 가능한 연구들로부터 이끌어 낸 종합적 결론은 실제 세계에 있어서 전자담배 이용은 금연의 감소로 이어진다."라고 결론을 내렸다.[8]

한편, Rahman 등은 전자담배의 이용이 금연과 흡연 감축과 연관이 있는지 여부를, 그리고 니코틴을 함유한 전자담배와 함유 안한 전자담배가 금연에 미치는 효능이 다른가를 연구하기 위하여, PubMed, Web of Knowledge, Scopus databases 등을 검색, 전자담배를 이용한 후 보고된 금연이나 소비

8 Kalkhoran S, Glantz SA. E–cigarettes and smoking cessation in real–world and clinical settings: a systematic review and meta–analysis. Lancet Respir Med. 2016;4:116–128.

된 연초담배의 개비 수의 감축에 관한 논문들만을 발표된 연대에 제한을 두지 않고 수집하여 검토한 메타 분석 연구를 통하여 Glantz 등과는 대조적인 결론을 내렸다.

Rahman 등은 "메타 분석 대상자(1,242명: 니코틴 함유된 전자담배를 이용한 자들) 가운데서 18%(224명)가 전자담배를 이용한지 최소한 6개월이 지난 후에 완전히 금연한 것으로 보고하였고, 니코틴이 함유된 전자담배와 금연과의 연관성을 연구한 2편의 무작위 대조 연구, 2편의 코호트 연구, 2편의 횡단면적 조사 등의 자료들을 통합한 자료는 0.20(95% CI 0.11to 0.28)의 통합된 효과 크기로 통계적으로 유의함을 보여주었다."고 논증하였다. 또한 Rahman 등은 "질적 분석을 통하여 전자담배의 이용이 현재 연초담배를 흡연하고 있는 흡연자들 사이에서 피우는 연초담배의 개비 수를 상당한 수준까지 감축, 3편의 연구 결과에 의하면 하루에 흡연하는 연초담배의 개비 수를 50%까지 감축하였다."고 보고하였다.

Rahman 등은 위와 같은 연구 결과에 의해서, "니코틴이 함유된 전자담배와 금연 간에는 연관성이 있으며, 이는 그 도구들이 효과적인 대안적 금연 방법일 가능성이 있음을 시사한다. 또한 전자담배의 이용은 사용되는 연초담배 개비 수 감축과도 연관성이 있으며, 이는 그 도구들이 담배위해감축 프로그램들에서 어떤 역할을 가질 수 있음을 시사한다."고 결론을 맺고 있다.

두 그룹의 전문가들이 모두 같은 주제 곧 [전자담배 이용과 금연의 연관성]을 기존 문헌들을 체계적으로 검토하고 메타 분석을 한 결과들을 제시하였는데, Glantz 등은 부정적으로, Rahman 등은 긍정적으로 서로 크게 상반되는 결론을 내렸다. 이 같은 두 결론을 청취한 연구자들과 같은 주제를 오랫동안 연구해온 몇몇 전문가들은 Glantz 등의 전기한 논문을 비과학적이라 비판하면서 부정적으로 반응하였다.[9] 심지어 Clive Bates는 자신의 블로그(http://www.clivebates.com/?p=3560)에 "전자담배에 대한 오류로 뒤덮인 메타 분석으로 누가 속임을 당할까?"란 제목 하에 Glantz 등이 발표한 위 논문의 오류들을 조목조목 지적하면서 부정적으로 비판하였다.

이 시점에서, 우리는 Brown 등이 내린 결론, "전문가의 어떤 지지나 지원을 받지 않으면서 금연하려고 노력하는 흡연자들 가운데 전자담배를 이용하는 흡연자들이 니코틴 대체제를 사용하는 흡연자들이나 금연 보조기구 없이 금연하려는 흡연자들보다 금연에 성공할 승산이 더 높다."[10]라는 주장에 주목할 필요가 있다.

그와 함께 앞으로 전자담배 이용과 금연에 대한 연관성과 인과성을 밝히기 위한 대규모의 잘 고안된 연구들이 계속되어야 함은 물론이다.

---

9 Science Media Cenre. expert reaction to meta-analysis looking at e-cigarette use and smoking cessation. January 14, 2016.
http://www.sciencemediacentre.org/expert-reaction-to-mata-analysis-lo...

10 Brown J, Beard E, Kotz D, et al. Real-world effectiveness of e-cigarettes when used to aid smoking cessation: a cross-sectional population study. Addiction 2014;109:1533-1540.

8장

전자담배는 흡연을 재정상화하는가?

전자담배의 위험한 가능성중 "흡연의 재정상화" 주장이 있다. 전자담배의 등장으로 인해 '흡연은 비정상적 행위'라는 기존의 금연운동에 '물타기'가 되고 있다는 것이다. 흡연의 재정상화를 논의하는 과정을 논리적으로 추론해보면 그 1차 단계는 "흡연의 정상화", 2차 단계는 "흡연의 비정상화", 그리고 3차 단계는 "흡연의 재정상화" 곧 1차 단계로의 회귀로 구성된다. 왜냐하면 어떤 특정한 행태의 재정상화에 대한 논의는 특정한 사회가 그 행태를 정상적 행태로 받아드려 널리 수용하고 있다가 어떤 연유에서든지 그 행태를 "비정상화"로 만들었다가 또 다른 이유를 내세워 그 행태를 다시 "정상화"하려는 시도를 하고 있다고 상정할 수 있기 때문이다.

따라서 "흡연의 재정상화"는 먼저 "흡연의 정상화"를, 그 다음에는 "흡연의 비정상화"를 차례로 검토하여야 그 의의를 제대로 이해할 수 있다.

흡연의 정상화 단계

한국 사회는 2000년 초기까지만 하여도 "흡연을 정상적 행태"로 받아들였다. 그 대표적인 예들의 하나로 병영생활에서의 "화랑담배 지급"을 들 수 있다. "군 복무"는 대한민국의 건장한 남자라면 인생 과정에서 반드시 거쳐야하는 법률적 의무이다. 그런데 이 군복무 중, 군의 병영생활을 위한 필수 보급품들 가운데 "화랑담배"의 무상 지급이 있었다. 모든 군인들은 그가 흡연자이든 비흡연자이든, 원하든 원하지 않든, 무조건 매일 1인당 10개비씩의 군용 담배를 1949년부터 2005년까지 지급하였다.

이것은 한국 사회가 흡연을 당연시하고 젊은이들의 올바른 행태로 받아들이고 있었음을 시사한다. 심지어 젊은이 가운데 비흡연자는 "사내대장부가 아니다"고까지 낙인 찍었던 것이 보통이었다. 또한 연배가 비슷한 사람끼리는 일면식도 없는 사이라도 "담배 한 가치 빌려 주시겠습니까?"라 말하며 담배를 얻어 피우는 것은 전혀 흉허물이 아니었다. 그래서 한국의 성인 남자들은 거의가 "흡연자"가 되었고, 비흡연자들을 "사내대장부"가 아닌 "졸장부"로 낙인을 찍거나 혹은 그렇게 찍혀도 전혀 이상하게 생각하지 않았던 것이 사회적 감정이었다.

그래서 이 시절의 한국 사회에서는 누구든지(초중고의 학생 제외), 어디에서나, 언제나 흡연하고 싶으면 조금도 거리낌 없이 흡연하였다. 대중매체는 흡연을 우아한 행동으로 묘사/표현하였으며, 흡연을 권장하는 기사를 게재하였고, TV/방송은 자유롭게 방영/송출도 하고 광고도하였다. 담배의 생산, 판매, 유통 등도 정상적 산업의 하나이었다. 이와 같은 "흡연의 정상화"는 비단 한국에서만이 아니라 다른 나라들에서도 시기적으로 앞서거나 뒤처져 있을 뿐이지 현대사회에서는 어디서나 흔하게 찾아볼 수 있었던 사회적 현상이었다. 필자가 의과대학을 다니던 80년대에는 병동에서 담배를 피우는 교수도 있었을 정도이다.

흡연의 비정상화 단계

제1차 세계대전 이후부터 구미에서 담배 제품 특히 연초담배의 소비가 기하급수적으로 늘어났고, 그에 따라 국민들 사이에서 폐암의 발생률이 높아지자 학계는 '흡연과 폐암의 연관성과 인과성'에 주의 깊이 연구하기 시작하였다. 1930년대부터 사례-대조 연구, 코호트 연구 등 역학적 연구들이 수행되기 시작하였다. 1950년에 미국의 Wynder & Graham이 684명의 확진된 폐암 환자들을 대상으로 수행된 흡연과 폐암의 연관성을 입증하는 연구 결과를 "기관지성 암발생 원인자로서의 담배 흡연(Tobacco Smoking as a Possible Etiologic Factor in Bronchiogenic Carcinoma)"란 제목으로 미국의학협회지에 발표하였고, 이어서 Doll & Hill이 1954년에 영국의학회지에 발표한 "흡연 습관과 연관된 의사들의 사망(The mortality of doctors in relation to smoking habits)"란 논문을 통하여 연초담배를 매일 35개비 이상씩 흡연하는 흡연자는 폐암으로 사망할 가능성을 증가시킨다는 것을 구체적인 자료를 가지고 입증하였다.

위와 같이 1950년대 초와 중반에 미국과 영국에서 각각 연초담배의 흡연과 폐암의 발생 간의 연관성을 과학적으로 논증하더니 드디어 1964년에 미국 보건국장의 역사적 보고서 "흡연과 건강"이 발표되자 그로부터 미국에서는 담배 제품의 소비량이 눈에 띄게 줄어들기 시작하였고, 그와 함께 흡연 행태를 정상적인 행태로 수용하던 사회적 규범도 흔들리게 되었다. 특히 간접흡연으로 인한 비흡연자의 건강상 위해에 대한 사회적 논의가 활발하게 전개되면서 비흡연자들의 건강권을 보장/보호하자는 시민운동이 크게 일어나기 시작하였다.

그런 것들에 상응하여 '흡연에 대한 강제적 규제'가 사회적 쟁점으로 부상되었고, 각종 규제들의 제정과 집행이 사회적으로 수용되었다. 그래서 흡연 장소를 제한하는, 곧 금연 구역의 지정과 그 장소에서의 강제적 금연의 시행이 법규로 제정, 시행되기 시작하였다. 여기에서 한 걸음 더 나아가 담배산업의 담배 제품들에 대한 판매 촉진의 제한 또는 금지, TV 등 대중매체에서의 담배 제품과 흡연하는 영상의 방영과 광고의 금지, 각종 후원 활동의 금지, 담배 가격의 인상, 담배 제품에 대한 세금 부과, 담배 제품의 위해에 대한 대국민 홍보, 특히 담배 포장에 경고 그림 넣기 등을 적극적으로 시행하여 담배 제품들에 대한 사회적 규범과 대중의 감정을 부정적인 방향으로 변화시켰다.

그 결과, 흡연 행태를 정상적 행태로 보아왔던 감정들을 비정상적 행태로 인식하는 감정을 가지게 하는, 즉 "흡연 행태 비정상화"를 꾀하는 각종 규제들이 세계 도처에서 양산 시행되었고, 흡연자들과 담배산업을 비정상적인 사람과 기업으로 낙인 찍으려는 이른 바 "비정상화 캠페인"이 여기저기에서 펼쳐져 왔다.[1]

흡연 행태의 비정상화 캠페인은 담배 제품의 사용을 대중들로 하여금 사회적 문제로 규정짓게 하면서, 흡연 행태를 비도덕적 행태로, 건강에 위해한 위험 요소로, 공공의 적으로 인식하게 만들었다. 대중들은 이러한 인식에서 한 걸음 더 나아가 흡연자를 사회의 상식선을 벗어나 있는 이상한 사람으로 낙인을 찍고,[2] 흡연자에 대해 부정적 태도를 가지고 비흡연자와 차별화하였다.[3]

1 Lavack AM. Tobacco Industry Denormalization Campaigns: A Review and Evaluation. Winnipeg, Canada. University of Winnipeg. June 18, 2001.

2 Kim SH. Stigmatizing Smokers: Public Sentiment Toward Cigarette Smoking and Its Relationship to Smoking Behaviors. Journal of Health Communication 2003;8:343-367.

3 Parker R. Stigma, prejudice and discrimination in global public health. Cad Saude Publica, Rio de Janeiro 2012;28(1):164-169.

일반적으로, 특정한 사회가 흡연을 비정상화하는 과정에서 사회적 규범과 대중의 감정에 변화가 필연적으로 일어나고, 그렇게 변화된 사회 규범과 대중의 감정은 그 사회에 속한 각 개인의 흡연에 대한 태도에 영향을 끼쳐 흡연 행태를 혐오하게 만들어 금연하게 하거나 흡연 양을 감축하게 한다. 그렇지만 이러한 흡연의 비정상화는 흡연자들을 사회의 상식선을 벗어나 있는 이상한 사람으로 낙인찍어 차별하게 함으로써 그들의 인권과 건강권이 침해되는 또는 위협받는 부작용이 뒤따르게 되어 사회적 불평등을 가중시키는 부정적 결과를 낳을 수도 있다.

1964년에 미국의 보건국장이 "흡연과 건강" 보고서를 최초로 발표한 이후에 제도화된 대중매체의 다양한 반(反) 흡연 캠페인은 미국 성인들의 담배제품의 소비를 큰 폭으로 감축시키는 데 기여하였다.[4] 그 같은 증거들 가운데 하나로 1965년 이후부터 꾸준하게 감축된 성인들의 흡연율을 들 수 있다.

미국 질병관리본부가 2016년에 보고한 미국의 성인들의 현재 흡연율이 1965년의 42.4%에서 2014년의 16.8%로 크게 떨어졌다.[5] 이것은 지난 50년 동안에 평균적으로 매년 0.5%씩 총 25.6%, 곧 2.5배가 감축되었음을 뜻한다. 영국도 ASH가 2016년에 발표한 자료에 의하면, 영국의 16세 이상의 성인들의 흡연율이 1974년에는 45%이었으나 2013년부터 19%까지 감축되었다.[6] 이것은 지난 40년 동안 매년 0.6%씩 총 26%가 감축되어 미국의 사례와 유사하다.

미국은 물론이고 영국에서도 성인들의 흡연율이 역사상 처음으로 20% 이하로 떨어진 현상에 놀라움을 금할 수 없다. 아직까지는 그 현상을 객관적

4 Giovino GA. Epidemiology of tobacco use in the United States. Oncogene 2002;21:7326–7340.
5 Centers for Disease Control and Prevention. Trends in current Cigarette Smoking Among High School Students and Adults, United States, 1965–2014. Atlanta, CDC. March 30, 2016. http://www.cdc.gov/tobacco/data_statistics/tables/trends/cig_smoking/i...
6 Action on Smoking and Heakth, UK. Smoking Statistics : who smokes and how much. London ASH, 2016.

자료를 가지고 과학적 연관성을 충분하게 설명할 수는 없으나, 1965년 이후 전개해온 "흡연의 비정상화" 전략/접근 방법들도 상당한 정도로 공헌하였을 가능성을 누구도 부인하기가 어려울 것이다.

전자담배가 흡연의 재정상화를 초래할까?

"흡연의 재정상화"는 전자담배 시용과 이용이 여러 국가들에서, 특히 흡연을 하지 않던 청소년들 가운데서도 날로 증가하면서 떠오른 사회적 쟁점들 가운데 하나다. 이는 앞 절에서 논의했던 "흡연의 비정상화"와는 거꾸로 흡연을 지금보다 사람들의 눈에 잘 띠이게 하고, 보다 바람직한 것으로 보이게 만들어, 흡연에 대한 사회적 규범과 대중의 감정 등을 긍정적으로 정상적으로 다시 변화시키는 작업들을 포함한다.[7]

전자담배를 반대하는 전문가들은 전자담배 이용이 "흡연의 재정상화"를 가져올 것이라는 주장을 뒷받침하는 논거들을 몇 가지 들고 있다. 첫째, 전자담배의 생김새, 이용할 때의 행동과 느낌, 증기(연기) 놀이, 니코틴 의존 등등이 전통적 연초담배의 것들과 유사하여 사람들이 전자담배 이용을 전통적 연초담배의 사용으로 혼동하게 할 수 있다는 점이다.

둘째, 지난 50여 년 동안 꾸준히 집행되어오던 담배 제품들에 대한 각종의 규제들이 전자담배에는 아직은 일괄 적용되지 않고 있다는 점이다. 그 예로써, 각종의 대중매체들, 특히 인터넷이나 잡지 등을 통한 광고/홍보가 규제받지 않고 있고, 전자담배 제조자들의 판촉 활동들이 연초담배에 비해 느슨하다는 점이다.

셋째, 전자담배 이용 그 자체도 각종의 규제들이 적용되지 않고 있는

---

7 Voigt K. Smoking Norms and Regulation of E-Cigarettes. American Journal of Public health 2015; 105(10):1967-1672.

것이다. 전자담배는 연초담배의 흡연 금지 구역으로 지정된 장소들, 예를 들면 공공의 장소에서도 이용할 수 있도록 허용하는 나라들이 있어서 금연의 경계를 흐리게 하는 효과가 있다.

위와 같이 담배 제품과 그의 사용에 대해 금지나 제한하던 각종의 규제들이 전자담배에는 혼란스럽게 적용되는데다가, 전자담배 이용에 따르는 행태와 느낌이 기존의 담배 제품 특히 연초담배의 흡연 시와 유사하다는 점 등으로 담배 제품과 흡연을 대중들의 눈에 잘 띠게 하고 바람직한 것들로 보이게 함으로써 그 동안 '금지와 제한' 등으로 비정상으로 여기게 되었던 흡연 행태를 다시 정상적인 것들로 환원시켜 흡연을 계속하게 만든다는 것이 문제의 핵심이다. 이러한 주장은 특히 아이코스, 릴 등 소위 '가열담배'로 인해 더 힘을 얻고 있다. 2017년 국내에 이들 제품이 출시된 후 단시간내에 빠른 시장 점유율을 확보하고 있고, 2018년에는 전년도에 비해 금연 처방건수가 현저히 줄어들고 있기 때문이다.

하지만, 반대 의견도 만만치 않다. 전자담배가 2006년 혹은 2007년부터 시장에 출시된 후 지난 수년 동안에 그것의 시용과 일상적(매일 혹은 가끔씩) 이용이 앞장에서 이미 살펴본 바와 같이 여러 국가들에서 10대나 성인들 중에 기하급수적으로 증가하고 있다. 반면에 미국의 경우 전통적 연초담배의 흡연율은 2007년부터 고등학생(20%)이나 성인들(19.8%)에서 떨어지고 있다. 고등학생은 2013년에 15.7%, 성인들은 2014년에 16.8%까지 떨어졌다.[8] 동일한 인구 집단에서 전자담배 시용률/이용률은 계속 상승하는 반면에 전통적 연초담배의 흡연율은 연이어 반대 방향으로 떨어지는 사회적 현상을 단순히 흡연의 재정상화로 단정할 수 있을지는 의문이다. 여기서

---

8 Centers for Disease Control and Prevention. Trends in current Cigarette Smoking Among High School Students and Adults, United States, 1965–2014. Atlanta, CDC. March 30, 2016. http://www.cdc.gov/ tobacco/data_statistics/tables/trends/cig_smoking/i...

흡연을 연초담배로 본다면 전자담배는 '니코틴중독의 재정상화'를 초래할지언정 '흡연을 재정상화'는 한다는 지적은 맞지 않다. 아직 미국의 성인 연초담배 흡연율의 감축에서 전자담배의 잠재적 역할이 무엇인지가 분명하지 않지만 상당수의 성인 흡연자들이 전자담배를 이용하여 금연에 성공해서 인구 집단에서 흡연율을 낮추는 데 일조하고 있다는 증거들이 나타나고 있기 때문이다. 그런 의미에서 전자담배는 "흡연의 재정상화"보다는 오히려 지금까지 추구해오던 "흡연의 비정상화"를 촉진하는 데 실제적으로 기여하고 있으며,[9] "연기 없는 혁명"을 가속시키고 있다는 주장도 가능하다. 만일 세계가 연초담배로 대표되는 담배 제품에 대한 전쟁을 넘어서 '니코틴중독'에 대한 문제 제기를 하는 것이라면, 이는 전자담배뿐 아니라 연초담배를 포함한 모든 니코틴 함유 제품의 생산과 유통을 금지시키는 것이 합리적이다. 연초담배를 허용하면서 전자담배를 찍어서 문제시 하는 것이야말로 '(연초담배) 흡연의 재정상화'를 초래하는 것이 되기 때문이다.

9 Siegel M. As E-Cigarettes Re-normalize Smoking, Adult Smoking Prevalence in 2015 Plummets. The Rest of the Story: Tobacco News analysis and Commentary. Sept. 3, 2015.

9장

전자담배의 안전성과 위험성 프로파일

금연은 담배 제품의 위해들로부터 흡연자들을 완전히 벗어나게 하는 최선의 방책이다. 그런데 담배 제품이 가진 중독성 때문에 누구든지 어떤 연유로든 일단 흡연의 수렁에 빠지게 되면 본인의 의지와는 동떨어지게 거기에서 헤어나기가 결코 쉽지가 않다.[1] 최근까지는 세계가 이들 흡연자들에게 금연과 관련하여 제공할 수 있는 수단은 크게 두 가지였다. 하나는 '어떻게 하든 금연하라'이고, 다른 하나는 '금연을 못하면 흡연의 참담한 결과를 받아들이라'는 방책이었다. 이 우울한 시나리오는 지금까지 전 세계에서 흡연자 대열을 꾸준히 증가시키면서 매년 수백만 명의 사망자를 낳게 하였고,[2] 지금과 같은 추세가 계속 이어진다면, 21세기에 흡연 때문에 사망하는 세계인들이 10억 명이 넘을 것으로 세계보건기구는 추산하고 있다.[3]

1 Polosa R, Rodu B, Caponnetto P, et al., A fresh look at harm reduction: the case for the electronic cigarette. Harm Reduction Journal 2013, 10:19.

2 Farsalinos K & Polosa R. Safety evaluation and risk assessment of electronic cigarettes as tobacco cigarette substitutes: a systemic review. Thera Adv Drug Saf 2014.5(2):67–86.

3 World Health Organization. WHO Global Report Mortality Attributable to Tobacco.Geneva, WHO, 2012.

그러나 얼마 전부터 세계는 제1 전략과 제2 전략의 대안이 되는 제3의 전략을 이용할 수 있게 되었다. 이 전략은 흡연과 관련되는 질병의 위해를 감축시키려는 목표와 보다 안전한 방향으로 니코틴을 허용하는 것을 지향하고 있다. 이 제3의 전략이란 것이 바로 담배위해감축이고, 그와 같은 제3의 방책을 현실화시킬 가능성을 가지고 있으면서도 소비자들로부터 인기가 높은 가장 최신의 제품이 전자담배이다.

영구 보건청(Public Health England; PHE)이 McNeill 등에게 전자담배에 관한 최신의 근거를 검토시킨 결과에 기초하여 2015년에 발표한 자료에 의하면, "전자담배에서 배출되는 증기(vaporing)는 100% 안전하지는 않지만, 흡연과 관련되는 질병의 원인이 되는 화학물질들의 대부분이 그 속에 존재하지 않고, 존재하는 화학물질들도 제한된 위험만을 제기한다. 특히 최선의 산출에 의하면, 전자담배 이용은 흡연보다 건강에 약 95% 가량 덜 해롭다는 것이다."[4]

그러나 일부 전문가들은 전자담배의 안전성이 아직은 확실하지 않다고 주장한다. Harrell 등은 기존의 문헌들을 고찰하여, 임상의들은 환자들에게 전자담배가 특히 연초담배 흡연자들 가운데서 이용이 급격하게 늘어나고 있지만, 이들은 규제되지 않고 있고, 안전 면에서 알려지지 않은 것들이 있으며, 금연에 있어서의 편익도 불확실하다는 점 등을 조언해주어야 한다고 주장하였다.[5] Ebbert 등도 전자담배는 안전에 관한 분명한 근거가 부족하여, 담배 중독 치료에 대한 임상 표준 접근 방법으로 자리를 잡으려면 더 많은 임상적 안전에 관한 자료들이 필요하다고 주장하였다.[6] McKee

4 McNeill A, Brose LS, Calder R, et al. E-cgarettes: an evidence update - A report commissioned by Public Health England. London, Public Health England, 2015.

5 Harrell PT, Simmons VN, Correa JB, et al. Electronic Nicotine Delivery Systems("E-Cigarettes"): Review of Safety and Smoking Cessation Efficacy. Otolaryngol Head Neck Surg. 2014;151(3):381-393.

6 Ebbert JO, Agunwamba AA, Rutten LJ. Counseling Patients on the Use of Electronic Cigarettes.

& Capewell 역시 "전자담배에 대한 근거가 바위 혹은 모래 위에 세워진 기초인가?"라는 질문에 응답하려는 논의를 진행한 끝에 전자담배는 장기 이용에 관한 근거가 아직은 부족하다는 결론을 맺었다.[7]

따라서 전자담배의 안전성/위험성 프로파일에 대한 다각적 검토는 전자담배의 올바른 위상을 정립하는 과정에서 필수적으로 논의되어야 할 과제들 가운데 하나이다. 현재 전자담배의 안전성/위험성 프로파일에 대한 연구는 화학적, 독성학적 및 임상적 연구들로 구분될 수 있다.[8] 아래에서는 이들 연구 분야들을 각 분야로 나누어 조금 더 상세히 살펴보고자 한다.

액상과 증기·연무에 대한 화학적 성분 연구

전자담배에 대한 화학적 연구들은 관련된 다른 분야의 연구들에 비교하여 수행하기가 상대적으로 간단하고, 또 비용이 적게 들며, 연구 결과에 기초하여 규제하기가 현실적으로 용이하다는 장점이 있다. 그러나 단점들도 여러 가지가 있다. 하나는 조사 연구의 초점이 이미 알려진 특정한 화학물질들(연초담배의 연기에 대한 연구들에서 이미 독성이 있는 것으로 알려져 있는 화학물질들)에 맞추어져 수행되는 것이 보통이고, 둘은 이 연구의 문제들은 향료들에 들어 있는 화학물질들의 검출에서 야기될 수 있다는 점이다. 그 같은 물질들은 식품용으로는 인허가가 되어 있지만 그것들이 가열되어 인체에 흡입될 경우 인체에 어떠한 위해를 끼칠 것인지는 알려져 있지 않다. 그러므로 '생체 내에서의 효과'란 견지에서 어떻게 해석되어야 할 것인지가 잘 알려지지 않고 있는 상태이다. 셋은 화학적 연구는 이론적 모형들에 기초

Mayo Clin Proc 2015;90(1):128–134.

7 McKee M, Capewell S. Evidence about electronic cigarettes: a foundation on built on rock or sand? BMJ 2015;351:h4863.

8 Farsalinos K & Polosa R. Safety evaluation and risk assessment of electronic cigarettes as tobacco cigarette substitutes: a systemic review. Thera Adv Drug Saf 2014,5(2):67–86.

하여 위험 개연성을 계산하는 데 사용될 뿐이지, 사용한 효과에 대한 객관적 정보는 제공하지 못한다는 점이다.

위와 같은 화학적 연구의 장단점을 염두에 두고 전자담배의 액상과 증기 · 연무에 대한 화학적 연구들 가운데 몇몇을 선택하여 그 요점들을 간략히 살펴보기로 하자.

루엔 제조 전자담배 카트리지와 흡입된 에어로졸의 안전성 보고(2008, Laugesen)

뉴질랜드의 Laugesen이 중국의 전자담배 회사인 루엔(Ruyan: 如煙)이 제조한 전자담배 카트리지를 통하여 흡입된 에어로졸의 화학적 성분들을 2008년에 최초로 분석, 보고하였다.[9] Laugesen은 루엔이 제조한 전자담배의 안전을 여러 측면들에서 관찰하였다. 전자담배 액상의 주요 성분인 플로플렌 그레콜; 담배 향, 니트로소메인, 모노아민 산화물 등을; 그리고 생성되는 연무(mist: 煙霧), 휘발성 물질 다환방향족탄화수소, 중금속, 카트리지 전체, 전자담배 이용 후 내품는 숨(일산화탄소); 그리고 이용자 주변인들에 대한 위험 등등에 대한 연구를 다양한 분석용 기계와 방법론으로 여러 실험실들과 함께 수행하여 자료를 수집해서 분석하였다.

그 결과, "루엔 V8 Classic"의 연무 속에서는 연초담배의 연기에서 발견되는 50여 가지의 독성 물질들을 확인할 수 없었다. 전자담배의 분무기를 작동시키는 낮은 온도가 연초담배를 연소시키는 온도의 5%~10% 수준인 54℃인 점을 감안한다면, 이런 유의 등급으로 본 전자담배는 그것이 내품는 연무 속에서는 연초담배에서 방출되는 독성 물질들이 함유되지 않거나 측정

9 Laugesen M. Safety Report on the Ruyan e-cigarette Cartridge and Inhaled Aerosol. Christchurch, Health New Zealand, 2008.

기준 이하 수준일 것으로 보인다.

전자담배를 이용하는 각 개인은 더 많은 회수, 더 자주 흡입해야 할 필요가 있다. 전자담배의 니코틴 전달은 상표들 간에 상당한 차이가 있지만 니코틴의 과다 흡입이 발생할 가능성은 높지 않다. 니코틴 증기에 포함된 미립자의 크기가 너무 작아서 연초담배 흡연에서와 같이 폐포나 세기관지에의 침전, 또는 급속한 니코틴 흡수를 확인할 수는 없었다.

절대적으로 안전한 약품이란 존재하지 않는다. 전자담배 방사물질들은 담배 매연의 방사물질들에 비하면 100배~1,000배까지 더 안전하다. 지금까지의 근거에 의하면, 전자담배는 그것의 방사물질들의 안전과 니코틴 dose 면에서 약제 니코틴 흡입제와 유사한 것으로 보인다.

전자담배는 연초담배의 대체제로 자리 잡는다면 흡연자와 인구 집단의 건강을 개선할 수 있을 것으로 보인다. 또한 금연을 돕는 약품 니코틴 흡입제로서의 역할을 더 할 수도 있다. 그렇지만 수용성, 중독 잠재력, 임상적 안전, 그리고 금연 효능 등에 대한 시험들이 요구된다.

미 FDA 요청 전자담배 평가(2009, Westenberger)

Westenberger는 2009년에 미국 FDA의 의약품평가연구센터 약제분석국의 요청을 받아 2개 상표의 전자담배들이 가지고 있는 니코틴의 구체적 내용과 기타 불순물들을 평가하였다.[10] 약제분석국은 니코틴의 전달 이외에도 증발 기체가 잠재적으로 위해한 성분들을 제공하는지에 대해 관심을 가지고 있었다. 그래서 약제분석국은 분석자에게 각 상품에 있는 니코틴의 양을 정확하게 측정할 것과 담배 특이 니트로사민(TSNAs), 담배 특이 불순

10 Westenberger BJ. Evaluation of e-cigarettes. St. Louis, Food and Drug Administration, Center for Drug Evaluation and Research, 2009.

물, 에틸렌글리콜(EG)과 디에틸렌글리콜(DEG) 등의 존재 여부를 평가할 것을 요청하였다.

평가에 사용된 것은 아래 두 가지 제품이었다.

① 엔 죠이 전자담배 (Njoy e-cigarette with various cartridges)
② 어디서나 피는 전자담배(Smoking Everywhere Electronic Cigarette with various cartridges)

분석 결과 니코틴이 두 상품에서 모두 존재하였다. 두 번째 상품은 목록상으로는 니코틴을 함유하지 않았다고 기술된 카트리지에서 아주 낮은 양이지만 니코틴이 들어 있었음을 확인하였다. 담배 특이 니트로사민과 담배 특이 불순물들이 두 상품 모두에서 비록 아주 낮은 수준이기는 하지만 검출되었다. 디에틸렌글리콜(DG)도 한 카트리지에서 인지되었다.

전자담배 성분 연구들에 대한 체계적 메타분석(2011, Cahn & Siegel)

Cahn & Siegel은 2011년에 gas chromatography mass spectrometry (GC-MS)를 사용하여 전자담배의 액상과 증기에 함유된 성분들을 특정지운 16편의 논문을 확인하였다. 그 논문들은 프로플렌 글리콜(PG), 글리세린, 니코틴 등을 전자담배 카트리지 액상의 일차적 성분들임을 실험에 의해 설명하고 있는 것으로; 그 외에 확인된 화학물질들 가운데서, 미국 FDA는 담배 특이 니트로사민(TSNAs)과 디에틸렌글리콜(DG) 등 두 화학물질과 연관되는 잠재적 건강 위해물들에 초점을 두어 왔음도 확인하였다.[11]

---

11 Cahn Z & Siegel M. Electronic cigarettes as a harm reduction strategy for tobacco control: A step forward or repeat of past mistakes? J of Public Health Policy. 2011;32:16–31.

Cahn 등은 두 논문들에서 TSNAs가 추적 가능한 수준으로 검출되었음을 확인하였다. 보고된 총 TSNAs의 최고 수준은 8.2ng/g이었고, 이러한 수준은 니코틴패치에 있는 8.0ng과 유사한 수준으로, 일상적 연초담배의 TSNAs 수준들 보다는 100배 이상 더 낮은 수준이라고 설명하였다. 즉 전자담배는 연초담배에 함유된 TSNAs의 0.07~0.2%만을 함유하고 있어서 그 농도가 약 500배~1,400배가 감축된 것으로 설명하였다. Cahn 등은 FDA가 실험한 18개의 카트리지 가운데서 한 카트리지에서만 DEG가 검출되어 염려가 되었으나 다른 15편의 논문에서는 발견할 수 없었다고 설명하였다.

Cahn 등은 비록 기존의 연구는 전자담배가 절대적으로 안전하다는, 전자담배의 안전을 종합적으로 사정하기 위해서 임상적 연구들이 더욱 필요하다는 결론을 모두 보증하지는 않지만, 현재 이용 가능한 다수의 근거들은 전자담배가 기존의 연초담배보다 훨씬 더 안전하고, 독성 면에서도 전통적인 니코틴 대체 제품들과 비교할 만하다는 것을 보여주고 있다고 결론을 맺었다.

전자담배 교체 액상의 담배 특이 니트로사민 분석/결정(2013, 김현지 & 신호상)

연구자들은 한국 시장에서 유통되고 있는 11개 회사의 105개 교체 액상들을 수집하여 분석하였다.[12] LC-MS/MS 방법을 개발하여 그 방법으로 전자담배 교체 액상에서 네 가지(NNN, NNK, NAT, NAB)의 TSNAs를 동시에 측정할 수 있음을 입증하였고, 그 결과를 수치로 보고하였다. 그 결과, TSNAs가 확인되었고 또 그 양들을 확정할 수 있었다. 측정된 전자담배

12 Hyun-Ji Kim & Ho-Sang Shin. Determination of tobacco-specific nitrosamines in replacement liquids of electronic cigarettes by liquid chromatography -tandem mass spectrometry. J of Chromatography A, 2013;1291:48-55.

교체 액상의 총 TSNAs의 최고, 최저 및 평균 농도는 각각 86.92µg/L, 0.33µg/L, 12.99µg/L,이었다. 전자담배 발열 코일(coil)의 중심부의 온도는 350℃로 측정되었다. 이 기구(device)는 액상에서 TSNAs를 에어로졸화(aerosolize)하며 그 에어로졸은 호흡기도 내로 쉽게 전달되고, 또한 TSNAs 성분들이 전자담배의 가열로 형성될 가능성도 있다고 보고하였다.

Farsalinos 등은 전자담배 교체 액상에서의 TSNAs 검출에 관한 김과 신의 위 논문을 특별한 흥미를 가지고 읽었다고 하면서, 고도로 정밀한 방법을 개발한 것을 축하함과 동시에 그 결과에 대해 다음과 같이 논평하였다.[13]

첫째, 김 등의 연구의 초점 가운데 하나인 전자담배와 연초담배에서 방출되는 TSNAs의 비교에 주목하였고, 특히 현재까지 공중보건당국이 안전한계를 설정하지 못하고 있는 실정을 염두에 두고 자신들의 의견을 제시하고 있다.

Stepanov 등이 제시한 연초담배를 한 개비 사용할 경우 노출되는 TSNAs는 3,365ng~6,260ng이었다. 반면에 김과 신에 의하면 전자담배 이용자는 1일평균 44.2ng의 TSNAs에 노출될 수 있다. 이 같은 노출량은 전자담배 이용자들은 연초담배 흡연자들에 비해 76배~142배나 낮은 수준에 노출됨을 말해준다. 니코틴 껌 이용자들은 한 개의 껌에서 2ng의 TSNAs에 노출됨으로 하루에 24개의 껌을 이용한다고 할 경우 이들의 1일 평균 노출량은 전자담배 이용자의 그것과 유사한 수준이라고 볼 수 있다. 그러나 이 같은 양의 TSNAs에 대한 장기적 노출이 갖는 잠재적 임상적 결과들이 무엇인가를 규명하는 연구들이 더 필요할 것으로 본다고 평하였다.

둘째, 김과 신은 전자담배의 가열하는 코일 중심부의 온도가 350℃ 이상에서 TSNAs를 측정하였고, 이렇게 가열하는 과정에서 TSNAs가 형성될

13 Farsalinos KE, Romagna G, Voudris V. Authors miss the opportunity to discuss important public health implications. J Chromatogr A. 2013;1312:155–6.

가능성이 있다고 가정하였다. 그런데 김과 신은 자신들이 인용한 Schripp 등의 논문에서 설명에서 제시한 사항을 간과한 것 같다. 왜냐 하면 Schripp 등은 그림의 설명문에서 "온도 기록계의 영상은 액상이 없는 상태에서의 전자담배 가열 장치의 온도를 보여준다.(중심에서 350℃ 이상)"이라고 설명하고 있으며, 이 설명은 그들의 연구에 아주 중요한 정보이기 때문이다. 왜냐하면 액상이 존재하는 가운데서는 코일에 전달되는 에너지는 가열시키기 위하여 변압되기보다는 액상을 증기로 변환시키는 데 사용되기 때문이다. 예를 들면 통상적으로 전자담배에서 사용되는 액상은 글리세롤 90%, 물 10%로 혼합되어 있어서 이 액상의 증발 작용은 135℃에서 이루어진다. 그런데 김과 신은 분석한 샘플들을 350℃로 가열시켰다고 보고하였다. 따라서 이 과정에서 약간의 TSNAs가 형성되었을 가능성이 있을 수 있고, 그 결과들은 과도하게 측정되었을 수도 있다고 보아야 한다고 논평한다.

위와 같은 두 가지의 논평들에 대해 원저자 중 신호상은 논평들에 전적으로 동의한다고 답변하였다.[14]

담배 특이 니트로사민(Tobacco-Specific Nitrosamines: TSNAs)에의 노출

우리나라 국민건강증진법 시행령 제16조2의 제2항은 담배 포장지 및 광고에 포함하여야 할 경고문구로 "전자담배: 담배 특이 니트로사민, 프롬알데히드 등이 포함되어 있다는 내용"을 표시하여야 한다고 규정하고 있다.

Farsalinos 등은 전자담배 및 연초담배 등에서 발견된 TSNAs의 수준들을 우리가 앞에서 이미 논의한 Laugesen, Cahn & Siegel, Kim & Shin

14 Shin HS. Response to "authors miss the opportunity to discuss important public health implications". JChromatogr A 2013;1312:157.

등의 연구 결과들을 종합 정리하여 다음의 표로 제시하였다.[15]

표에서 볼 수 있는 바와 같이 전자담배의 TSNAs 1일 노출양은 52ng이었다. 이 노출량을 1로 규정할 때, 니코틴 껌은 0.92배(1일 사용량 24개; 1일 노출량 48ng), Winston은 971배(1일 연초담배 소비량 15개비; 1일 노출량 50,475ng), Newport는 976배(1일 연초담배 소비량 15개비; 1일 노출량 50,775ng), Marlboro는 1,806배(1일 연초담배 소비량 15개비; 1일 노출량; 93,900ng), Camel은 1,497배(1일 연초담배 소비량 15개비; 1일 노출량; 77,865ng)이었다.

따라서 Farsalinos 등의 연구에 근거하면, 전자담배의 TSNAs의 1일 평균 노출량은 기존의 연초담배의 것들보다 약 1/1,000정도가 낮다고 말할 수 있다.

Product	Total nirosamines levels(μg)	Daily exposure (μg)	Ratio
Electronic cigarette(per ml)	13	52[1]	1
Nicotine gum(per piece)	2	48[2]	0.92
Winston(per cigarette)	3365	50475[3]	971
Newport(per cigarette)	3885	50775[3]	976
Marlboro(per cigarette)	6260	93900[3]	1806
Camel(per cigarette)	5191	77865[3]	1497

Source : Farsalinos KE, Polosa R. Safety evaluation and risk assessment of electronic cigarettes as tobacco cigarette substitutes: a systematic review. Ther Adv Drug Saf, 2014,5(2):67-86.

전자담배에서 배출되는 증기에 함유된 일부 발암물질과 독성 물질의 수준(2013, Goniewicz)

15 Farsalinos K & Polosa R. Safety evaluation and risk assessment of electronic cigarettes as tobacco cigarette substitutes: a systemic review. Thera Adv Drug Saf 2014,5(2):67-86.

Goniewicz 등은 전자담배의 증기를 '전자담배를 이용하는 실제적 방식'을 반영하여 분석하고자 "Palaczbot"란 연기 발생 기계를 고안하였다. "전자담배 이용의 실제적 방식"이란 첫째 전자담배를 정기적으로 1개월 이상 이용한 10명의 흡입 분포 상태를 측정한 결과들을 기초로 결정된 것을 말한다. 연구자들이 취했던 실험의 절차를 요약하면, 흡입 지속 시간은 1.8초; 흡입 간의 간격 시간은 10초; 흡입 분량(volume)은 70ml; 1대 피울 동안 흡입 횟수는 15회로 하여 전자담배를 하루 10번 즉, 총 150회 흡입하는 것으로 환산하여 실험하였다.[16]

실험 결과, 검출된 발암물질과 독성 물질은 카본일기(基) 성분으로는 프롬알데히드, 아세트알데히드, 아크로레인 등이 있었고; 휘발성 유기 성분으로는 톨루엔; 담배 특이 니트로사민 가운데는 NNN과 NNk 등이 있었다. Goniewicz 등은 검출된 것들을 전통적 연초담배와 전자담배 간의 독성 물질의 수준을 비교하여 다음과 같은 표를 작성하여 제시하였다.

Toxic compound	conventional cigarette [μg in mainstream smoke]	E-cigarettes [μg in 15 puffs]	Average ration [conventional vs e-cigarette]
Formaldehyde	1.5–52	0.20–5.61	9
Acetaldehyde	52–140	0.11–1.36	450
Acrolein	2.4–62	0.07–4.19	15
Toluene	8.3–70	0.02–0.63	120
NNN	0.005–0.19	0.00008–0.00043	380
NNK	0.012–0.11	0.00001–0.00283	40

Source : Goniewicz ML, Knysak J, Gawron M, et al. Levels of selected carcinogens and toxins in vapour from electronic cigarettes. Tob Control, March 6, 2013:1-7. doi: 10.1136/tobaccocontrol-2012-050859.

16 Goniewicz MK, Knysak J, Gawron M, et al. Levels of selected carcinogens and toxicants in vapour from electronic cigarettes. Tob Control March 6, 2013.

또한, 본 연구에서 확인코자 했던 12가지의 금속들 가운데에서 카드미움, 니켈과 납이 검출되었다. 전자담배(150회 흡입)에 함유된 앞의 금속들의 수준은 카드미움 0.01μg~0.02μg, 니켈0.11μg~0.29μg, 납 0.03μg~0.57μg 등의 수준이었다.

Goniewicz 등은 본 연구의 결론을 다음과 같이 맺고 있다.

첫째, 전자담배로부터 생성된 증기는 독성 성분들을 잠재적으로 함유하고 있다. 그러나 전자담배 증기에 들어 있는 이들 잠재적 독성 성분들의 수준들은 전통적 연초담배의 연기로부터 생성되는 것들의 수준들보다 9~450배나 낮으며, 여러 조제약품들에 들어 있는 것들의 수준과 비슷한 수준이다.

둘째, 본 연구는 연초담배를 전자담배로 대체하면 담배 특이 독성 물질들에 대한 노출을 상당히 감축할 수 있다는 아이디어를 지지하고 있다.

셋째, 금연을 할 수 없는 흡연자들 가운데서 위해감축 전략의 하나로 전자담배를 이용하는 것은 앞으로 더 논의되어야 한다.

전자담배 함유 물질들의 화학반응과 건강 위험에 대한 체계적 메타 분석 (2014, Burstyn)

Burstyn(2014)은 PubMed를 검색하여 수집한 관련 논문들을 정리하여, 전자담배의 액상과 에어로졸에 함유되어 있는 9,000여 오염물질들: 다환방향족탄화수소 물질, 담배 특이 니트로사민, 휘발성 유기화합물, 무기화합물, 혼합물 등을 체계적으로 검토하여 그 결과를 다음과 같이 보고하였다.[17]

17 Burstyn I. Peering through the mist: systematic review of what the chemistry of contaminants in electronic cigarettes tells us about health risks. BMC Public Health 2014;14:18.

- 전자담배 이용으로 발생되는 노출량은 이미 알려져 있는 독성화합물들에 대한 노출 한계치보다 훨씬 낮다.
- 니코틴에 있는 문제들은 니코틴을 태워버리기를 원하지 않는 전자담배 이용자들에게만 적용된다.
- 전자담배 액상 혹은 가열에 의해 생성된 것들 속에는 휘발성 유기 화합물(프롬알데히드, 아크로레인 등)과 같은 오염물질들에는 심각한 문제가 없다. 이들 오염물질들이 존재한다고 몇몇 연구들에서 문제될 만한 수준으로 파악되기는 하였으나 이것들조차 비현실적 가열 수준에 기초한 것들이다.
- 액상의 오염에 대하여 빈번하게 언급된 문제는 자세하지 않은 양의 에틸렌글리콜과 디에틸렌글리콜에 의한 것이다. 그러나 이 문제는 초기의 기술로 제조되었던 전자담배들을 대상으로 검사한 결과들이기도 하지만 실제로 건강상의 문제를 일으킬 수준은 아니다.
- 담배 특이 니트로사민의 양은 추적 가능한 수준으로 함유되어 있다. 그러나 그 양은 현대의 무연담배 제품들에서 발견할 수 있는 정도의 양 또는 그 이하로 암의 측정할 만한 위험이 되지는 않는다.
- 금속에 의한 오염 역시 건강에 위험을 과하지 못할 하찮은 수준으로 보인다.
- 현존하는 문헌은 노출량들을 과대평가하고 그 함의들을 지나치게 강조한 듯하다. 이러한 것은 부분적으로는 수사이기도 하지만, 기술적 특이의 결과에서 나오기도 한다. 에어로졸의 농도에 대한 혼란이 가장 중요하다. 농도 그 자체만으로는 건강의 위험에 대해 우리에게 말해주는 것이 거의 없기 때문이다.
- 액상의 화학반응에 대한 일상적 모니터링은 여러 에어로졸들을 사정(査定)하기보다는 용이하고 비용이 훨씬 더 적게 든다. 액상의 화학반

응이 에어로졸의 화학반응에 어떻게 영향을 미치는가에 대한 이해와 그 영향으로 인하여 전자담배 이용자들의 행태가 어떻게 될 것인가에 대한 통찰들이 합해질 때, 그 모니터링은 전자담배의 안전성을 확인하는 유용한 도구로 쓰일 수 있을 것이다.

• 앞으로 더 연구되어야 할 분야는 운반체 화학물질 그 자체인 프로필렌 글리콜과 글리세린이다. 이것에 대한 노출이 건강 문제를 일으키는 원인인지 모르나 노출의 크기는 지금까지 알려지지 않았고, 안심시킬만한 자료들이 없어서 문제가 될 정도의 수준에 있다.

액상과 증기 · 연무에 대한 독성학 연구

독성학적 연구는 화학적 연구들을 통하여 검출이 확인된 특정의 성분들이 배양된 세포나 실험동물 등 생명체에 미치는 독성 효과와 치료 효과 등을 시험관 내에서 평가한다. 독성 시험은 암, 심장 독성, 피부/눈의 자극 상태 등과 같은 특이 유해 사례들 혹은 특이 종말점들의 실험에 이용되는 것이 보통이다.[18]

독성학적 연구들은 특정한 화학물질들의 사용 결과로 발생되는 효과들에 대해 적절한 정보를 얻을 수 있다는 장점을 가지고 있지만, 그 결과들을 '인간의 생체 내에서 효과'라는 견지에서 해석하기가 어렵고, 화학적 연구보다는 비용이 많이 소요되며, 액상 자체가 아니라 그것에서 발원된 에어로졸을 시험하여야 하고, 특히 노출 표준량 프로토콜이 명확하게 정의되어 있지 않다는 문제점들이 있다.

전자담배는 전통적 연초담배에 비해서 함유된 독성 물질들이 훨씬 낮은

18 Parasurman S. Toxicological screening. J Pharmacol Pharmacother. 2011;2(2):74–79.

수준이라는 점은 확실하지만 시장에 출시된 지 겨우 10년밖에 안 되는 새로운 제품이어서, 그 제품을 장기적으로 사용할 경우에 이용자의 건강상 결과들이 어떠할 것인가에 대해서는 현재로서는 확실히 알려지지 않은 부분이 많아 불확실성이 있을 수밖에 없다.[19]

지금까지 수행된 전자담배에 대한 독성학적 연구들은 손에 꼽을 정도로 그렇게 많지 않다. 그런 와중에서도 확립세포주(주화세포계: established cell lines)에 대한 세포독성 연구들이 대부분이다. 그런데 그 세포독성 접근방법 역시 결점들이 있다. 무엇보다도 그 방법을 통하여 탐색된 결과들은 '생체 내의 상황'에 직접 적용할 수 없고, 또한 독성의 효과에 대한 해석이 실제보다 낮게 혹은 높게 측정될 위험성도 있다. 전자담배 증기의 잠재적 세포독성 효과들은 전통적 연초담배의 연기와 비교가 의무적으로 이행되어야 하지만, 증기의 생산과 노출에 대한 표준들이 아직 명확하게 정의되지 않고 있어서 이것 또한 난관에 부딪히고 있다.

전자담배 액상의 세포독성에 대한 연구(2012, Bahl etc)

Bahl 등은 전자담배 가운데서 선택된 35개의 샘플들의 보충 액상(refill fluid)이 배아 세포들과 성체 세포들에 영향을 미치는 세포독성을 비교하였다. 액체크로마토그래프(HPLC)를 사용하여 화학적 특성들도 시험하였다. 보충 액상들을 MTT assay로 인간 배아줄기세포들(hESC), 쥐 신경줄기세포(mNSC), 그리고 인간 폐 결합조직형성세포들(hPF) 등에 대해 시험하였고, 무유영향관찰총량(No Observed Adverse Effect Level: NOAEL)과 LC_{50} 등을 도스-용량 곡선(dose-response curve)을 이용하여 결정하였

19 Cancer Research UK. Policy Briefing: Electronic Cigarettes. London, Cancer Research UK, May 2014.

다. 동일한 향의 제품들이 서로 다른 MTT 결과물을 만들어 낼 경우에는 스펙트럼 분석을 수행하였다. 보충 액상의 세포독성을 저(LC_{50} 〉1%), 보통(LC_{50} between 0.1 and 1%), 고(LC_{50} 〈1%) 등 세 범주로 분류해서 고찰하였다.[20] 그들이 연구한 주요 결과들은 다음과 같다.

전자담배 보충 액상에 가장 많이 사용된 습윤제는 식물성 글리세린(VG)과 플로피렌 글리콜(PG)인데 이 둘은 모두 시험된 모든 세포 형태들에서 세포독성이 없었으나, 향기를 내는 액상들에 사용된 화학물질들의 수와 농도 간에는 상관관계가 있었다.

15개의 샘플들은 hESC에 '보통의 세포독성(LC_{50} between 0.1 and 1%)'이 있었고, mNSC에서도 유사한 반응을 보였다. 이와는 대조적으로 15개 중 10개의 샘플들은 hPF에는 영향을 거의 혹은 전혀 끼치지 않았다.

또 다른 12개의 샘플들은 hESC에서 '고의 세포독성(LC_{50} 〈1%)'이 있었고, 여기에 속한 샘플들은 mNSC에도 영향을 미쳤다. 대조적으로 hPF에는 그 영향이 강하지 않았으며, 12개 중 7개의 샘플들은 최고 용량(dose)에서도 영향이 없었다.

Bahl 등의 본 연구는 전자담배 보충 액상의 효과에 대한 분석과 논의에 초점을 두고 수행되었을 뿐, 전자담배에서 발생되는 증기의 효과에 대한 고찰은 배제되어 연구의 중요성 면에서 제한점을 지니고 있다.

전자담배 액상의 독성 사정(2015, Varlet etc)

Varlet 등은 인터넷으로 구매한 상업용 전자담배 보충 액상에 들어 있는 미생물, 다이에틸렌글리콜, 에틸렌글리콜, 탄화수소, 에탄올, 알데히드, 담

20 Bahl V, Lin S, Xu N, et al. Comparison of electronic cigarette refill fluid cytotoxicity using embryonic and adult models. Reproductive Toxicology 2012;34:529-537.

배 특이 니트로사민, 용제 등을 포함한 구성물들의 화학적 생물학적 수준들을 사정할 목적으로 14개 상표들 가운데서 42개 모델을 2013년에 구매하여 2013~2014년에 그것들을 미생물학적 및 화학적 시험을 시행하였고, 독성을 사정하였다.[21]

엄밀한 조사를 거친 모든 액상들은 효모, 곰팡이, 호기성 세균들, 황색포도상구균, 녹농균 등이 규정된 기준에 비추어볼 때 없는 것으로 집계되었다. 다이에틸렌글리콜, 에틸렌글리콜, 에탄올 등은 검출되었으나, 그 수준들은 모두가 식품과 약품 등에서 허용된 한계치 내에 있었다. 테르펜 화합물과 알데히드, 특히 프롬알데히드 아크로레인 등도 제품들에서 발견되었다. 니트로사민은 어떤 샘플에서도 검출 한계치(1μg/g)를 초과하지는 않았다.

뷰타다이엔, 사이클로헥세인, 아세톤 같은 잔류 용제들이 몇몇 제품들에서 발견되었다. 이 번에 엄밀하게 조사된 제품들 모두가 잠재적으로 독성이 있는 화합물이었다. 그럼에도, 본 시험을 거친 전자담배 액상의 급성구강독성은 조금은 관심을 두어야 할 부분이나, 몇몇의 액상 특히 향료를 첨가한 액상들은 특히 높은 범위의 화학물질들을 보여주었고, 구강이 이것들에 장기적으로 노출될 경우에 그것들이 가진 잠재적 독성이 문제가 될 것으로 보인다.

저자들은 조사 대상 액상들은 모두가 잠재적으로 독성이 있는 화합물이었으며, 이 새로운 시장은 적절한 규제 틀 밖에서 대부분 발전되어 왔기 때문에, 제조자들과 판매자들 가운데서 일부는 안전에 대한 노하우가 부족한 것이 분명하다고 결론을 내리고 있다.

---

21 Varlet V, Farsalinos K, Augsburger M, et al. Toxicity Assessment of Refill Liquids for Electronic Cigarettes. Int J Environ Res Public Health. 2015;12:4796-4815.

전자담배 증기의 추출물의 배양 포유류 결합조직형성세포에 대한 세포독성 평가: 연초담배 연기의 추출물과의 비교(2013, Romagna etc)

Romagna 등은 시장에서 구매가 가능한 전자담배 기구의 액상중 동일한 양의 니코틴(9mg/ml)을 함유하고 있는 샘플 21개를 실험 재료로 삼아 그것들로부터 생성되는 증기(vapor)를 시험하여, 발생된 증기의 추출물들이 포유류의 결합조직형성세포들에 끼치는 세포독성을 전통적 연초담배의 연기에서 발생되는 추출물들의 것과 비교, 평가하였다.

세포독성의 평가 기준은 국제표준기구(International Organization for Standardization)가 의료기구와 그 제품을 국제적으로 규제하기 위해 제정하여 시행하고 있는 "ISO 10993-5 protocol"에 두었다.[22]

추출물들은 전자담배의 카트리지를 작동하여, 200mg의 액상을 증류시켜 20ml의 배지에서 추출되었다. 연초담배의 연기의 추출물 역시 한 개비의 연초담배로부터 생산되게 하였다. 추출물들은 전혀 희석이 안 된 것(100%), 5단계로 희석한 것들(50%, 25%, 12.5%, 6.25%, 3.125%) 각각 배양된 쥐의 결합조직형성세포들(fibroblasts)에 바르고, 24시간 동안 배양한 다음에 MTT assay로 생육력(生育力: viability)을 측정하였다. 생육력이 70% 이하일 경우, 세포독성이 있는 것으로 간주하였다.

연초담배 연기의 추출물은 12.5% 이상의 추출 농도에서부터 세포독성의 효과가 나타났다. (생육력의 범위 : 추출 농도 3.125%에서는 89.1± 3.5%; 6.25%에서는 77.8±1.8%; 12.5%에서는 72.8±9.7%; 25%에서는 5.9±0.9%; 50%에서는 9.4±5.3%; 100%에서는 5.7±0.7%이었음)

전자담배 증기 추출물에 의한 결합조직형성세포의 생육력의 범위는 추출

22 Romagna G, Allifranchini E, Bocchietto E, et al. Cytotoxicity evaluation of electronic cigarette vapor extract on cultured mammalian fibroblasts(ClearStream-Life) : comparison with tobacco cigarette smoke extract. Inhalation Toxicology, 2013;25(6):354-361.

농도 3.125%에서는 88.5-117.8%; 6.25%에서는 86.4-115.3%; 12.5%에서는 85.8-111.7%; 25%에서는 78.1-106.2%; 50%에서는 79.0-103.7%; 100%에서는 51-102.2%이었다. 그러나 한 증기의 추출물은 100%의 농도에서 세포독성이 있는 것으로 파악되었다.(생육력 : 51.0±2.6%) 그렇지만 이 같은 생육력조차도 연초담배 연기의 추출물의 그것과 비교하면 795%가 높았다.

Romagna 등은 자신들의 연구 결론을 다음과 같이 요약하였다.

"우리들은 시장에서 구입할 수 있는 21개의 전자담배 액상을 재료로 사용하여 증기 형태로 시험하였다. 그 가운데 한 액상의 증기에서만 배양된 포유류의 결합조직형성세포에 ISO 10993-5 정의에 의한 세포독성 효과가 있음을 발견하였다. 전반적으로 전자담배 증기 추출물들은 연초담배 연기의 추출물들에 비해 훨씬 높은 결합조직형성세포의 생육력을 보여주었다. 이것은 전자담배는 연초담배에 비해서 덜 위해하다는, 그래서 담배위해감축에 유용한 제품일 가능성이 있다는 개념을 지지한다. 그럼에도, 전자담배 이용이 사람들의 건강에 미치는 효과를 보다 더 잘 이해하고 평가하기 위해서 상이한 세포계(細胞系: cell lines)를 가지고 실험실에서 그리고 임상 수준에서 더 많은 연구들을 수행할 필요가 있다."

연초담배 연기와 전자담배 증기의 각 추출물의 배양 심근세포에 대한 세포독성 잠재력 비교(2013, Farsalinos etc)

Farsalinos 등은 연초담배 연기의 추출물과 전자담배 증기 추출물이 배양 심근세포에 대한 세포독성의 잠재력을 비교하였다. 전자담배는 연초담배를 흡연하는 습관의 대안들 가운데 하나로 시장에서 매매되어 오고 있다. 그럼에도 전자담배의 액상이나 증기의 내용에 대한 화학적 연구들 이외에 그것들이 가진 시험관 내에서의 효과에 대한 연구는 거의 없는 실정이다. 흡연은 심혈관 질병들의 중요한 위험인자이고, 연초담배의 연기는 심근세포에 세포독성 효과를 미치고 있다는 것은 이미 잘 알려져 있다.[23]

연구자들은 20개의 전자담배 액상 샘플들과 기초 액상 샘플(무 니코틴, 무 향료; 50% 글리세롤, 50% 플로플렌 글리콜)의 증기의 배양 심근세포에 대한 세포독성 잠재력을 평가하기 위하여 본 연구를 수행하였다. 20개의 샘플들 가운데 4개는 건조된 담뱃잎들을 사용하여 생산된 것들로 담배 향을 추출하기 위하여 포함시켰다.

세포독성은 ISO 10993-5 표준을 준거하여 시험되었으며 MTT assay로 측정하였다. 전자담배 기구는 3.7볼트(6.2와트 - 기초 샘플을 포함하여 모든 샘플들에 적용)와 4.5볼트(9.2와트- 무작위로 뽑은 4개의 샘플에만 적용)에서 작동시켰고, 200mg의 액상을 증발시켰고 20mL의 배지에서 추출시켰다. 연초담배 연기의 추출물은 연초담배 3개비들에서 ISO 3308 방법에 따라 생산되었다.

추출물들은 비희석물(100%)과 4단계 희석물(50%, 25%, 12.5%, 6.5%)로 구분되어 심근세포(H9c2)에 발라졌다. 생육력의 백분율은 24시간 잠복시킨 후에 측정되었다. 70% 이하의 생육력의 경우를 ISO 10993-5 표준에 준거하여 세포독성이 있는 것으로 간주하였다.

분석 결과, 연초담배 연기 추출물은 추출 농도 >6.25%에서 세포독성이 있었다.(생육력: 추출 농도 6.25%에서 76.9±2.0%; 12.5%에서 38.2±0.5%; 25%에서 3.1±0.2%; 50%에서 5.2±0.8%; 100%에서 3.9±0.2%) 전자담배 증기 추출물들의 경우, 3개(담뱃잎으로 생산된)의 샘플들이 추출

23 Farsalinos K, Romagna G, Allifranchini E, et al. Comparison of Cytotoxic Potential of Cigarette Smoke and Electronic Cigarette Vapour Extract on Cultured Myocardial Cells. Int J Environ Res Public Health. 2013;10:5146–5162.

농도 100%와 50%에서 세포독성이 있었다.(농도별 생육력의 범위: 100%에서 2.2%-39.1%; 50%에서 7.4%-66.9%) 또 한 샘플은 100% 농도에서만 세포독성이 있었다.(생육력: 64.8±2.5%) 억제 농도 50(LC_{50})는 가장 나쁘게 생산된 전자담배 증기 추출물에 비하여 연초담배 연기 추출물이 3배 이상이나 낮았다. 고 볼트와 고 에너지로 생산된 전자담배 추출물에서는 생육력이 감축되기는 하였으나, ISO 10993-5 정의에 비추어 볼 때 어떤 샘플도 세포독성은 없었다. "기초" 액상으로 생산된 증기는 모든 추출 농도에서도 세포독성이 없었다.

이 연구는 배양 심근세포에 대한 전자담배 증기의 세포독성 잠재력을 처음으로 평가하였으며, 또한 최근에 전자담배 이용자들 간에 늘어나고 있는 고전압으로 증기 뿜어내기를 시험한 것이다. 증기 형태로 시험된 시장에서 구입할 수 있는 20개의 전자담배 액상들 가운데 4개의 증기에서 배양 심근결합조직형성세포(cardiomyoblasts)에 세포독성이 있는 것으로 발견되었다.

세포독성은 대부분 담뱃잎을 사용하여 생산된 샘플들(전부는 아님) 가운데서 주로 관찰되었다. 또한 식품으로 승인된 향료를 사용한 한 샘플에서도 세포독성이 약간 있었다. 보다 높은 전압으로 작동되는 기구를 사용하여 생산된 전자담배 증기는 세포의 잔존을 감축시키는 원인으로 작용하였다.

전반적으로, 표준화 노출 수준을 비교하기보다는 현실적 사용을 기초로 삼을 때, 전자담배 증기 추출물들은 연초담배 연기 추출물들에 비해서 세포 생육력이 유의하게 더 높다는 것을 보여주었다. 이것은 전자담배들이 담배 위해감축 제품으로써 유용할 수 있다는 개념을 지지한다. 그럼에도, 전자담배 이용이 인체의 건강에 끼치는 효과들을 평가하기 위하여, 특히 임상 수준에서의 연구가 더 많이 요구된다.

실험동물에 대한 프로필렌글리콜 에어로졸의 비임상적 안전성과 약물동태학적 평가(2011, Werley etc)

Werley 등은 전자담배 액상의 주요 구성물 중 하나인 프로필렌글리콜(PG)의 에어로졸이 가진 비임상적 안전성과 약물동태학적 평가를 Sprague-Dawley rats과 Beagle dogs에서의 잠재적 흡입독성과 전신독성을 사정하기 위하여 수행하였다.[24]

에어로졸 된 프로필렌글리콜은 새로운 capillary aerosol generator(CAG)를 사용하여 상이한 농도로 log로 정상 분포된 미립자 연무 같이 발생시켜 비임상적 연구 장치에서 평가되었다. 노출은 두강인두 관을 가지고, rats는 코로만, dogs는 얼굴 마스크를 통해서 이루어졌다.

분석 결과, capillary aerosol generator(CAG)로 발생시킨 프로필렌글리콜 에어로졸의 질량평균공기역학직경(mass median aerodymanic diameter: MMAD)은 쥐들에서는 2.29μm이었고 기하표준편차(GSD)는 1.56이었으며, 개들에서는 MMAD는 1.34μm, GSD는 1.45이었다. 이 같은 입자의 크기는 인간에서의 그것들과 일치하는 수준들이었다.

쥐에서, 생물학적으로 관련된 발견 사항들은 눈들과 코들 주위에서 경미한 출혈에 의한 눈과 코의 자극/염증(irritation), 그리고 후두의 비늘이 있는 경미한 화생(化生: metaplasia)이었다. 이 발견 사항은 쥐를 대상으로 하는 흡입 연구들에서 공통적으로 관찰되고 있고, 세포조직의 독특한 자극 감응, 그리고 미립자의 침적을 증가시키는 후두를 통하는 우회의 공기 흐름 통로와 각각 관계가 있는 것으로 보인다.

암컷 개에서, 헤모글로빈, 적혈구, 적혈구 용적 백분율 등의 치료 관련

---

24 Werley MS, McDonald P, Lilly P, et al. Non-clinical safety and pharmacokinetics evaluation of propylene glycol aerosol in Sprague-Dawlet rats and Beagle dogs. Toxicology, 2011;287:76-90.

감소량이 최고로 노출된 두 그룹에서 관찰되었는데 그 정도는 18mg~60mg/ kg/day이었다. 고용량 그룹의 수컷 개들에서, 암컷에서와 같은 사실, 즉 통계적으로 무의미한 적은 감량이 혈액학적 마커(markers)들에서도 관찰되었다. 쥐와 개에 대한 약물동태학적 연구들은 폐 흡입 노출에 잇따라 프로필렌글리콜의 흡수작용이 급속하게 일어나고, 폐조직과 혈장간에 평형 상태가 신속하게 이루지는 것을 보여주었다.

프로필렌글리콜(PG) 에어로졸의 일간 흡입과 동시에 프로필렌글리콜의 미미한 조직적 축적이 각 종에서 일어난다는 근거가 있다. CAG로 생성된 프로필렌글리콜 에어로졸에 흡입 노출은 경구로 성취된 PG 농도들과 유사한 정도의 PG 농도들을 체순환에서도 성취되었다. PG의 전신 제거는 간 대사를 통하여 포화시킬 수 있을 것으로 보인다. 두 종의 고도의 두 그룹에서의 PG의 제거는 영차 제거 과정을 암시하는 terminal plasma와 폐 농도~시간 프로파일을 보였다. 본 연구들에서는 폐, 간, 그리고 신장 등의 명백한 조직 독성은 없었다. 본 연구들의 조건하에서, 쥐의 무영향량(NOEL: No Observed Effect Level)은 28일 연구에서 20mg/kg/day인 것으로 판정되었다. 개의 NOEL은 28일 연구에서 약 6.05mg/kg/day이었다.

결론적으로 쥐와 개에서의 PG의 흡입 노출은 아주 제한된 독성학적 소견만을 만들어냈고, CAG-PG 노출들은 CAG를 사용하는 흡입 경로에 의해 인간에서도 안전하게 처리될 수 있다는 것을 알게 되었다. 더 나아가, 본 연구들은 개에서의 반응들을 사정할 수 있는 초기 노출 통계를 제공해주고 있으며, 이로써 인간을 대상으로 하는 연구를 시작하기 전에 안전역 접근 방법을 사용하여 노출 농도를 조절할 수 있게 하였다.

위에서 간략하게 살펴본 바와 같이, 여러 독성학적 연구들은 전자담배의 증기는 연초담배 연기에 비교하면 부정적인 효과들이 더 낮다는 것을 보여주었다. 그러나 이와 관련한 연구들, 특히 동물을 대상으로 하는 연구들이 미흡하여, 앞으로 전자담배 기구와 증기의 에어로졸이 가진 다양한 독성 작용과 전자담배 증기 특이 독성에 영향을 미치는 인자들에 대한 장/단기 연구들을 수행하여 그 결과들을 평가할 필요가 있다.

액상과 증기 · 연무에 대한 임상적 연구

임상적 연구란 어떤 의료적 전략, 치료 및 기구가 인간들에게 안전한지, 그리고 효능이 있는지 등을 탐색하는 조사 연구들(research studies)을 총칭하는 말이다. 그래서 이 조사 연구들은 어떤 의료적 접근 방법들이 어느 특정 질환 혹은 인구 그룹에서 가장 좋은 효능이 있는가를 보여준다. 따라서 임상시험은 보건의료에 관한 의사 결정에 이용할 수 있는 최선의 자료를 생산하는 것을 목표로 한다.[25]

임상시험은 시험 재료를 사용하여 획득할 수 있는 효능에 대해 확실하고 객관적인 정보를 얻을 수 있는 장점을 가지고 있는 반면에, 시험을 수행하기가 어렵고, 비용이 많이 들며, 추적에 오랜 기간이 소요되는 등 단점들도 있다. 그래서 최근에는 시험 재료의 사용에서 오는 급성 효능에 국한하여 시험을 시행하는 경향이 있다. 전자담배의 이용과 관련하여 여러 각도에서 수행된 임상시험들의 예를 몇 가지 들어 보다 구체적으로 살펴보자.

전자담배 이용이 폐 기능에 미치는 단기적 영향(2012, Vardavas etc)

전자담배는 건강과 관련된 파생의 효과가 없다는 주장의 과학적 근거에 대해 논쟁이 있음을 감안하면서, Vardavas 등은 전자담배 이용이 호흡

---

25 National Heart, Lung, and Blood Institute, National Institute of Health. What Are Clinical Trials? http://www.nhlbi.nih.gov/studies/clinicaltrials

흐름 저항, 임피던스(impedance) 및 발산된 산화질소 등에 미치는 영향을 중심으로 단기적인 폐 효능들을 연구하였다.[26]

연구자들은 5분 동안 전자담배를 일상대로 자유로운 이용이 건강한 성인 흡연자들의 폐 기능 검사와 발산되는 산화질소의 파편에 어떤 영향을 미치는가를 사정하였다.

그리스의 아덴 시에서 모집한 30명(연령, 19세~59세; 남성, 14명)의 만성적 폐질환 등을 앓았거나 현재 앓고 있지 않는 건강한 흡연자들만 연구에 참여시켰다. 임상시험은 실험실에 기반을 둔 실험군(n=30명) 대 대조군(n=10명) 별로 진행되었다. 참여자들은 실험 2시간 전에는 어떤 종류의 음료를 먹거나 마시지 않게 하였으며, 또한 실험 4시간 전에는 흡연을 피하게 하였다. 실험군은 카트리지가 있는 전자담배를 5분 동안 일상대로 자유롭게 이용하게 하였고, 대조군은 그 기구를 전자담배를 제공하지 않았다.

주요한 연구 결과를 살펴보면, 5분 동안의 전자담배 이용은 실험군에서는 FENO, 즉 발산된 산화질소 분별 증류가 곧 바로 2.14 ppb(p=0.005)까지 감축되었으나, 대조군에서는 그렇게 되지 않았다(p=.859). 실험군 가운데서는 5 Hz에서 전체 호흡 임피던스가 0.033 kPa/(L/s)로 증가하는 것이 발견되었고, 호흡 흐름 저항은 5 Hz, 10 Hz, 그리고 20 Hz에서 통계적으로 증가하였다.

베이스 라인 계측치를 통제한 회귀분석 결과에 의하면, FENO는 통계적으로 유의하게 감축한 것으로, 임피던스는 0.04 kPa/(L/s) (p=.003)까지 증가한 것으로, 호흡 저항은 5 Hz에서는 0.04 kPa/(L/s) (p=.003), 10 Hz에서는 0.034 kPa/(L/s) (p=.008), 20 Hz에서는 0.043 kPa/(L/s)

---

26 Vardavas CI, Anagnostopolus N, Kougias M, et al. Short-term Pulmonary Effects of using an Electronic Cigarette: Impact on Respiratory Flow Resistance, Impedance, and Exhaled Nitric Oxcide. Chest, 2012;141(6):1400-1406.

(p=.007) 등으로 증가한 것으로 나타났다. 전자담배를 이용한 다음 전반적인 말초의 기도 저항은 (β, 0.042 kPa[L/s]; p=.024)이었다.

위와 같은 분석 결과에 대해 연구자들이 내린 결론은 다음과 같다.

5분 동안 전자담배의 이용은 건강한 흡연자들 가운데서 임피던스, 말초의 기도 흐름 저항, 산화 저항 등을 증가시켰다. 다만 그 변화량이 미미하여 실제 임상적 중요성은 높지 않다고 하였다. 5분이란 아주 짧은 시간에도 그 같은 변화가 일어났다는 점을 감안하면, 전자담배를 일상적으로 매일 여러 차례 이용할 경우, 이용자의 건강에 장기적으로 미치는 영향이 어떠할 것인가를 시사하고, 전자담배 이용이 금연을 위한 단기간의 징검다리가 된다고 할 경우, 이로 인한 장기간의 건강상의 편익은 단기간의 위험을 웃도는 가치가 있을 것이다. 이러한 결론을 도출하기 위해서는 더 많은 연구들을 통하여 구체적 근거들을 얻을 필요가 있다.

니코틴이 있는 혹은 없는 전자담배가 폐 기능에 미치는 급성 효능(2014, Palamidas etc)

Palamidas 등은 니코틴을 포함한 액상의 전자담배와 니코틴을 포함하지 않은 액상의 전자담배에서 각각 발생되는 에어로졸이 폐 기능에 미치는 급성 효과를 연구하였다.

연구 대상자들은 A와 B 두 그룹으로 나뉘어졌다. A 그룹은 60명으로 구성되었으며, 이 가운데 9명은 비흡연자이었고, 51명은 흡연자(건강한 자 24명; 천식 환자 11명; COPD 환자 16명)이었다. A 그룹에 속한 연구 대상자들은 11mg을 함유한 전자담배를 사전과 사후에 피우게 하였다. B 그룹은 10명의 비흡연자들로 구성되었는데 이들은 니코틴이 들어있지 않은 전자담배를 이용하게 하였다. 폐 용적, 기도 저항(Raw), 특이적 기도전도(sGaw),

위상 III의 기울기 등을 포함하여 폐 기능을 전자담배를 피우기 전과 후로 각각 사정하였다.

두 그룹에서 사용된 전자담배는 동일한 상표로 니코틴 함량은 11mg과 0mg이었으며 분석 결과는 다음과 같다.[27]

A **그룹** : 기도저항(Raw)은 흡연자들에서는 (0.284±0.13-0.308±0.14; p=0.033)이었고 비흡연자들에서는 (0.246±0.07-0.292±0.05; p=0.006)으로 유의하게 증가하였다. 특이적 기도전도(sGaw)는 유의하게 감축되었는데 흡연자들에서는 (1.197±0.50-1.060±0.42; p=0.009)이었고, 비흡연자들에서는 (1.313±0.22–1.109±0.18; p=0.043)이었다. 위상 III의 기울기는 천식환자에서만 증가(p=0.008)한 것으로 나타났다.

B **그룹** : 기도저항은 (0.247±0.03 - 0.333±0.08; p=0.005)로 증가하였고, 특이적 기도전도는 (1.213±0.29-0.944±0.18; p=0.009)로 감축한 것이 관찰되었다.

결론적으로 니코틴 유무와 무관하게 두 그룹 모두 기도저항은 증가되고 동시적으로 특이적 기도전도는 감축되었으며, 이러한 변화들은 흡입된 니코틴에 기인한다기보다는 기화하는 액상 자체에 기인한다고 볼 수 있다.

전자담배의 직접 또는 간접 이용이 혈청 코티닌과 폐 기능에 미치는 급성 영향(2013, Flouris etc)

27 Palamidas A, Gennimata SA, Kaltsakas G, et al. Acute effect of an e–cigarette with and without nicotine on lung function. Tobacco Induced Diseases, 2014;12(Suppl 1):A34.

Flouris 등은 전자담배의 직접 그리고 간접 이용이 혈청의 코티닌과 폐 기능에 미치는 급성 영향을 전통적 연초담배의 직접흡연 및 간접흡연과 비교하면서 종합적이고 표준화된 사정(assessment)을 할 목적으로 본 연구를 수행하였다.[28]

연구자들은 연구 대상자를 실험군(흡연자: 하루 15개비 이상 흡연자 15명 중 여자는 7명)과 대조군(비흡연자 15명 중 여자 7명)으로 삼아 연구를 수행하였다. 흡연자들은 자기들이 선호하는 상표의 연초담배를 피우게, 그리고 전자담배를 이용하게 하였다. 비흡연자 역시 간접으로 연초담배 흡연 및 전자담배 이용에 노출되게 하였다. 혈청 코티닌, 폐기능, 호기 일산화탄소, 그리고 산화질소 등이 사정되었다. 다중 비교의 유의 수준은 $p \leq 0.001$로 정하였다.

분석 결과, 전자담배 이용과 전통적 연초담배 흡연은 혈청 코티닌 수준에 미치는 효과는 직접 이용 시에서나 간접 이용 시에서 모두 유사하였다. 즉 직접 흡연자의 경우 전자담배 대 연초담배는 60.6±34.3 대 61.3±36.6 ng/ml이었고, 간접 흡연 시 전자담배 대 연초담배는 2.4±0.9 대 2.6±0.6 ng/ml이었다.

한편, 전자담배 이용은 직접이든 간접이든 폐 기능에는 영향을 미치지 않았다. 즉 직접 이용의 경우에는 FEV1/FVC에서 3.0% 정도가 감소되었고, 1시간 동안 노출된 간접 이용 시에는 FEV1/FVC가 2.3% 감소한 것으로 사정되었다.

이와는 대조적으로, 연초담배의 직접 흡연 시에는 FEV1/FVC가 7.2%($p < o.001$)가 감소하였으나. 간접 흡연 시에는 FEV1/FVC가 3.4%($p = 0.005$)이었다.

---

28 Flouris AD, Chorti MS, Poulianiti KP, et al. Acute impact of active and passive electronic cigarette smoking on serum cotinine and lung function. Inha Toxicol. 2013;25(2):91–101.

결론적으로 짧은 시간의 직접 노출이나 1시간 가량의 간접 노출 모두에서 전자담배와 연초담배의 흡연은 혈청 코티닌과 폐 기능에 악영향을 미치는 것으로 파악되었다. 또한, 전자담배에 비하여 연초담배의 흡연으로 인한 폐기능 감소가 더 심각함을 알 수 있었다.

전자담배 이용은 실내공기의 질을 헤치며 이용자의 FeNO 수준을 증가시키는가?(2014, Schober 등)

Schober 등은 전자담배로부터 방출되는 미세먼지(PM), 입자 수 농도(PNC), 휘발성 유기 화합물(VOC), 다환방향족탄화수소(PAHs), 카본일기(carbonyls), 중금속 등에 대한 내외적 노출을 종합적으로 사정할 목적으로 연구를 수행하였다.[29]

9명의 자원자들은 6회에 걸쳐 니코틴이 함유된 전자담배와 니코틴이 함유 안 된 전자담배를 완전히 환기된 실내에서 2시간 동안 피웠다. 연구자들은 실내 공기에서의 전자담배 오염 물질들의 수준들을 분석하였고, 연구 대상자들의 FeNO 발사 효과들과 소변 대사 산물들의 프로파일을 모니터하였다. 비교 목적으로, 전자담배 액상의 성분 물질들을 추가로 분석하였다.

분석 결과, 전자담배를 피우는 시간 동안에 상당한 양의 1,2-프로페인다이올(1,2-propanediol), 글리세린, 니코틴 등이 가스 상(gas-phse)으로 그리고 높은 농도의 미세먼지(PM 2.5: 중간 값 ;197 μg/m(3))로 발견되었다.

실내 공기에서 추정 발암물질인 다환방향족탄화수소(PAHs)가 20%까지, 147ng/m(3)로 증가하였고, 알루미늄은 2.4배로 증가하는 것이 발견되었다. 입자 수 농도(PNC)는 48,629-88,386 particles/cm(3)이었고, 절

29 Schober W, Szendrei K, Matzen W, et al. Use of electronic cigarettes (e-cigarettes) impairs indoor air quality and increases FeNO levels of e-cigarette consumers. International Journal of Hygiene and Environmental Health, 2014;217:628-637.

정들에서의 직경은 24-36nm이었다. FeNO도 9명 중 7명에서 증가하였다. 액상의 니코틴 함량은 다양하였고, 제조자가 표시한 양에 비해 1.2배가 더 높았다.

본 연구의 자료는 전자담배는 방출물이 있고, 그것들의 오염 물질들은 전자담배 직접 이용자들이나 간접 이용자들의 건강상 관심거리가 될 수 있음을 확인해주었다. 특히 과포화된 1,2-프로페인다(1,2-propanediol) 증기로 형성된 초미립자들은 폐 속에 침전될 수 있고, 에어로졸이 된 니코틴은 흡입 시 염증성 산화질소 미분자의 발사(release)를 증가시킬 수 있는 것으로 보인다. 따라서, 소비자의 안전을 고려하여, 전자담배와 니코틴 액상은 공식적으로 규제되어야 하며, 잠재적 건강상 효과들, 특히 아동들에 대한 독성에 대해 적절한 경고가 들어있는 라벨이 붙여져야 한다.

전자니코틴전달기구(전자담배) 이용이 심근 기능에 미치는 급성 효과들 : 일상적 연초담배의 효과와 비교

Farsalinos 등은 전자담배 이용이 좌심실 심근 기능에 미치는 급성 효능을 평가하고 그것을 일상의 연초담배가 가진 효능들과 비교하기 위하여 연구를 시행하여 2012년에 그 결과를 발표하였다.[30]

총 42명(연령; 25~45세)의 자원자들 중 22명은 현재 전자담배를 이용하는 과거 흡연자들(group eCIG)이었고, 나머지 20명은 현재 흡연자들(group SM)이었다.

두 그룹(eCIG; SM) 모두를 3시간 동안 알코올, 커피, 전자담배 이용 혹은 연초담배 흡연을 금하게 한 다음에 심초음파검사를 실시하였다. 이렇

30 Farsalinos K, Tsiapras D, Kyrzopoulos S, et al. Acute effects of using an electronic nicotine-delivery device(e-cigarette) on myocardinal function : comparison with the effects of regular cigarettes. European Heart Journal, 2012;33(Abstract Supplement), 203.

게 검진을 받은 그룹은 각각 [eCIG-1, SM-1]이라 불렀다. 또한 eCIG 그룹은 7분 동안 니코틴 농도가 11mg/ml인 전자담배를 이용하게 한 다음에 반복적으로 초음파심장진단을 행하였다. 이 그룹은 eCIG-2라 불렀다. 흡연자들은 연초담배 한 개비를 흡연하게 한 다음에 반복적으로 초음파심장검진을 행하였다. 이 그룹은 SM-2라 불렀다.

transmitral Doppler flow 매개변수들(MV-E and MV-A, E/A ratio, 감속 시간-DT)과 측면의, 격벽의, 전면의, 하위의 조직 Doppler mitral annulus velocities(수축기-Sm; 초기 이완기-Em; 후기 이완기-Am) 등을 계측하였다. 동용적 이완시간(同容積 弛緩時間: isovolumic relaxation time; IVRT)과 좌심실의 심근 성과지수(myocardial performance index-MPI)도 측정하였다.

분석 결과, 두 그룹은 모두 기준선의 초음파심장검진 및 혈류역학 매개변수들에서 비슷한 특성들을 가지고 있었다. eCIG에 속한 피실험자들은 93±65일 동안 금연하였고, 전자담배 이용 기간은 95±64일이었다. 그렇지만 이들은 Brinkman 지수(매일 피운 연초담배 개비 수 × 흡연 연수)가 533±270인 반면에 SM 그룹은 369±150이었다. 양 그룹간의 차이는 p=0.019 수준에서 eCIG 그룹의 지수가 SM 그룹의 것보다 유의하게 더 높았다.

7분 동안의 전자담배 이용은 초음파심장검진 매개변수들의 어느 것에서도 유의한 변경을 이끌어내지 못하였고, MV-A에서 약간의 상승이 발견되었다(p=0.047). 이와는 대조적으로 SM-2 그룹에서는 기준선과 비교할 때 Em 속도(p=0.005)와 Em/Am 비((p=0.001)가 유의하게 감소하였고, IVRT((p=0.032)와 MPI(p=0.01)는 증가한 것이 발견되었다.

결론적으로 연초담배연은 급성 좌심실 기능 장애를 이끌어내지만, 니코틴을 함유한 액상을 흡입하는 전자담배의 이용은 심장 기능상에 어떤 급성 역효과도 보이지 않았다.

전자담배 이용이 관상동맥 순환과 일산화탄소헤모글로빈(HbCO) 수준에 미치는 즉시 효과 : 연초담배와의 비교(2013, Farsalinos 등)

Farsalinos 등은 연초담배 흡연은 일산화탄소헤모글로빈(HbCO)의 급격한 상승의 원인이 되며, 관상동맥 내의 혈액순환에 역효과를 미치는 점을 감안하여, 전자담배 이용이 관상동맥 내 미세 혈관에서의 혈액 순환에 미치는 효과들을 평가할 목적으로 이 연구를 수행하였다.[31]

연구의 대상은 60명의 20세~55세의 건강한 참여자들이었다. 이들 가운데 30명은 현재 흡연자이었고, 30명은 전자담배를 매일 이용하고 있는 과거 흡연자들이었다.

흡연자들은 무작위 교차 설계 방법으로 연초담배 2개비(니코틴 0.7mg)를 피우고, 니코틴을 함유한 액상(9mg/ml)의 기구의 전자담배를 7분 동안 이용하게 하였다. 관상동맥혈류예비력(coronary flow velocity reserve: CFVR)과 관상동맥혈관저항지수(coronary vascular resistance index: CVRI)를 흡연과 카페인을 8시간 동안 금지한 다음에 측정하여 기준선으로 삼았고, 연초담배 2개비를 흡연하고 전자담배 기구를 이용한 다음 20분–30분경에 아데노신의 정맥 내 투여(140μg/kg/min)에 의해 HbCO 수준들을 측정하였다. 전자담배 이용자들은 전자담배만을 사용하기 전과 후로 나누어 평가하였다.

분석 결과, 두 그룹은 기준선에서는 유사한 특성을 보였으며, 혈압과 심박수는 흡연과 전자담배 이용 후에도 기준선과 유사하였다. 그러나 HbCO

---

31 Farsalinos K, Tsiapras D, Kyrzopoulos S, et al. Immediate effects of electronic cigarette use on coronary circulation and blood carboxyhemoglobin levels: comparison with cigarette smoking. European Heart Journal, Aug 2013;34(Suppl 1) doi:10.1093/eurheartj/eht307.102.

수준들은 기준선에서 연초담배 흡연자들의 것이 전자담배 이용자들의 것보다 유의하게 더 높았다.(2.93±1.15% vs. 0.81±0.20%, p〈0.001) 전자담배를 이용한 다음에 두 그룹에서 모두 HbCO의 수준들은 상승하지 않은 것으로 관찰되었으나, 흡연자들은 흡연 후의 HbCO 수준들이 기준선에 비해서 유의하게 상승하였다. (3.50±1.11%, p〈 0.001)

전반적으로, 60명의 참여자들 모두에서 전자담배를 이용한 전과 후에 CFVR(2.94±0.52 vs. 2.99±0.62, p=0.265)과 CVRI(0.346±0.064 vs. 0.345±0.077, p=0.870)는 차이가 관찰되지 않았다.

각 그룹을 따로 따로 평가할 경우, 전자담배를 이용한 그룹에서는 전자담배를 이용한 전과 후에 CFVR(2.99±0.55 vs. 3.05±0.64, p=0.299)과 CVRI(0.341±0.62 vs. 0.337±0.075, p=0.691)에서 차이를 발견할 수 없었다. 유사하게 흡연자 그룹에서도 전자담배를 이용하기 전과 후에 CFVR(2.90±0.49 vs. 2.93±0.62, p=0.593)과 CVRI(0.351±0.067 vs. 0.353±0.079, p=0.891)에서 차이가 관찰되지 않았다.

그렇지만, 연초담배 2개비를 흡연한 다음에 기준선과 비교할 경우, CFVR (2.45±0.45, p〈=0.001)은 유의하게 감소한 반면에 CVRI(0.416±0.077, p〈 0.001)는 유의하게 증가하였다.

결론적으로 흡연자들에서나 과거 흡연자들에서나 전자담배 이용 후에는 모든 매개변수들에서 어떤 차이도 관찰되지 않았으나, 연초담배 2개비를 흡연한 후, 흡연자들에서는 HbCO와 CVRI는 유의하게 상승되고 CFVR은 유의하게 감소되어 심장에 악영향을 미치는 것을 알 수 있었다.

전자담배 이용과 연초담배의 흡연이 전혈구수치(CBC)에 미치는 급성 효능(2012, Flouris 등)

Flouris 등은 직접 그리고 간접으로 전자담배와 연초담배의 이용과 흡연이 각각 전혈구계측치(complete blood count: CBC)에 미치는 급성 효능들을 15명의 흡연자들과 15명의 비흡연자들을 대상으로 평가하였다.[32]

흡연자 그룹과 비흡연자 그룹 모두 베이스라인 평가 후, 연초담배를 직접 흡연하는 세션, 전자담배를 직접 이용하는 세션들을 가지게 하였다.

분석 결과, CBC 지수들이 베이스라인 평가와 비교하여 전자담배의 직접 그리고 간접 이용 세션에서는 변화가 없었다(p〈0.05), 연초담배의 흡연은 직접적이든 간접적이든 간에 백혈구, 림프구, 과립구 등의 수가 최소한 한 시간 동안 흡연자들과 비흡연자들 모두에서 증가하였다(p〈0.05).

결론적으로, 전자담배를 급성으로 직접 또는 간접 흡입한 경우에 흡연자들에서나 비흡연자들 모두에서 CBC 지수들에 영향을 미치지 않았다. 그러나, 연초담배의 급성 흡연은 직접으로든 또는 간접으로든 적어도 한 시간 동안은 급성 염증 로드의 2차유도단백질을 증가시켰다.

고농도의 알데히드는 'dry puff' 상태에서만 발생함(2015, Farsalinos 등)

전자담배가 알데히드를 방출하는 것은 전자담배 액상의 성분들이 열에 의해 분해되어 일어나는 현상이다. 새로 개발된 고 동력의 전자담배 기구들은 높은 수준의 열을 발생시킨다는 보고가 이미 있었지만, 이 높은 수준들의 열로 인해 방사되는 것들에 전자담배 이용자들이 노출되는지 여부는 아직은 불분명하다. 왜냐 하면 전자담배는 과열되면 소위 'dry puff'라 불리는 불유쾌한 맛을 만들어내기 때문에 이 맛을 아는 전자담배 이용자들은 그 맛을 피하는 방법을 알고 있기 때문이다.[33] 본 연구는 일상적 그리고 'dry puff'의 각 상황에서 상이한 전압 수준에서의 알데히드 방사 수준을 평가하기 위해

32 Flouris AD, Poulianiti KP, Chorti MS, et al. Acute effects of electronic cigarette smoking on complete blood count. Food and Chemical Toxicology. 2012;50:3600–3603.

33 Farsalinos K, Voudris V, Poulas K. E–cigarettes generate high levels of aldehydes only in 'dry puff' conditions. Addiction. 2015;110:1352–1356.

수행되었다.

개인의 희망에 따라 조절이 가능한 분무기(atomizer) 두 대를 준비하였다. 한 대(A1)는 쌍심지를 장착시켜서 고도의 액상 공급과 고전압 수준에서 과열될 기회를 보다 낮출 수 있게 하였다. 다른 한 대(A2)는 전통적 설비 그대로 심지가 하나인 것이었다.

전자담배 이용 경험이 많은 이용자들이 6.5watts(W), 7.5W, 9W 그리고 10W의 각 수준에서 두 대의 분무기에서 4번의 puffs를 취하게 한 후, 'dry puff'가 발생되었는지 여부를 보고하게 하였다. 그런 다음에 분무기들은 흡연 기계에 부착시켜 에어로졸을 추출하였다.

본 연구의 시험 장소는 그리스의 임상 사무실과 화학분석 실험실이었으며, 연구의 참여자들은 7명의 전자담배 이용 경험자들이었고, 에어로졸에 들어 있는 알데히드 수준들이 측정되었다.

분석 결과, 본 연구에 참여한 모든 전자담배 이용자들은 A2의 9W와 10W에서 'dry puffs' 상황을 확인하였다. A1은 어떤 전압 수준에서도 'dry puff'를 이끌어내지 못했다.

A1에서는 모든 동력 수준들에서 10puffs 마다 소량의 알데히드들이 발견되었고(포름알데히드 11.3μg, 아세트알데히드 4.5μg, 아크로레인 1.0μg), A2에서는 6.5W와 7.5W에서 프롬알데히드 3.7μg, 아세트알데히드 0.8μg, 아크로레인 1.3μg 등이 발견되었다.

이러한 수준들은 'dry puff' 상황들에서는 30~250배로까지 증가되었다. 그래서 포름알데히드는 344.6μg, 아세트알데히드는 206.3μg, 아크로레인은 210.4μg까지 각각 증가되었다. 그러나 아세톤은 'dry puff' 상황에서만 검출되었으며, 그 수준은 22.5μg이었다.

전자담배는 'dry puff conditions'에서만 고 수준의 알데히드를 생기게 한다. 이 상황에서 전자담배 액상은 과열되어 전자담배 이용자들이 인지하고 피하는 불유쾌한 강력한 맛을 내게 된다. 전자담배를 이용하는 정상적 상황 하에서는 신세대 고전압의 전자담배에서 조차도 알데히드 방사물들은 미미하였다.

전자담배로 갈아탄 천식환자 흡연자들의 금연 및 절연의 장기 효과 (2016, Polosa 등)

천식을 앓는 연초담배 흡연자들 가운데서 전자담배 이용으로 갈아타 담배의 소비를 충분히 감축시킨 환자들은 천식의 결과들을 개선시켰다는 보고가 최근에 있었다. 환자들, 건강의료 전문가들, 정책 수립자들을 안심시키기 위해서는 그 같은 예비적 결과들의 확인이 필요하다.[34]

위와 같은 필요성에 부응하기 위하여, Polosa 등은 천식을 앓으면서 전자담배를 이용하는 그룹에서의 안전성 및 내성과 함께 천식의 주관적 그리고 개관적 결과들을 장기적 전향적으로 사정하여 그 결과들을 제시하였다.

후향적 연구 방법으로 이전에 이미 연구된 천식을 앓으면서 전자담배를 매일 이용하는 성인 이용자들에서 호흡기 증상, 폐 기능, 기도 과민증, 천식 조절, 천식 병세의 악화, 연초담배의 소비 등을 전향적으로 재평가하였다. 전자담배로 갈아타기 전 기준선에서 기록되었던 수치들과 6개월, 12개월, 24개월에서의 추구방문 시에 얻은 수치들을 비교하였다.

분석 결과, 경증에서 중등증으로 천식을 앓으면서 전자담배를 이용하는 18명을 전향적으로 추적 조사하였다. 본 연구에 필요한 전자담배 이용에 관한 자료는 16명의 이용자들로부터 얻었다(2명은 연초담배 흡연자로 되돌

34 Polosa R, Morjaria JB, Caponnetto P, et al. Persisting Long Term Benefits of Smoking Abstinence and Reduction in Asthmatic Smokers Who Have Switched to Electronic Cigarettes. Discovery Medicine, February 2016;21(114):99–108.

아갔다).

이들 16명들에서는 호흡기 증상, 폐 기능, 기도 과민증(AHR), ACQ (Asthma Control Questionnaire), 연초담배의 소비 등에서 유의하고 안정적인 개선이 관찰되었다. 그러나 병세의 악화 관련 지표에 있어서 유의한 변화는 보고되지 않았다. 이중 이용자들에서도 유사한 결과들이 발견되었다.

본 연구는 전자담배 이용이 개관적으로나 주관적으로나 천식 관련 폐기능 수치들을 개선한다는 것을 확인하면서, 이러한 효과가 장기간 지속된다는 것을 보여준다. 전자담배 이용은 흡연하는 천식 환자에서 연초담배의 흡연으로부터 나오는 위해들을 감소시킬 수 있음을 보여주었다. 전통적 연초담배를 전자담배로 대체해도 호흡기의 관심을 유의하게 일으킬 것 같지 않다는 기존의 견해들에 대한 반증이라 할 수 있으며, 추가적인 연구가 나와야 하겠으나 천식 환자와의 상담 시 고려할 수 있는 옵션으로 보인다.

지금까지 전자담배의 단시간 이용이 이용자의 혈관과 호흡기의 기능에 미치는 결과들을 평가하는 연구들을 살펴보았다. 살펴본 연구들의 결론은 전자담배 이용도 위해한 효과들이 없지는 않으나 그 수준은 전통적 연초담배의 것들과 비교할 때 아주 미미한 것으로 보인다. 그럼에도 이들 연구들이 가진 예후의 함의를 사정하기란 쉽지만은 않다. 따라서 전자담배 이용과 관련하여 어떤 명확한 결론을 내리기 전에 장기적 연구 결과에 의한 자료들이 요구된다.

10장

전자담배도 간접 흡연을 초래하는가?

최근에 전통적 담배 제품의 연기에의 노출이 인체의 건강에 위해하다는 주장은 현대사회 구성원 중 어느 누구도 이의를 제기하지 않고 있다. 사실, 오늘날 담배 제품에 대한 규제의 단초는 간접 흡연의 위해에 대한 사회적 인식에 그 뿌리를 두고 있다. 그런 관점에서 볼 때, 전자담배 이용과 관련하여서도 전자담배의 직접 이용으로 인한 건강상의 위해와 함께 그것의 간접 이용으로 발생되는 잠재적 위해들을 보건학적 관점에서 관찰하는 것도 의의가 있다고 하겠다. 이제 이와 관련한 최근의 중요한 연구들을 살펴보자.

전자담배의 증기와 연초담배의 연기가 실내 공기의 질에 미치는 효과

McAuley 등은 전자담배가 기존의 담배 제품들의 대체제로 시장에서 주목을 크게 받고 있으나 그것이 가진 인체의 건강과 실내 공기의 질에 미치는 영향에 대한 불확실성 때문에 전자담배를 실내에서 이용하는 것을 금지해야 한다는 제안들이 나오고 있어, 전자담배 이용과 관련한 건강상의 잠재적

영향들을 사정하기 위하여 전자담배와 표준화된 연초담배를 이용하여 일련의 연구를 수행하였다.[1]

두 세트의 실험에서 4가지의 서로 다른 니코틴이 다량 함유된 전자담배 액상들을 증발시켜 방사물들을 채집하였고, 또 다른 한편으로는 통상의 연초담배 연기의 실내 공기 농도를 사정하였다. 연초담배 연기의 실험은 비교를 위해 수행되었다. 오염물질의 농도들은 전자담배의 증기와 연초담배 연기의 표본과 비교하였다.

발견된 오염물질들은 휘발성 유기화합물들(VOCs), 카본일기(carbonyl), 다환방향족탄화수소(PAHs), 니코틴, 담배 특이 니트로사민(TSNAs), 그리고 글리콜(glycol) 등이었다. 이들 결과물들을 가지고 40m3의 공실(空室)에서 희석시킨 것을 표준의 독성 자료에 기초하여 위험 분석을 시행하였다.

전자담배 액상이 들어 있는 4개의 병들을 A, B, C, D라 이름을 붙여서 이들 4개의 병들에서 각각 두 차례(phase Ⅰ; phase Ⅱ)에 걸쳐 얻은 증기의 샘플들에서는 사람의 건강 위해에 "유의한 위험이 없는 것"으로 나타났다.

그와는 대조적으로, 연초담배의 연기에서 발견된 대부분의 오염물질들은 사람의 건강에 위해한 "유의한 위험"의 조건을 가리키는 위험 한계들을 현저히 초과하였다.

암 위험 평가에 관해서는 전자액상 A~D로부터 얻은 증기 샘플은 아동이나 성인에게서나 위험 한계를 초과하지 않았다. 그러나 연초담배 연기의 샘플은 성인의 노출에서 위험 한계에 접근하였다.

결론적으로 전자담배는 연초담배에 비해서 측정된 모든 부산물들에 대해 노출들이 매우 적다는 것을 알 수 있었다.

---

1 McAuley TR, Hopke PK, Zhao J et al. Comparison of the effects of e-cigarette vapor and cigarette smoke on indoor air quality. Inhal Toxicol. 2012;24(12):850-7.

전자담배 소비가 간접 흡연을 초래하는가?

Schripp 등은 전자담배는 기술적 측면에서, 운반체 액상, 향료, 니코틴 등이 함유된 화합물들의 혼합체를 기화시키는 기구로 보았다. 그는 전자담배 이용의 실제에 근접한 상황, 즉 8m3 크기의 스테인리스로 만들어진 온도는 23℃, 습도는 50%인 방사실험실에서 전자담배에서 배출되는 휘발성 유기 화합물들(VOC), 미세먼지와 초미세먼지(FP/UFP) 등의 배출량을 측정하는 연구를 수행하였다.[2]

전자담배를 사용한 후, FP/UFP의 증가가 측정되었고, 기상(氣相)에서의 두드러진 화합물들은 플로피렌 글리콜, 글리세롤, diacetin, 향료들, 그리고 니코틴의 결과물들이었다. 이를 좀 더 구체적으로 살펴보면 포름알데히드, 아크로레인, 이소프렌(isoprene), 아세트알데이드, 아세트산(acetic acid) 등이 검출되었다. 그러나 그 양은 전통적 연초담배에서 방출되는 것들과 비교하면 3~40배 정도 낮았다.

그럼에도 불구하고 전자담배를 소비할 경우에도 간접 이용이 있을 수 있으며, 흡입된 에어로졸은 폐에서 침전과 증발 농축 등이 있을 것에 유의해야 한다.

전자담배 증기에의 간접 노출

Czogala 등은 전자담배 이용에 의해 발생할 수 있는 니코틴 및 기타의 담배 제품과 관련된 독성 물질들에 대한 간접 노출을 평가할 목적으로 본 연구를 수행하였다.[3]

---

2 Schripp T, Uhde ME, Salthammer T. Does e-cigarette consumption cause passive vaping? Indoor Air 2013;23:25–31.

3 Czogala J, Goniewicz MI, Fidelus B. Secondhand Expousure to Vapors From Electronic Cigarettes. Nocotine & Tobacco Research, 2014;16(6):655–662.

연구자들은 폴란드에서 인기가 있는 전자담배 제품들 가운데서 3종류의 전자담배를 구입하였고, 실험 전에 24시간 동안 전지를 충전시켰다. 창문, 카펫, 안대기, 내부 커튼 등이 없으면서 타일을 붙인 마루인 39㎥(3.4×4.1×2.8 m)의 실험실에서 실험실 안에 설치한 흡연 기계를 이용하여 노출 실험을 하였다.

이와 더불어 5명의 전자담배와 연초담배를 번갈아 사용하는 이중 이용자들을 모집하여 이들이 자기 임의로 전자담배를 이용하게 하면서 각자가 내뿜는 주류 증기와 연초담배의 연기를 각각 분석하여 비교하였다. 연구자들이 측정한 간접 노출의 공기 마커(markers)들은 노출 실내에서의 니코틴, 에어로졸 입자($PM_{2.5}$), 일산화탄소, 그리고 휘발성 유기 화합물(VOCs) 등이었다.

분석 결과, 전자담배는 니코틴에 대한 간접 노출의 공급원의 하나이기는 하지만, 연소에 의해 발생하는 독성 물질의 공급원은 아님을 보여주었다. 여러 상표의 전자담배에 의해 방출된 니코틴의 공기 농도는 0.82㎍/㎥부터 6.23㎍/㎥으로 측정되었다. 연초담배를 흡연한 결과로 생기는 니코틴의 평균 농도는 전자담배보다 10배가 높았다(연초담배: 31.60±6.91; 전자담배: 3.32±2.49㎍/㎥, p=.0081).

연구자들은 실내 환경에서 전자담배의 이용은 니코틴에 비의도적으로 간접 노출시키는 원천이 될 수도 있으나, 담배 특이 독성 물질에 대한 간접 노출의 원천으로 보기는 어렵다고 결론을 내리고 있다. 다만, 전자담배로 인한 니코틴 간접 노출로 인한 건강상의 결과들 특히 어린이, 임산부 등을 포함한 취약 인구들에서의 결과들을 평가하기 위해서는 앞으로 더 많은 연구가 수행될 필요가 있다.

전자담배 간접 노출의 건강 위험들에 대한 체계적 고찰

Hess 등은 전자담배 증기에 대한 간접 노출에서 생기는 건강상의 잠재적 역효과에 대해 논의한 이전의 연구들을 취합하여 요약하였다.[4]

1996년부터 2015년 10월까지 발행된 논문들을 Embase, Ovid MEDLINE, PreMEDLINE으로부터 파악하기 위하여 체계적 관찰을 수행하였다. 본 연구에 포함될 수 있는 논문들은 다음과 같은 조건들을 충족시키는 논문으로 정하였다. 첫째 영어로 기술된 논문, 둘째 전자담배 증기에 대한 간접 노출로 생기는 건강상 효과들을 동물이나 인체에서 연구한 논문, 셋째 전자담배 증기를 직접 혹은 주위의 공기를 시험했거나 분석한 논문 등이었다.

분석기법은 PRISMA guidelines(Preferred Reporting Items for Systematic Reviews and Meta-Analyses)을 사용하여 수행되었다. 파악된 논문들은 312편이었고, 그 가운데서 본 연구에 포함시킬 수 있는 논문들은 16편이었다.

전자담배 증기에 간접 노출로 발생할 수 있는 건강상의 잠재적 위험을 조사 연구하기 위해서 다양한 연구 설계들이 사용되고 있었다. 사람과 동물을 관여시킨 직접 노출 연구들이 있는가 하면, 전자담배를 이용하는 자원자들이나 흡연 기계를 사용한 연구들도 있으나, 대부분의 연구들은 전자담배 증기에 대한 간접 노출이 주변인들의 건강상에 위험을 일으킬 수 있다고 판정하였다. 모든 논문들은 다양한 제한점들이 있었다.

연구자가 내린 결론은 전자담배 증기에 간접 노출만으로 생기는 영향은 건강상 역효과를 일으킬 잠재력이 있으나 그 위험은 전통적 연초담배의 연기에 대한 간접 노출로부터 발생할 위험보다는 보다 의미 있게 적어 보인다는 것이다.

---

4 Hess IMR, Lachireddy K, Capon A. A systematic review of the health risks from passive exposure to electronic cigarette vapour. Public Health Research & Practice 2016;26(2):e2621617.

11장

전자담배 규제와 관련한 원리들

전자담배에 대한 규제들은 대체로 다음과 같은 원리 · 원칙들에 기초를 두고 제정, 시행되고 있다. 첫째는 불확실성의 원리이고, 둘째는 사전예방주의 원리이며, 셋째는 와해성혁신 원리이고, 넷째는 위해감축이론, 그리고 마지막으로 공중보건의 윤리적 원칙 등을 들 수 있다. 다음에서 이들 원리 또는 원칙의 요점들을 하나씩 살펴보기로 하자.

불확실성 원리(Uncertainty principle)

Rogers는 2003년에 불확실성 원리나 예방주의 원리(precautionary principle)를 올바로 이해하려면 무엇보다 먼저 'risk', 'hazard', 'harm' 등 용어들이 가진 의미를 재대로 이해하여야 한다고 주장하였다.[1] 특히 우리나라에서는 이들 용어들을 모두 '위험'이라고 번역하면서 혼용하는 경우가

1 Rogers MD. Risk Analysis under Uncertainty, the Precautionary Principle, and the New EU Chemicals Strategy. Regulatory Toxicology and Pharmacology, 2001;37:370–381.

허다하여 더욱 유의하여 구분해서 사용할 필요가 있다.

각 용어에 대한 Rogers의 설명을 소개하면 다음과 같다.

'risk'란 어떤 'hazard'에 노출된 결과로 어떤 구체적 'harm'이 발생할 확률을 말한다. 그래서 'risk'는 발생할 'harm'의 통계학적 확률과 구체적 'harm'을 조합하여, 예를 들면 'risk'는 '연간 일백만 명의 사망자들 가운데서 1명이다'라고 표현할 수 있다는 것이다.

'hazard'는 사람들의 건강이나 행위 또는 환경이 잠제적인 'harm'에 빠지게 만드는 어떤 상황, 행위 또는 환경을 가리킨다.

'harm'은 개인, 조직, 환경 등에서 일어난, 기대했던 것과는 반대되는 결과 또는 상해를 말한다. 바꾸어 말하면, 어떤 'hazard'에 노출되어 얻게 되는 가능한 반대/역의 결과물이라고 말할 수 있다. (그래서, 필자들은 앞으로 risk는 위험의 개연성, hazard는 위험 요인, harm은 위해라 번역하려고 한다.)

Rogers는 위의 용어들의 설명에 기초하여, 'risk assessment'를 다음과 같이 설명하고 있다.

'risk assessment(위험의 개연성 사정)'란 어떤 주어진 상황에서 적절한 [Hazard-Harm=HHs]의 짝을 확인하여, 어떤 주어진 위험 요인에 대한 노출의 강도 혹은 정도와 고려되는 [HH]s의 짝 간에서 위해가 현실화되는 확률적 정도 간의 관계를 결정하는 것이다. 예를 들면, 흡연에 노출된 특정한 인구 집단 가운데서 폐암이란 결과물이 생기는 확률 간의 관계를 결정짓는 것을 가리킨다.

그런데 위와 같은 의미를 가진 '위험의 개연성 사정'은 과학적 불확실성이란 문제로 난관에 봉착하는 경우가 흔하다. 그렇다면 여기에서 말하는 불확실성이란 용어의 의미는 무엇인가?

불확실성이란?

'위험의 개연성 사정'과 관련되는 불확실성은 세 가지의 유형이 있다. 하나는 위험 요인(hazard), 즉 원인에 노출된 결과로서 일어날 수 있는 위해의 현실화, 즉 효과의 불확실성이다. 둘은 위험 요인들(원인들)이 다양하여 어느 요인이 특정한 위해(효과)의 원인인지 모르는 원인의 불확실성이다. 셋은 위험 요인(원인)과 위해(효과) 간의 관계 그 자체의 불확실성이다. 다음에서 이를 좀 더 구체적으로 하나씩 살펴보자.

▷ 위해 현실화의 불확실성

위험 요인(원인)과 위해는 알고 있으나, 노출에 대한 체계의 대응은 변이성이 있기 때문에 대응의 과정이 어떠하였는지가 불확실함을 말한다. 예를 들면, 말라리아모기(위험 요인)에 물리면 말라리아(위해)를 앓게 된다는 것을 알고 있다. 그런데, 모기장을 치고 잠을 잤는데도 말라리아를 앓게 될 경우, 왜 앓게 되었는지, 즉 원인에서 결과로 가는 과정이 불확실하다는 것이다.

▷ 원인의 불확실성

특정한 결과물의 원인들은 여러 가지가 있을 수 있다. 그런데 그 원인들 가운데 특정한 위해를 일으킨 정확한 원인이 무엇인지 불확실한 경우를 말한다. 예를 들면, 흡연이 폐암의 원인으로 알려져 있으나, 어떤 특정인의 폐암을 흡연이 원인이라고만 확신을 가지고 단정할 수는 없다는 것이다. 흡연과 폐암의 인과성을 말할 경우, 인구 집단에서 흡연하는 인구와 비흡연 인구 집단 간에 폐암의 발생 확률을 비교할 때, 흡연하는 인구 집단에서 폐암의 발생률이 높다는 것을 빌미로 그 인과성을 연계하는 것이다. 다시 말하면, 위해의 발생 자체는 알고 있으나, 그것을 발생시킨 원인들의 다양함 때문에 정확한 원인을 알 수 없어서 불확실성이 있게 된다는 말이다.

▷ 원인과 효과 관계의 불확실성

불확실성은 위에서 살펴본 바와 같이 체계 내에서의 본질적 변이성 때문에 연유하기도 하지만, [HH](위험 요인-위해)의 상관관계의 정도 그 자체의 불확실성도 있을 수 있다. 이것이 바로 불확실성의 세 번째 유형이다. 이 유형의 불확실성은 사람들이 요구되는 위험 개연성의 시나리오나 [HH] 짝에 대해 과학적 지식이 충분하지 못한 데서 기인한다.

불확실성에 대한 대응

앞에서 설명한 대로, '위험 개연성 사정'은 주어진 위험요인에 노출된 결과로서의 위해가 현실화되는 확률을 결정함을 의미한다. '위험 개연성 관리'는 "위험 개연성 사정에서 밝혀진 사실들에 기초하여 사람의 건강, 조직, 그리고 환경을 관련 당사자들 간에 의견의 일치를 볼 수 있는 수준으로까지 안전성을 보호하기 위하여 규제들의 표준들을 수립하여 그 표준들이 이행되도록 관리함을 의미 한다".

여기에서 한 가지 유의할 사항은 위험 개연성 사정과 관련하여 불확실과 무지는 전혀 다르다는 점이다. 불확실은 대상 체계의 사실들을 완전하게 알지는 못하지만 무엇인가는 어느 정도까지는 알고 있음을, 반면에 무지는 전혀 알지 못함을 말한다는 것이다.

현실적으로, [HH]의 관계를 지지하는 사실들을 완전히 알 수는 없다. 정도의 차이가 있을 뿐 불확실성은 어느 체계에나 항상 존재한다. 부분적으로 알고 있는 사실들에 기초를 두지만 보다 더 합리적인 규제의 표준을 세워 안전성을 보호할 수 있는 관리 방안은 무엇일까? Rogers는 그 같은 방안으로 "사전예방주의 원리"를 추천한다.

사전예방주의 원리

UNESCO는 2005년에 "예방 주의 원리"를 4개의 장과 2편의 부록으로 구성된 54쪽짜리 문서로 발표하였다.[2] 이 문서는 1987년의 런던 선언, 1992년의 리오 선언, 그리고 2000년의 사전예방주의에 관한 유럽연합합의(EU Communication)의 공통된 요소들, 실용적 정의, 그리고 기타 등을 소개하고 있다.

이 글에서는 앞에서 말한 문서에 수록된 "사전예방주의 원리(The Precautionary Principle)"의 공통 요소들과 실용적 정의를 살펴 본 다음에, 이어서 "사전예방주의 원리"를 전자담배 이용과 관련하여 논의한 논문들을 검토하기로 한다.

사전예방주의의 공통 요소들

사전예방주의의 정의는 형식에 따라 사용되는 용어들이 다양하다. 그럼에도 대부분의 정의들이 공통으로 가지고 있는 몇 가지 중요한 요소들이 있고, 또한 관련 분야의 전문가들이나 정책 입안자들이 공유하는 통찰들이 점점 나타나고 있다. 이들을 좀 더 살펴보면 다음과 같다.

① 사전예방주의는 위해의 인과성, 크기, 확률, 본질에 관한 과학적 불확

2 United Nations Educational, Science and Cultural Organization. The Precautionary Principle. Paris. UNESCO. 2005.

실성이 존재할 경우 응용된다.

② 사전예방주의는 그럴듯하게 보이거나 과학적으로 지지 가능한 관심사에 국한해 시작된다.

③ 사전예방주의는 잘 알려지지 않은 결과물들, 확률이 잘 알려지지 않은 위험 개연성 등을 다루기 때문에, 비계량적 가능성만으로도 PP의 응용을 고려할 수가 있다. 이것이 바로 PP와 예방원리(prevention principle)과 구별되는 점이다.

④ 사전예방주의의 응용은 수용할 수 없는 위험 요인들에 국한된다. 그와 함께 미래 세대들과 인구 집단의 생명을 위협할 가능성이 있는 위해 효과들도 여기에 포함된다.

⑤ 중재는 일어날 수 있는 위해가 발생하기 전에, 혹은 그 같은 위해가 이루어질 수 있다는 확신을 가지기 전에 요구된다.

⑥ 중재는 선택된 보호의 수준과 일어날 수 있는 위해의 크기에 비례하여야 한다. 대부분의 위해들은 위험의 개연성이 영(zero)의 수준까지 감축될 수는 없다. 전면 금제(a total ban)는 모든 사례들에 존재하는 잠재적 위험 개연성에 비례적이 아닐 수도 있으나, 주어지는 사례에 따라 가능한 대응일 수도 있다.

⑦ 이용 가능한 중재의 목록은 다음과 같다.

* 위해의 가능성을 속박하는 대책들

* 위해를 포함하는 대책, 즉 위해가 발생한다고 하여도 위해의 범위를 제한하거나 위해를 통제할 가능성을 증대시키는 대책들

⑧ 더 많은 근거와 이해를 위하여, 그래서 PP를 뛰어넘어 전통적 위험 개연성을 관리하는 방향으로 움직이게 할 잠재력을 현실화하기 위해, 지속적이고 체계적이며 경험적인 탐색을 수행할 필요가 있다.

사전예방주의의 실용적 정의

UNESCO가 내린 사전예방주의의 실용적 정의는 다음과 같다.

인간의 활동들이 과학적으로 있음직하지만 불확실하고, 도덕적으로 수용 불가능한 위해를 가져올 수 있을 때, 그 위해를 회피하게 하거나 감축시키기 위하여 적절한 행동을 취해야 할 것이다. 도덕적으로 수용 불가능한 위해란 다음과 같은 인간과 환경에 대한 위해를 가리킨다.

① 인간의 생명이나 건강을 위협하는, 혹은
② 심각하고 되돌릴 수 없는, 혹은
③ 현재 세대나 미래 세대에 불공평한, 혹은
④ 영향을 받는 사람들의 인간된 권리에 대해 충분한 고려 없이 과해지는 위해들이다.

실현 가능성에 대한 판단은 과학적 분석에 기초를 두어야만 한다. 분석은 진행하는, 그래서 선택된 행동들이 검토되어야 한다. 불확실성은 인과 관계 혹은 가능한 위해의 범위에 응용할 수 있지만, 꼭 그것들에만 국한될 필요는 없다.

여기에서 행동이란 위해가 발생되기 전에 착수되는 중재들이며, 해당 위해를 회피하게 하거나 감축시키려는 중재들을 지칭한다. 이 같은 행동들은 잠재적인 위해의 심각성에 비례되도록 선택되어야 하며, 그 같은 선택은 특정한 행동의 긍정적 결과와 부정적 결과들이 함께 고려되어야 하고, 행동과 비행동의 도덕적 함의들이 사정(assessment)되어야 한다. 이 같은 행동의 선택은 참여적 과정의 결과이어야 한다.

사전예방주의의 발동

이 원리는 국제 법률들에서, 특히 환경과 관련된 법률들에서 1970년대부터 수용되고 있다. 그러나 1992년 6월 '리오 데 자네이로'에서 개최된 유엔의 "환경과 개발 대회"의 말미에 채택된 선언이 진정한 의미에서 이 원리를 국제적으로 수용한 최초의 사례라고 말할 수 있다. 이렇게 국제적으로 환경부문에서부터 수용되기 시작한 '예방주의 원리'는 환경 부문을 뛰어 넘어 건강과 식품 정책, 소비자 보호 등으로 적용 범위가 점차적으로 확대되기 시작하였고, EU의 법원들이 판결에서 이를 인정하면서 그 응용영역이 대폭 확대되기 시작하였다.[3]

그런데, 법원은 이 원리를 응용할 경우에는 적어도 다음의 두 가지 조건들을 충족시켜야 한다고 지적하였다. 하나는 특정한 제품의 사용으로 인해서 일어날 건강상의 잠재적인 부정적 결과물들이 파악되어야 하고, 둘은 현재로 이용 가능한 가장 신뢰할 만한 과학적 자료들과 최근의 국제적 연구 결과들에 기반을 둔 건강에 대한 위험 개연성이 사전에 사정되어야 한다는 것이다.

세계보건기구는 2009년에서야 처음으로 전자담배를 언급하였다. 세계보건기구의 담배 제품 규제에 관한 연구팀이 예방 주의 접근 방법을 조언하면서 부터이었다. 왜냐 하면 그 당시에는 전자담배의 안전성과 금연 혹은 위해감축에 대한 과학적 근거들이 없었거나 빈약하였기 때문이었다. 그 연구팀은 전자담배의 안전성과 효능에 대한 연구를 앞으로 보다 더 많이 수행할 필요가 있다고 강조하였다.[4]

---

3 Saitta D. Ferro G, Polosa R. Achieving appropriate regulations for electronic cigarettes. Ther Adv Chronic Dis, 2014;5121:50–61.

4 World Health Organization. Report on the scientific basis of tobacco product regulation: third report of a WHO study group. WHO Technical Report series 955. Geneva, WHO. 2009.

전자담배 규제에 사전예방주의의 적용 근거

전자담배에 대해 현재 진행되고 있는 논쟁들이나 이미 실시되고 있는 제한들은 그 기초를 사전예방주의에 두고 있다. 그 같은 논쟁점들은 4가지로 요약된다. 첫째, 담배산업의 인센티브와 목표는 니코틴 중독과 자신들의 이윤을 유지하는 데 있다. 둘째, 청소년층과 비흡연자들이 전자담배를 이용하게 하는 것은 결국에는 새로운 세대의 니코틴 중독자들을 만들 수 있고, 흡연으로 가는 징검다리 역할을 할 수도 있다. 셋째, 전자담배 이용은 금연을 미루게 할 수 있다. 넷째, 전자담배는 연초담배의 흡연보다 더 안전할 수도 있으나, 절대적으로 안전하지 않고 이중 사용으로 위험의 개연성을 높일 수 있다 등이다.[5]

불확실성 앞에서 전자담배에 대한 규제 방안

Farsalinos & Houezec은 "전자담배에 관해 알고 있는 부분도 많지만 아직까지는 불확실한 부분도 있는 것이 사실이나, 확실한 것이 한 가지 있는데, 그것은 바로 전자담배에 대한 규제의 필요성이다."라고 주장하면서, 규제가 가능한 사항들로 다음과 같은 것들을 제안하였으며, 각 방안이 가진 이점과 해로운 점들을 예시하였다.

첫째, 판매의 전면 금지 - 이러한 규제는 의도되지 않은 인구 집단에서의 이용을 피할 수 있게 하는 이점이 있으나, 기존 담배 제품들보다 덜 위해한 대안 제품으로 갈아탈 기회를 미리 막아버릴 가능성도 있다.

둘째, 니코틴 함유 제품들의 판매 금지 - 의도되지 않은 인구 집단에서의 니코틴 흡입을 피하게 하는 이점이 있을 수 있으나, 니코틴을 함유하지 않은

5 Farsalinos KE, Houezec JL. Regulation in the face of uncertainty: the evidence on electronic nicotine delivry systems(e-cigarettes). Risk Management and Healthcare Policy, 2015;8:157-167.

액상들을 다루지 않고 있고, 니코틴 금지는 금연을 어렵게 할 가능성도 있다.

셋째, 의약품으로 규제 - 안전성이 최대한 보장되는 이점이 있으나, 면허 취득에 비용이 지나치게 소요되면서도, 제품들은 매력 없게 만들어져 혁신적 제품들의 출현에 걸림돌이 될 수 있다.

넷째, 담배 제품으로 규제 - 담배 제품들에 유사한 제약들의 응용을 보장하는 이점이 있으나, 담배 제품들과 유사한 제약들을 응용할 필요성이 없고, 전자담배가 담배 제품들과 위험 개연성이 유사하다는 거짓된 인상을 주어 흡연자들의 전자담배 이용을 단념시킬 수 있다.

다섯째, 소비자 제품으로 규제 - 전자담배가 소비자 제품으로 이용되는 이점이 있으나, 니코틴과 같은 전자담배에 대해 논의되고 있는 쟁점들을 다룰 수 없게 하고, 모든 인구 집단이 이용할 수 있다는 인상을 만들어 낼 가능성을 배제할 수 없게 한다.

와해성 혁신 이론

여기에서 와해는 긍정적 힘이며, 와해성 혁신들이란 기존의 좋은 제품을 보다 더 좋게 만드는 약진 기술들이 아니라, 그 보다는 제품들이나 서비스들의 접근 가능성과 지변 가능성을 보다 더 높게 만들어 그 결과로 더 많은 사람들이 그 제품들이나 서비스들을 이용 가능하게 한다는 점을 유념하는 것이 중요하다.[6]

"와해성 혁신(Disruptive innovation)이란 새로운 제품이나 가치의 망(network)을 창출하여 기존의 시장에 뿌리를 내리게 만들어서 결국에는 기존의 시장이나 가치의 망을 와해시켜 기존 시장의 지도력 그리고 시장연

6 Clayton Christensen Institute for Disruptive Innovation. Disruptive Innovation. http://www.christenseninstitute.org/key-concepts/disruptive-innovation...

합체의 지도력을 바꾸는 일련의 과정이다"라고 정의할 수 있다.[7]

담배에 대한 주요한 와해성 혁신의 하나로 1880년 James Bonsack가 '연초담배 마는 기계'를 만들어 그 기계로 연초담배를 다량으로 생산, 기존 제품보다 값싸게 유통시켜 많은 사람들이 이용가능하게 하여 기존의 담배시장을 와해시키고 20세기를 소위 "연초담배의 세기"로 부르게 한 빌미가 되었던 것을 들 수 있다. 손으로 담배를 마는 숙련 기술자는 매분에 4개의 연초담배를 만들어냈으나 Bonsack이 발명한 '담배 마는 기계'는 매분에 200개를 생산하였다. 이 기계의 그 같은 높은 효율은 담배시장에 공급과잉을 가져오면서 그 이전까지의 담배시장의 모든 것들을 완전히 뒤바꾸어 놓았고, 담배시장의 지배자를 새로운 자들로 교체해버렸다.[8]

와해성 혁신 : 전자담배의 떠오름

전자담배는 담배 제품에 있어서 또 하나의 와해성 혁신이다. Zhu 등은 2012년 5월~8월, 그리고 2013년 12월~2014년 1월, 두 차례에 걸쳐 영어로 된 웹사이트를 종합적으로 조사하여 전자담배 상표 수를 파악하였다. 그 결과에 의하면, 2012년의 조사에서는 288개의 상표를 확인하였고, 일차 조사 후 17개월이 지난 2014년의 추구 조사 에서는 일차조사에서 파악된 288개의 상표 중 37개가 사라졌으나, 그 동안에 매월 약 10여 개의 새로운 상표가 출현되어 2014년 1월까지 215개가 추가되어 2014년 1월 현재로 총 466개의 상표를 확인하였다.[9] 전자담배는 처음으로 출시된 2004년부터 지금까지 10년 동안에 매년 평균 40여 개의 새로운 상표의 전자담배가 출시

---

7 Wikipedia. Disruptive innovation. http://en.wikipedia.org/Disruptive_innovation

8 Stimson GV. Disruptive innovations: The rise of the electronic cigarette. International Journal of Drug Policy. 2014;25:653–655.

9 Zhu SH, Sun JY, Bonnevie E, et al. Four hundred and sixty brands of e-cigarettes and counting: implications for product regulation. Tob Control 2014;23:iii3–iii9.

되어 시장을 폭발적으로 확대시켰다.

Goldman Sachs는 2013년의 "창조적 파괴의 탐색(the Search for Creative Destruction" 보고서 초록에서 "8대 와해성 주제"를 소개하였다. 그 첫 주제가 바로 "전자담배"이였다. 그들은 전자담배가 담배산업을 바꿀 잠재력을 가지고 있다고 주장하였다. 그 같은 주장의 근거로 전자담배가 전통적 연초담배보다 덜 위해하고, 연초담배와 비슷한 이용 경험을 전달하면서, 훨씬 더 좋은 경제적 거래 조건을 제공한다는 등을 제시하였다. 또한 2013년 8월 7일 현재로 전자담배는 담배산업의 총량 가운데 10% 이상을 떠맡을 수 있을 것이며, 2020년에는 총이윤 가운데 15%를 책임질 것으로 예측하였다.[10] 또한 연구와 시장은 세계전자담배시장이 2015년부터 2025년간에 22.36%의 연평균 성장률로 성장하여 2025년에는 약 500억 불 이상이 될 것으로 예측하였다.[11]

전자담배의 떠오름으로 기존의 담배 및 제약 산업과 그 시장을 비롯하여, 각급 정부들과 규제자들, 공중보건 및 담배 관리와 관련된 조직들, 소비자들, 니코틴에 대한 대중의 견해 등을 밑뿌리부터 상층부까지 흔들리고 있다. 또한 '담배 흡연의 오래된 역사와 흡연으로 인한 질병의 짐'이란 견지에서 볼 때도, 소비자들, 공중보건, 그리고 관련 산업과 규제 등에 잠재적으로 거대한 함의를 가진 혁신 주도자가 되고 있다.

와해성 혁신의 규제 시 고려할 사항

Oliver는 "규제를 일종의 예인 망(drag)"이라 표현하면서 국제조약의 하나로서 조약 비준국가들의 담배에 대한 규제들을 구속하는 세계보건기구의

10 Boroujerdi RD. The Search for Creative Destruction: An Excerpt from the August 7, 2013 report. Global Investment Research, The Goldman Sachs Group, Inc.

11 Research and Markets. Global E Cigarette & Vaporizer Market 2015-2025= Analysis & Forecast for the $50 Billion Industry. Research and Markets. August 5, 2015.

담배 규제기본협약(WHO Framework Convention on Tobacco Control, FCTC)을 그 실례로 제시하였다.[12]

한편, Cortez에 의하면, 와해성 혁신은 특정한 기존 점유자들의 토대를 침식하다가 종국에는 그들의 자리를 차지해버린다고 한다.[13] 이 경우, 규제자들은 자신들의 기존의 규제 틀에 잘 맞지 않는 새로운 기술들이나 관행들에도 잘 어울리는 응답을 하여야 한다. 그렇지만, 혁신은 관련된 규제의 틀을 와해시키기도 하고 그래서 기존의 규제 그 자체를 와해시켜 버리기도 하여, 와해성 혁신은 규제자들에게는 크나큰 도전이 된다고 역설한다. Cortez는 규제자들이 와해성 혁신에 당면할 경우, 다음과 같은 4 가지 사항에 대해 자기의사를 적절하게 결정할 필요가 있다고 주장한다.

① **타이밍(timing)** : 만일 중재할 필요가 있다면, 언제 할 것인가? 기다림은 규제 대상에 대한 보다 나은 정보의 기초를 만들어내는 데 필요한가? 기다림의 약점은 무엇인가?

② **형식(form)** : 규제는 어떤 형식을 통하여야 하는가? 규칙, 판결, 지침, 혹은 다른 어떤 대안적 형식으로 할 것인가?

③ **내구성(durability)** : 관계 기관의 중재는 항구적이어야 하는가? 아니면 임시적 혹은 조건부이어야 하는가? 얼마나 오랫동안 지속되어야 하는가? 규제적 중재들을 혁신에 적정하게 하는 더 좋은 방법들은 있는가?

④ **강제 집행/시행(enforcement)** : 관계 기관은 모니터링과 불복종에

---

12 Oliver K. Regulations Are a Drag: The WHO Framework Convention on Tobacco Control and Its Potential Application to Electronic Cigarettes. Chicago Joutnal of International Law, 2015;Vol. 16:No. 1, Article 8.

13 Cortez N. Regulating Disruptive Innovation. Berkeley Technology Law Journal, 2014; vol.29, Issue 1, Article 5.

대한 제제를 얼마나 엄격하게 하여야 하는가? 기관들은 새로운 제품, 회사, 산업들에 대한 강제 집행을 어느 정도로 조절하여야 하는가?

위에서 열거한 질문들에 대해 의사결정을 내릴 때마다, 해당 기관은 관련되는 이해 당사자들(의회, 행정부, 산업, 규제의 수혜자들)에 따라 요구 사항들이 서로 다를 수 있음을 고려하여 우선 순위를 정하여야만 한다고 주장하고, 규제자들은 이 경우에 조심스러워야 하지 결정적이어서는 안 된다고 결론을 맺고 있다.

Bullen은 와해성 혁신으로 인하여 야기되는 규제 상에서의 정책적 및 실천적 쟁점들을 전자담배에 관한 공중보건상의 관점에서 정리하면서, 전자담배에 대한 규제 원칙들을 다음과 같이 제시하고 있다.[14]

- 전자담배에 대한 규제 접근 방법은 세계보건기구의 담배 규제 기본 협약과 이어진 광범위하고 종합적인 담배 규제의 틀과 제휴되게 한다.
- 개인들과 지역사회들이 그 같은 노력에서 주요한 동반자가 되게 하여야 한다. 그들은 자신들의 관여를 증대할 수 있도록 정보와 도구들을 가지게 역량을 강화하여 자신들의 건강과 복지를 개선할 수 있는 기회들을 가지게 하여야 한다.
- 공중보건의 도덕적 고려 사항들(선행, 해악 금지, 자율성 존중, 정의)이 고려되어야 한다.
- 규제는 근거에 기초하여야 한다. 전자담배에 관한 근거들은 현재로서는 제한된 감이 있으나 계속 늘어나고 있음을 고려할 필요가 있다.

14 Bullen C. Regulatory Policy and Practical Issues Arising from A Disruptive Innovation: A Public Health Perspective on E-Cigarettes. Asian Journal of WTO & International Health Law and Policy, 2016;11(1):1-18.

• 규제는 효율적이어야 한다.

정책의 목적과 그 목적의 기저에 합리성이 분명히 있어야 한다. 이를 위하여, 다음과 같은 질문들에 명확히 응답할 필요가 있다. 정책과 규제의 처방 목표가 담배산업을 서서히 폐지하려는 것인가? 전자담배산업을 파괴하려는 것인가? 사회에서 니코틴의 위치를 오락적 약품으로 제한하려는 것인가? 흡연의 종말적 개임(end-game)을 촉진하려는 것인가? 건강을 개선하려는 것인가? 등등이다. 적절한 목표의 설정은 이들 질문들에 대해 어떠한 응답을 하느냐에 의해 크게 좌우될 것이기 때문이다.

위해감축이론

"위해감축(Harm reduction)"은 1980년대 중반 경에 유럽의 여러 도시들에서 주로 약물 사용과 관련되는 위해 때문에 새롭게 주목을 받기 시작하여 1990년대부터 그 윤곽을 드러낸 개념이지만,[15] 현재까지도 그에 대한 찬반의 논쟁이 끊이지 않고 계속되고 있다.[16] 우리나라에서는 아직까지 이 용어가 관련 학계를 비롯하여 사회 전체적으로도 낯선 개념이라고 말할 수 있다.

그러나 세계에서 크고 작은 여러 나라들이 정책 면에서나 프로그램 면에서 이미 이를 수용하여 고위험 행태들이 원인이 되어 발생하는 사람들의 생명과 건강상의 위해를 감축시켜 질병의 이환과 사망을 감축시키는 등 긍정적 효과를 거두고 있다.[17]

---

15 Eriksen M, Mackay J, Schluger N, et al. The Tobacco Atlas. (Fifth Ed.) Atlanta, The American Cancer Society, 2015.

16 Russell MAH. Low-tar medium-nicotine cigarettes: a new approach to safer smoking. BMJ, 1976, 1;1430-1433.

17 Gatner C. & Hall W. Harm reduction policies for tobacco users. Int J Drug Policy,

위해감축의 정의는 정의하는 주체, 맥락, 그리고 정의가 지향하는 표적에 따라 각각 달리 표현할 수 있다. 그래서 위해감축을 정의하는 주체, 맥락, 표적에 따라서 어떻게 정의하고 있는가를 살펴보기로 한다. 국제위해감축협회에서는 위해감축을 다음과 같이 정의하고 있다. 위해감축이란 합법적 혹은 불법적 향정신성 물질들의 사용과 연관되는 건강상, 사회적, 경제적 위해들의 감축을 목표로 삼는 정책들과 프로그램들을 가리킨다. 위해감축은 공중보건과 인간의 기본권 등의 원리를 정착시키며, 약물 사용과 연관된 문제들을 다루는 실용적이며 개인적 판단을 피하는 접근 방법이기도 하다. 또한 위해감축은 소비 감축 접근 방법과 함께 작동하며, 약물이 없는 세계란 비현실적이므로 개인과 지역사회는 약물의 사용과 연관되는 위험들을 감축하는 도구들과 정보를 반드시 제공받아야 함을 인정한다.[18] 담배와 관련한 위해감축이론의 적용은 전자담배의 등장과 함께 시작되었다고 볼 수 있다. 이전에 소위 순한 담배가 나왔을 때도 '덜 해로운 담배'로 바꾸는 게 안전하다는 측면이 부각되었으나, 후속 역학연구들로 인해 순한 담배의 위해감축효과는 허구라는 것이 입증되었다. 전자담배의 규제 원리에 있어서 위해감축이론에 대한 시각 차이가 바로 이 새로운 제품에 대한 찬, 반 논쟁의 핵심이다. 이 부분은 다음 장에서 좀 더 자세히 살펴보게 될 것이다.

공중보건학적 윤리 원칙들

Kass는 다음과 같은 요소로 구성된 공중보건을 위한 6개 단계의 윤리학적 틀을 제시하면서, 이 틀을 분석적 도구로 고려할 것과 건강 전문가들이

2010;21(2):129–30

18 Polosa R, Rodu R, Caponnetto P, et al. A fresh look at tobacco harm reduction: the case for electronic cigarette. Harm Reduction Journal 2013,10:19.

제안되는 중재, 정책 및 프로그램의 윤리적 함의들의 고려에 도움이 되게 설계되었다고 주장하였다. Kass가 제시한 각 단계의 구성 요소들을 요약하면 다음과 같다.[19]

제1단계 : 프로그램의 궁극적 목표들은 무엇인가?

제안되는 프로그램이 추구하는 궁극적 목표들이 무엇인가를 확인한다. 공중보건 프로그램들의 가장 일반적인 그러면서도 궁극적 목표들은 질병과 사망의 감축으로 표현된다.

제2단계 : 목표 성취를 위한 효과적인 방법들은?

제안되는 중재들이나 프로그램들은 표명된 목표들을 성취하게 할 것이라는 가정들에 기초를 둔다. 그래서 제 2단계에서는 그러한 가정들이 무엇 무엇이며, 그 가정들의 하나하나를 구체화하는 데 필요한 기존의 자료는 무엇 무엇이 있는가 등을 파악한다.

모든 프로그램들은 정보를 제공 받은 후, 그것에 의해서 모아진 의견보다는 건전한 자료에 기초를 두어야 하지만, 기존의 자료들은 질이나 양에서 다양하다. 따라서 여기에서는 자료의 질과 분량이 어느 정도이어야 프로그램의 시행을 정당화시킬 수 있는 것들인가를 판단하는 것도 중요하다.

제3단계 : 프로그램의 이미 알고 있는 짐, 혹은 잠재적 짐은?

제2단계에서 파악된 자료들이 어떤 프로그램이 표명된 목표를 합리적으로 성취할 수 있다는 것을 암시한다면, 제3단계에서는 공중보건 사업을 통하여 발생할 수 있는 짐들 혹은 위해들이 무언가를 파악하여야 한다. 그런

19 Kass NE. An Ethics Framework for Public Health. AJPH. 2001;91(11):1776-82.

데 여기에서 부수적으로 따르는 위험 개연성은 세 가지가 있다. 첫째, 자료의 수집 활동들에서 개인의 사생활이나 비밀을 침해할 위험 개연성; 둘째, 질병을 저지하는 데 필요한 거의 모든 대책을 법제화하여 공중보건에 주어진 권력으로 인하여 자유와 자기 결정권에 미칠 위험 개연성들; 셋째, 공중보건 실천자들이 공중보건의 중재들을 어느 특정 인구 집단만을 겨누게 할 경우, 정의에 대해 미칠 위험 개연성; 등을 들 수 있다. 짊어질 짐 역시 다양하며, 공중보건의 활동에 따라 뒤따르는 짐도 다양하다.

제4단계 : 짊어질 짐은 최소화 될 수 있는가? 대안적 접근 방법은 있는가?

제3단계에서 현실적으로나 잠재적으로 어쩔 수 없이 짊어져야 할 짐들이 파악되었다면, 제4단계에서는 그 짐을 최소화할 수 있도록 프로그램을 수정할 수 있는 방법들을 모색하여 프로그램의 효능을 크게 감축하지 않는 수준에서 개편을 하고, 만일 최소화할 수 없다면 다른 대안적 접근 방법이 있는가를 모색하여야 한다.

제5단계 : 프로그램은 공평하게 시행되는가?

제5단계에서의 윤리적 요구는 짊어질 짐이 최소화된 프로그램에서 나오는 편익과 짊어질 짐이 프로그램의 시행 대상이 되는 개인들, 지역 사회들, 인구 집단들 간에 공평하게 분배되고 있는가를 확인하는 것이다. 특히 제한하는 대책들이 제안되는 경우에는 프로그램이 공평하게 시행되는 것이 무엇보다 중요하다. 불공평은 그 자체로 잘못이다. 불공평 때문에 일어나는 물질적 위해들 역시 오류이다. 사회적 고정 관념이 창출되거나 영속된다면 그 결과로서 사회적 위해들이 일어난다.

제6단계 : 프로그램의 편익과 짐들이 어떻게 공명정대하게 균형이 잡힐 수 있는가?

만일 제안된 중재, 정책 혹은 프로그램이 표명된 목표를 성취할 가능성이 있다면; 만일 그것들에 의한 부득이한 짐들이 파악되고 최소화되는 방안들이 강구되었다면; 그리고 만일 그 러한 프로그램이 차별하지 않은 방법으로 시행될 것으로 기대된다면; 그 다음에는 기대되는 편익들이 파악된 짐들을 정당화할 수 있는지에 대해 결단을 하여야 한다. 그리고 짊어질 짐들과 편익들이 균등하게 분배되어야 하며, 가장 곤란한 프로그램들은 영향이 광범위한 그리고 중요한 편익들의 상황 하에서만 시행되어야 한다. 프로그램의 시행과 관련되어 불거지는 불가피한 의견의 불일치는 공평한 과정의 체계를 통하여 해답이 모색되어야 한다. 절차적 정당성은 사회가 민주적 과정을 보장될 경우에 있을 수 있다.

공중보건 전문가들이 가진 가장 중요한 자산은 대상이 되는 인구 집단이 자신들을 위하여, 자신들을 대신하여, 사업이 시행되고 있다는 대중의 신뢰이다. 대중의 신뢰라는 자산을 가진 공중보건 전문가들만이 자신들이 믿는 것들을 옹호할 수 있고, 또 그렇게 되어야 한다.

전자담배 제품의 매매 금지 시 제기되는 윤리적 쟁점들(2015, Hall 등)

E-Cigarette-Politics(2016)는 56개 국가들 또는 자치령들을 대상으로 전자담배에 관한 법률의 시행 상태를 조사하여 그것을 허용, 금지, 부분 허용, 불분명 등으로 구분해 제시하고 있다. 그 결과에 의하면, 조사된 56개 국가 또는 자치령들 가운데 30%인 17개 국가/자치령들이 전자담배를 금지하고 있었다.[20]

---

20 E-Cigarette Politics. E-Cigarette Laws Worldwide.

Hall 등은 전자담배의 매매를 금지할 경우, 제기되는 윤리적 쟁점들로 Gillon이 제시한 자율성 존중, 선행, 해악 금지, 그리고 정의 등을 내세우고, 각 원칙이 어떻게 응용되어야 할 것인가를 검토하였다.[21] Hall 등이 제시한 원칙들을 요약하면 다음과 같다.

▷ 자율성 존중

우리가 이성적인 성인들이 자유로운 상태 그리고 정보를 알고 있는 상태에서의 선택을 간섭하지 않을 때, 자율성이 존중된다고 볼 수 있다. 대부분의 윤리적 원칙들은 사람들은 자신들이 자신들에게 최선의 이익이라고 판단하는 일련의 행동 경로에 대해 자유롭게 결정할 수 있는 수용 능력을 가지고 있다고 가정한다. 그리고 이러한 이성적 성인들에 의한 자율성의 행사를 간섭해서는 안 된다는 것에도 동의한다.

현재, 니코틴을 연초담배나 전자담배의 형태로 소비할 것인가를 개인이 자율적으로 결정할 수 있는지에 대해서는 의견이 일치되지 않고 찬성하는 측과 반대하는 측으로 양분되어 첨예하게 논쟁하고 있는 실정이다. 그러나 개인들은 스스로의 결정에 의해 연초담배의 흡연을 자유롭게 시작할 수도, 지속할 수도 있는 것이 현실이다.

그런데 전자담배만을 매매하지 못 하도록 금지하는 것은 사람들이 전통적 담배 제품보다 덜 위해한 전자담배는 소비하지 못하게 사전에 규제하고 있는 셈이어서, 자율성 존중이란 윤리적 원칙에 대한 또 다른 논쟁점을 만들어내고 있다.

---

http://www.ecigarette-politics.com/electronic-cigarette-global-legal-status.html

21 Hall W, Gartner C, Forlini C. Ethical issues raaised by a ban on the sale of electronic nicotine devices. Addiction. 2015;110:1061-1067.

▷ 해악 금지

두 번째 원칙인 해악 금지란 '사람이란 해로움이 없는 행동을 하여야 한다.'는 것을 의미한다. 일반적으로 이 원칙은 타인에게 위해나 상처를 일으키는 방법들로 행동하기를 삼가 할 것과 타인들에게 위해나 상처가 되는 위험에(at risk) 빠뜨리지 말 것을 요구한다.

그런데 이 원칙을 실제 상황에 응용할 경우, 직면하는 도전은 '세상에는 위해가 전혀 없는 행동은 거의 없다'는 것이다. 따라서 정책 결정자들은 위해를 전혀 일으키지 않는 정책들을 선택하기보다는 위해와 편익이 혼재하는, 그러나 위해보다는 편익이 더 큰 쪽을 선택하는 것이 보통이다.

전자담배는 이용자에게나 그 주변 사람들에게 위해가 전혀 없는가? 일반인들 간에는 물론이고 전문가들 간에, 그리고 전문조직들 간에도 일치된 결론을 내지 못하고 있는 실정이다. 현 시점에서, 전자담배는 그 안전성이나 무위해성에 대한 과학적 근거가 결정적이지 못하다. 그런데 전자담배의 이용은 전통적 연초담배의 흡연에 비해 훨씬 덜 위해하다는 과학적 근거들이 속속 들어나고 있다. 그런데도, 전자담배의 매매를 금지하여 전자담배에 대한 접근성을 원천적으로 차단하여 이용가능성을 낮춘다면 결과적으로 전자담배보다 더 해로운 전통적 연초담배의 흡연을 지속하게 하는 결과를 낳는 규제가 비유해라는 윤리적 원칙에 합당한가?

▷ 선행

세 번째 윤리적 원칙은 선행이다. 선행은 '긍정적 선행과 긍정적 유익'이란 두 요소로 구성되어 있다. 긍정적 선행이란 사람들이 타인들에게 이로운 행동을 취할 것을 요구한다. 어떤 정책의 총체적 편익이 그 정책으로 인하여 영향을 받는 모든 사람들이 지불해야 하는 비용을 치르고도 남는 것이 있어야 함을 의미한다.

전자담배에 대한 선행적 규제는 규제자들이 자신들의 목표를 선택을 조장하고 흡연의 위해를 감축시키는 혹은 모든 니코틴의 사용을 제거하는 것으로 보느냐의 여부에 의해 좌우될 것이다.

▷ 분배의 정의

분배의 정의는 어떤 특정한 프로그램/정책이 그것에 의해 영향을 받는 각 사람들을 대접하는 방법들이 공정/공평하여야 함을 의미한다. 서로 다른 공중보건 정책들이 가진 자원, 위험의 개연성, 편익 등의 공정/공평한 분배를 포함한다.

전자담배의 매매 금지는 니코틴 사용으로 인한 건강상의 위험 개연성을 감축시키기를 바라는 흡연자들을 불리한 처지에 놓이게 함으로써 형평의 쟁점을 부각시킨다.

자유민주주의 체제 하에서는 공중보건 정책의 논쟁들을 입법적 및 규제적 대응들을 생산해내는 정치적 체계가 해소시켜 나간다. 정치적 체계는 지역사회의 대다수가 수용하는 교섭된 타협안들을 기초로 삼아 정해진 절차를 거쳐 법령을 포함한 다양한 규제 방법들을 제정하여 시행함으로써 윤리적 원칙들에 대한 충돌과 갈등을 점진적으로 해소해 나간다.

Hall 등은 전자담배의 매매를 금지하는 규제들이 윤리적 원칙들에 비추어 어떤 점이 도전적인가를 논증함과 동시에 전자담배의 매매를 허용함에 따른 문제점들을 살펴보면서, 금지를 하고 있는 국가들은 전자담배의 이용에 따른 공중보건상의 최종 결과물들이 확실해질 때까지는 자국 국민들에게 전자담배의 매매를 금지하려고 한다고 하였다.[22]

그러나 Hall 등은 전자담배의 매매를 금지하고 있는 국가들에게 전자담배 이용의 공중보건상의 최종 결과물이 확인될 때까지 금지하는 것이 왜 부당한지 그 이유들을 다음과 같이 설명하고 있다.

첫째, 우리가 전자담배에 관한 정책의 최종 결과물들을 알기까지에는 최소한 10여 년이 소요될 것이다. 이 기간 동안, 흡연자들은 전통적 담배 제품들보다 덜 위해한 전자담배에 대한 접근을 할 수 없게 만들기 때문이며,

둘째, 어떠한 역학적 근거들이면 전자담배 매매 금지 찬성/옹호자들의 마음을 전자담배 매매 허용으로 돌아서게 할 것인지조차 잘 모르기 때문이다. (그러한 예로 스웨덴에서 널리 이용되고 있는 "Snus"는 지난 20여 년의 이용 결과에 대한 역학적 근거가 충분함에도 EU에서는 스웨덴 이외의 국가들에서 매매가 금지되고 있는 것을 들 수 있다.

셋째, 전자담배의 매매를 금지하고 있는 국가들에도 흡연자들에 의한 전자담배의 이용을 예방하지 못하고 있어서, 전자담배의 암시장이 형성되어 암거래가 이루어질 가능성을 배제할 수 없고, 또한 암시장에서 암거래되는 전자담배의 이용에 의한 아동들의 해악을 예방하기 어려운 가능성이 있기 때문이다.

위에서 제시한 Hall 등의 논문에 대하여 Chapman 등; Bonevski 등; Kozlowski; McCambridge; 등이 자신들의 입장에서 각각 논평하였으나, 처음 두 논자의 논평만을 요약하면 다음과 같다.

---

22 Hall W, Gartner C, Forlini C. Ethical issues raaised by a ban on the sale of electronic nicotine devices. Addiction, 2015;110:1061–1067.

▷ Chapman & Daube의 논평

Chapman & Daube는 "전자담배의 효과와 안전성을 가정한 윤리적 규칙들은 무너지기가 쉽다."라는 제목으로 Hall 등의 논문은 전자담배가 금연이나 흡연의 감축에 효과가 있고 안전하다는 가정에 기초를 두고 있으나, 그 같은 가정이 옳지 못하다는 근거들을 제시하면서, Hall 등의 가정이 옳다는 근거를 얻지 못하면 그 가정은 무너져버릴 것이라는 논지를 펴고 있다. 특히 Hall 등이 논문에서 언급하지 않은 전자담배에 대한 "광고"를 부각시키면서 이것이 가져올 흡연의 재정상화, 이중 사용, 니코틴을 흡입할 수 있는 새로운 통로 제공 등에 미치는 파급 효과는 전혀 무시할 수 없을 정도로 중요할 것이라 주장하였다.[23]

그와 동시에 최근에 나타나는 청소년층의 흡연 보급률의 하강 추세를 이어가기 위해서는 계속적으로 노력들을 집중하여야 하며, 전자담배의 이용을 촉진하여 추상상의 위해감축을 최대화하려는 일련의 정책들로 지금까지의 성취들을 흠집내려 해서는 안 된다고 역설하고 있다.

▷ Bonevski 등의 논평

Bonevski 등은 "형평의 렌즈를 통하여 고려된 전자니코틴 기구들"이란 제목으로 Hall 등의 논문을 논평하였다.[24] Bonevski 등은 사회적으로 불우한 사람들과 정신질환자들의 흡연율이 다른 집단보다 상대적으로 높으며 동시에 이들의 전자담배에 대한 이용률이나 향후에 이용할 의향 등이 높은 점 등을 감안할 때, 이들의 전자담배 이용 가능성을 제한하는 규제들은 '형평'을 저해할 가능성이 있음을 강조하였다. 흡연으로 인한 위해들의 감축에

23 Chapman S, Daube M. Ethical Imperatives Assuming ENDS Effectiveness and Safety Are Fragile. Addiction, 2015;110:1068–1069.

24 Bonevski B, Guillaumier A, Twyman L. Electronic Nicotine Devices Considered through An Equity Lens. Addiction, 2015;110:1069–1070.

관한 연구들은 '형평의 렌즈'를 통하여 수행되어야 할 것이다. 그렇게 되면, 흡연으로 인하여 가장 높은 위험 개연성을 가진 사람들이 가장 많은 편익을 얻을 수 있게 될 것이라고 주장하였다.

전자담배를 담배위해감축 용도로 사용 시 요구되는 윤리적 고려들 (2016, Franck 등)

Franck 등은 전자담배를 담배위해감축 도구의 하나로 사용할 경우 고려되어야 할 윤리적 쟁점들을 논증하고 있다.[25]

연구자들은 "위해감축 정책은 어떤 특정한 행태에 의한 위해의 효과를 그 행태 자체를 제거하려는 것을 표적으로 삼지 않으면서 그것들의 위험성을 줄이려는 시도이다"라고 풀이한다. 이어서, 그들은 흡연 때문에 짊어져야 할 질병의 짐은 흡연과 연관되는 위해를 감축하도록 디자인된 공중보건 중재들이 필요하다는 것을 시사해주고 있음에도 지금까지 시행된 중재들은 니코틴 사용을 완전히 제거하려는 데 초점을 맞추어 왔다고 주장한다.

Franck 등은 담배위해감축 반대자들이 내세우는 논거들을 요약하고 있다. 즉, 그들은 담배위해감축 전략들이 기존의 금연 메시지를 흐리게 할 가능성이 있고, 또 과거의 '더 안전한 담배 제품에 속았던 경험'을 되살리면서 위해감축에 대해 회의론에 사로잡혀 있으며, 동시에 담배산업과의 거래 의혹 가능성이 있다고 주장한다.

이들은 전자담배를 위해감축 도구의 하나로 자리매김하는데 있어서 대표적인 두 가지 반대 의견을 제시하고 있다. 첫째, 장기적 건강상 효과가 알려지지 않은 제품을 장려하는 것을 도덕적으로 반대할 만한지 여부를 결정하

25 Franck C, Filion KB, Kimmelman J, et al. Ethical Considerations of e-cigarette use for tobacco harm reduction.

는 것이고, 둘째, 이미 실존 하고 있는 위해를 감축하는 것이 동일한 혹은 유사한 위해의 실체화를 예방하는 것보다 도덕적으로 우위인지 여부를 인정시키는 것이다.

이때 제기되는 질문들은, 이들 제품들을 규제하고 잠재적으로 장려함에 있어서 정부의 역할을 무엇인가? 의사들은 전자담배 이용을 옹호함으로써 담배위해감축을 권해야만 할까? 등이다.

전자담배는 아직도 안전성 면에서 불확실한 부분이 있는데다가 니코틴 중독이 심한 흡연자들의 '선택의 자율성'이 어떻게 존중되어야 할 것인가에 대해서는 더 논의해야 할 여지가 있다. 그러나 전자담배가 금연의 도구로써나 흡연하는 양을 감축하는 데 긍정적 효과가 있다는 연구 결과들로 보아 전자담배 이용은 위해보다는 편익이 더 커서, 전자담배를 이용하는 담배위해감축 정책은 윤리적 타당성이 있다고 주장한다.

한편 전자담배와 전통적 담배 제품을 동시에 이용하는 소위 "이중 이용(dual use)", 그로 인한 흡연 행태의 계속 가능성, 그리고 비흡연자나 특히 청소년층이 전자담배 이용을 시작으로 연이어 흡연하게 된다는 "입문 효과(gateway effect)" 등은 아직은 '그렇게 된다'는 과학적으로 확실한 근거들이 없지만, "무해"의 윤리적 원칙에 비추어, 담배위해감축 정책에서는 이들에 대해 계속적인 모니터링을 비롯하여 각별히 주의를 기울여야 할 분야이다.

공공장소에서의 전자담배 이용과 관련해서는 전자담배에서 배출되는 에어로졸이 주변 사람들에게 미치는 영향에 대해서는 논의할 여지가 있겠으나, 주위의 비이용자들에게 어떠한 위해도 끼치지 않게 하여야 할 것이다.

"흡연문화의 재정상화"도 담배위해감축 정책에서 논의해야 할 윤리적 쟁점 가운데 하나이다. 그러나 이 쟁점은 현재로서는 '그렇게 될 개연성이 있다"는 담배위해감축 정책을 반대하는 측이 내세우는 가설일 뿐, 이 가설이 정당함을 분명하게 입증할 근거들은 없다. 오히려 담배 연기가 없는 사회를 앞당기는 '재정상화'일 수도 있다고 주장하는 사람들도 있어서, 앞으로 이 가설을 입증할 객관적 연구들을 더 시행할 필요가 있다.

Franck 등이 논의한 마지막 쟁점은 전자담배 시장의 소유권이다. 초창기 시장은 중소기업들이 제조 유통시키는 제품들로 이루어졌으나, 최근에는 기존의 대형 담배회사들이 전자담배도 제조 판매하고 있어서 이들이 전자담배 시장 점유권을 차지하는 추세로 바뀌는 현상을 보이고 있으며, 이들 기존의 대형 담배회사들은 기존의 담배 제품과 전자담배로부터 이중으로 막대한 이윤을 창출하고 있다. 이런 점을 감안할 때, 담배위해감축 전략이 어떻게 보면 부도덕한 대형 담배회사들의 이윤을 보장해주는 수단의 하나로 전락될 가능성을 전적으로 배제할 수 없게도 한다.

향후 전자담배가 가진 금연 및 위해감축 도구로써의 안전성과 효능에 관한 자료들을 생산해낼 수 있는 객관적 연구들이 시급히 시행되어야 하며, 또한 전자담배에 대한 인식 및 이용 추세를 장기적으로 관찰할 수 있는 인구 집단을 대상으로 하는 무작위 코호트 연구(randomized cohort trials)가 대규모로 시행되어야 한다.

그 같은 연구들에 의해 관련 자료들이 이용 가능하게 될 때까지, 정부는 전자담배가 청소년층이 이용하지 못하도록, 그리고 제품에 대한 제한들이 공중보건의 목표들과 일치하도록 규제들을 실시하여야 할 윤리적 책임이 있다.

12장

각국의 전자담배 규제 현황

전자담배에 대한 규제는 전자담배의 규제 분야, 제품의 분류 및 규제의 기전들 등에 따라 그 내용, 방법, 과정 등이 현저하게 달라진다.[1] 대체로, 각국은 자신들이 처해 있는 사회적, 경제적, 정치적 상황들에 적합하게 규제를 시행하고 있다. 규제에 대한 접근 전략들을 세분하여 살펴보면 첫째, 규제 분야는 판매, 광고, 분배, 제조, 무연(smoke-free), 과세, 건강상의 경고, 어린이 안전, 등록 상표 등으로; 둘째, 제품의 분류는 소비자제품, 의약품, 혹은 담배 제품 가운데서 어느 하나로 혹은 이중으로 분류하고; 셋째, 규제의 기전은 법규들을 새로 제정하여; 기존의 법규를 그대로 사용하거나; 기존 법규들을 개정하여; 혹은 기존의 것들과 개정한 것들을 혼용하는; 등으로 구분할 수 있다.

전자담배 규제의 범위도 모든 형태의 전자담배를 판매 금지하고 있는 국가들이 있는가 하면, 판매는 허용하지만 구매자의 최저 연령을 제한하는

1 Global Tobacco Control. Country Laws Regulating E-cigarettes. The Institute for Global Tobacco Control, Johns Hopkins Bloomberg School of Public Health.

국가들도 있다. 대부분은 그 연령을 18세로 규정하고 있으나, 한국은 19세, 온두라스는 21세로 규정하고 있다.

어떤 국가들은 니코틴이 들어 있는 전자담배의 판매나 마케팅은 정부의 허가를 받아 하도록 규제하기도 한다. 판매를 전면 금지 혹은 제한하는 국가들은 대부분이 광고, 판촉, 혹은 후원하기를 금지하거나 제한하기도 한다. 구매 가능 최저 연령을 제한하는 국가들 가운데서는 광고, 판촉, 후원하기를 명백하게 제한하는 국가들도 있고, 판매나 구매할 수 있는 최저 연령을 제한하지 않으면서도 광고, 판촉 또는 후원하기는 금지하는 국가들도 있다.

과세도 중요한 규제 중 하나인데, 전자담배 판매가를 기준으로 하거나 혹은 니코틴 용액의 양을 기준으로 과세하는 경우도 있다.

전자담배에 대한 각 나라의 입장도 달라서, 전자담배의 이용을 전면 금지하는 국가들; 밀폐된 공공장소(예: 바, 음식점, 기타 작업장)에서의 전자담배 이용 금지; 대중교통에서의 이용 금지; 니코틴이 들어 있지 않는 전자담배는 대중교통 탑승 시에 이용하게 하는 경우 등 혼란스러운 상태이다.

전자담배를 제품으로써 분류하는 기준은 니코틴의 내용, 사용 목적, 기구의 구성 부분들, 그리고 법적 용어 등에 의해 소비자 제품, 의약품, 담배제품 등으로 분류된다. 전자담배에 니코틴이 함유되면, 의약품으로 분류하는 국가들이 있는가 하면, 함유된 니코틴의 농도가 정해 놓은 수준을 초과한 전자담배를 의약품으로 간주하는 국가들도 있다. 제조자가 전자담배를 금연 보조 기구로 제시하거나 주장을 펴면 니코틴이 어떠하든지 간에 의약품으로 분류하는 국가들도 있다.

전자담배의 외양, 전지, 분무기 등은 소비자제품에 관한 법령으로 규제하고, 니코틴 cartridge는 화학제품들로 혹은 독물로 분류하여 규제하기도 한다.

현재, 전자담배를 규제하는 기전들은 크게 세 가지가 있다. 첫째, 관련 법령을 새로 제정하여 규제하기; 둘째, 기존의 법규들을 그대로 사용하기; 셋째, 기존의 법령을 개정하여 적용하기; 넷째, 기존의 담배 규제 법령들을 개정한 법규와 기존의 법규들을 그대로 적용하여 규제하기도 한다.

다음의 표는 영국의 Surrey에 거주하는 노령의 기술자요 순항선 항해사인 Chris Price 씨가 소유, 운용하고 있는 web site(http://www. ecigarette-politics.com/ about-us.html.)는 2008년부터 2015년간에 세계 53개국에서 시행되고 있는 전자담배의 법적 상황을 제시하고 있다. Price 씨가 제시한 내용을 정리한 것이 아래 표이다. 표에서 볼 수 있는 바와 같이 제시된 53개국은 금지 17개국(32.1%); 허용 20개국(37.8%); 부분적 허용 12개국(22.6%); 불분명 4개국(7.5%)으로 분류할 수 있다.

남미의 브라질, 아르헨티나, 멕시코, 베네수엘라, 파나마, 콜롬비아 등을 포함하여 유럽의 오스트리아, 아시아의 태국, 말레이시아, 인도네시아, 싱가포르, 터기, 아랍에미리트, 오만 등은 금지하고 있고; 한편 우리나라를 포함하여 호주, 중국, 독일, 영국, 네덜란드, 미국, 러시아 등은 허용하고 있었으며; 프랑스를 비롯하여 일본, 뉴질랜드, 홍콩, 벨기에, 덴마크, 핀란드, 스웨덴, 노르웨이, 스위스, 헝가리, 남아프리카 등을 부분적으로 허용하고 있는 것으로 파악된다.

2016년 기준 세계 각국의 전자담배 규제 현황

국가	허용	금지	부분 허용	불분명
Argentina		0		
Australia			0	
Austria		0		
Belgium			0	
Brazil		0		
Brunei		0		
Canada				0
China	0			
Colombia		0		
Costarica	0			
Czech Republic	0			
Denmark			0	
Estonia	0			
European Union	0			
France			0	
Finland			0	
Germany	0			
Greece				0
Hong Kong			0	
Hungary			0	
Indonesia		0		
Iran				0
Israel	0			
Italy	0			
Ireland	0			
Japan			0	
Jordan		0		
Korea, Republic of	0			
Latvia	0			
Malaysia		0		
Malta	0			
Mexico		0		
Netherlands	0			
New Zealand			0	
Norway			0	
Oman		0		
Panama		0		

국가	허용	금지	부분 허용	불분명
Poland	0			
Qatar		0		
Russia	0			
Singapore		0		
South Africa			0	
Sweden			0	
Switzerland			0	
Taiwan		0		
Tajikistan	0			
Thailand		0		
Turkey		0		
Ukraine	0			
UAE		0		
United Kingdom	0			
USA	0			
Uruguay		0		
Venezuela		0		
Total (54:100.0)	18(33.3)	20(37.0)	13(24.1)	3(5.6)

Source: http://www.ecigarette-politics.com/electronic-cigarettes-global-legal-status.html. available as of July 25, 2016.

사례 탐구 : 미국

미국 FDA는 2016년 5월 5일에 자신들의 관할 하에 전자담배를 포함하여 모든 담배 제품들을 규제하는 규정을 최종적으로 마무리하였다. FDA는 이 규정을 2009년 미국이 초당적으로 채택했던 '가족 흡연 예방 및 담배 관리법'의 시행을 지원하고, 공중의 보건을 개선하며, 미래 세대를 담배 위해로부터 보호하는 역사적인 규정이라고 자평하고 있다.[2]

이 새로운 규정은 2016년 5월 5일에 공포되었고, 공포일로부터 90일이 경과한 2016년 8월 5일부터 시행되었다. 그러나 전자담배 제조자는 신제품

2 U.S. Food and Drug Administration. Vaporizers, E-Cigarettes, and other Electronic Nicotine Delivery Systems(ENDS). U.S. FDA, May 2016.

들이 법에 규정된 공중보건 상의 표준들에 적합한지 여부를 FDA에 의해 평가받겠다는 신청서를 시행일부터 2년 이내에 제출하도록 규정하였고, FDA는 신청서를 접수한 날로부터 1년 이내에 그에 대한 평가를 끝마치도록 규정하였다. 그러면서, 전자담배 제조자들이 이 기간 동안(2016년 8월5일부터 2019년 8월 5일까지)은 현재와 같이 제품들을 판매하게 허용하였다. 또한 2007년 2월 15일 현재로 시장에 출시가 안 되었던 제품들은 모두 이 규정에 의해 FDA의 평가를 받아야 하는 신제품들로 규정하였다.

전자담배가 미국 시장에 처음으로 출시된 때가 2007년경이었음을 감안하면, 미국 시장에서 현재 유통되고 있는 대부분의 전자담배 제품들은 이 규정에 의해 신제품으로 간주되어, 기존의 전자담배 제조업자들은 시장에서 현재 유통하고 있는 대부분의 제품들도 이 규정에 의해 신제품으로 간주받아 FDA의 평가를 신청하는 절차를 거쳐야 하고, FDA가 적절한 것으로 판정, 허가하여야 그것들을 비로소 마케팅할 수 있게 되는 셈이다.

판매와 관련된 주요 규제 내용

① 만 18세 이하의 사람들에게 대인 또는 온라인 판매를 금한다.
② 판매자는 사진이 부착된 신분증으로 구매자의 연령을 확인하여야 한다.
③ 무인 판매기를 사용한 담배 제품의 판매를 금한다.
④ 샘플들의 무료 분배를 금한다.

제조와 관련된 주요 규제 내용

① 제조자는 FDA에 제조 시설들을 등록하여야 하고, 제품 목록들을 제출하여야 한다.
② 제조자는 FDA에 원료들/재료들, 위해한 성분들, 잠재적으로 위해한

성분들을 보고하여야 한다.

③ 제조자는 새로운 제품들을 시장에 출시하기 전에 미리 검토하여야 하고, FDA의 허가를 받아야 한다.

④ 제품의 포장과 광고에는 건강상의 경고문을 게재하여야 한다.

⑤ FDA의 승인 없이, 가감된 위험한 담배 제품들(예: "연한", "낮은", "순한" 등으로 묘사하는 등)을 판매해서는 안 된다.

규제 대상

① 전자담배의 제조, 수입, 포장하기, 라벨하기, 광고하기, 판촉, 판매, 분배 등을 규제 대상으로 한다. 단, 치료를 목적으로 마케팅되는 제품들(예: 사람들의 금연을 돕는 제품으로 마케팅 되는 제품)은 "약품평가연구센터"를 통하여 FDA에 의해 규제된다.

② 전자담배의 구성물과 부속품의 예들은 들면 다음과 같다.

- 전자담배용 액상
- 전자담배용 액상의 유리 또는 플라스틱 병 용기
- 카트리지
- 분무기
- 전지
- 디지털 액정
- 탱크 체계
- 점적 꽂이들(Drip tips)
- 전자담배의 향료
- 기타 소프트웨어 등

전자담배와 전자담배용 액상의 제조

전자담배를 제조하려면 다음 사항을 이행하여야 한다.

① 신청서를 제출하고, FDA의 허가를 받아야 새로운 담배 제품을 마케팅 할 수 있다.

② 시설물들을 등록하고 2016년 12월 31일까지 FDA에 제품 목록을 제출한다.(본 조항은 현재의 국내 제조자에게만 해당됨)

③ 원료의 목록을 제출한다.

④ 위해한 구성물과 잠재적으로 위해한 구성물에 관한 정보를 제출한다.

⑤ 담배 건강 문서들을 제출한다.

⑥ FDA의 지시 없이는 가감된 담배 제품들을 각 주 사이의 통상에 소개하지 않는다(예: 위험을 감축한, 혹은 시장에 나와 있는 다른 담배 제품들에 비해 덜 위해하다는 것을 나타내는 라벨, 라벨링, 혹은 광고하는 등)

⑦ 제조하는 제품들의 포장과 광고에는 요구되는 경고문을 게재하여야 한다.

⑧ 응용 가능한 다른 법정 요구 사항, 규칙, 규제들에 맞는 담배 제품을 시장에 출하하여야 한다.

니코틴 경고 문구

새롭게 규제를 받는 모든 담배 제품들의 제품 포장들과 광고들에는 다음과 같은 경고 문구를 반드시 지니고 있어야 한다.

경고: 본 제품은 니코틴을 함유하고 있다. 니코틴은 중독성 화학제품들 가운데 하나이다.

전자담배 액상을 혼합하거나 제품을 변경시키는 전자담배 상점

액상 니코틴 혹은 니코틴이 함유된 액상을 혼합하거나 미리 마련하는, 혹은 전자담배의 형태를 변경하거나 혹은 새롭게 만드는 상점은 제조자로 간주되며, 담배 제품 제조자들에게 적용되는 모든 법적 요구 사항들을 이행하여야 한다.

그 결과로서 어떤 상점은 담배 제품 제조자로서의 책임과 그것의 소매점으로서의 책임을 모두 감당하여야 할 수도 있다.

미국으로 수입되는 혹은 제공된 담배 제품들은 연방 식품의약품화장품법상의 요구 사항들을 모두 따라야 한다.

*** 미국 FDA의 전자담배에 대한 새로운 규칙에 대한 학계의 논평**

미국 FDA는 "국민의 건강을 개선하고 담배 사용에서 오는 위험 개연성으로부터 미래 세대들을 보호하기 위하여" 2016년 5월 5일에 위에서 요약한 바와 같은 "담배 제품에 대한 새로운 규칙"을 발표하였다.

그러자 곧 학계는 그에 대해서 비판하는 논문들을 발표하였다.[3], [4] Abbasi와 Jenson 등은 논문들에서 FDA의 새로운 규칙에서 요구하는 "시장에 출하하기 전 신청"과 "전자담배의 모형"과 관련하여 논평하였는데 이들을 간략하게 소개하면 다음과 같다.

시장에 출하하기 전 신청서 제출

새로운 전자담배를 창조적으로 만들어낸 전자담배 제조자는 그 제품을 시장에 출하하기 전에 새로 도입된 규정에서 정한 서류를 갖추어 FDA에 출하 허가를 신청하여 검토를 받은 후, FDA의 허가를 취득하여야 비로소 그 제품을 시장에 출하할 수 있다고 규정하고 있다.

이러한 새 규정은 대중들이 곤경을 느끼게 할 수 있다. 왜냐하면 시장에 제품을 출하하

---

3 Abbasi J. FDA Extends Authority to e-Cigarettes: Implications for Smoking Cessation? JAMA. Published online July 15, 2016. doi: 10.1001/jama.2016.8568.

4 Jenson D, Lster J, Berman ML. FDA's misplaced priorities: premarket review under the Family Smoking Prevention and Tobacco Control Act. Tob Control, 2016;0:1-8. doi: 10.1136/tobacontrol-2015-052391.

기 전에 제품의 구성물의 위해성 및 잠재적 위해성에 대한 정보를 포함하여 복잡하고 어려운 사항들을 첨부한 신청서를 FDA에 제출할 것을 요구하고 있는데, 그 결과의 하나로 전자담배 시장은 돌처럼 굳어지게 될 가능성이 있기 때문이다. 특히 이 작업에는 많은 비용이 소요되므로 창의적인 중소규모 제조업자들은 시장에서 축출되거나 진입 자체도 거의 불가능하게 될 것이기 때문이다. 반면에, 담배시장에서 현재도 많은 이윤을 얻고 있는 기존의 대자본 담배회사들만이 생존하여 그들의 이윤만을 극대화시키는 결과를 초래할 가능성이 있기 때문이다. 한편, 좁아진 또는 경직된 시장에서 소비자인 전자담배 이용자들은 상품을 선택할 수 있는 폭도 좁아져 불편을 겪을 것이 분명하며, 그러한 불편은 전자담배 이용률에도 부정적 영향을 미칠 것으로 예상된다.

혁신적 전자담배 개발의 어려움

전자담배는 2004년에 시장에 출하된 이후, 지금까지 그의 디자인과 성능을 포함하여 혁신적 기술들을 응용한 새로운 제품들이 끊임없이 출하되어 이용자들의 요구들을 충족시켜 나가고 있다. 그러나 FDA의 새로운 규정은 전자담배의 이 같은 혁신적 변화들을 가로막는 걸림돌로 작동될 가능성이 있다.

왜냐하면 전자담배 제조자들은 FDA의 허가를 상대적으로 용이하게 획득할 수 있는, 이용자들이 변경하기 어렵게 제작된, "폐쇄 체계"를 이용자들이 자기의 취향에 맞추어 쉽게 변경할 수 있게 만든 "개방 체계"보다 더 선호할 가능성이 있기 때문이다.[5]

Chen 등에 의하면, 흡연자들은 금연을 시도할 경우에는 개방 체계를 선호하는 경향이 있고, 또 개방 체계를 이용하는 시도자들이 금연에 성공하는 경향이 더 높았다. 그런데도 전자담배 제조자들은 FDA의 새로운 규칙을 보다 쉽게 준수하기 위하여 폐쇄 체계를 더 재조할 것이고, 그 결과로 개방 체계의 시장 출하는 상대적으로 적어질 것이다.[6]

그렇게 될 경우, 전자담배 이용자들의 수요는 충족이 안 될 것이며, 특히 흡연자들의 금연 가능성도 그만큼 낮아질 것으로 예측된다. 그래서 최종적으로는 전자담배 이용으로 얻어지는 사회적 편익이 대폭 감축될 것으로 예상된다.

---

5 Jenson D, Lster J, Berman ML. FDA's misplaced priorities: premarket review under the Family Smoking Prevention and Tobacco Control Act. Tob Control, 2016;0:1–8. doi: 10.1136/tobacontrol-2015-052391.

6 Chen C, Zhang YL, Zhu SH. E-Cigarette Design Preference and Smoking Cessation: A U.S. Population Study. Am J Prev Med 2016 Apr 20;pii:S0749-3797(16)00057-X.

전자담배 관련된 기술들에 대한 규제

담배 제품의 가격 및 세금에 대한 규제는 다른 어떤 규제보다 담배 제품의 수요를 감축시키는 효과가 높은 방안들 가운데 하나로 여겨지고 있다. 그런데 이 경우, 가격의 인상 또는 세금 부과 등의 기준을 담배 제품이 가진 위험 개연성의 높낮이에 두고, 그 높낮이에 비례하여 규제할 필요가 있다.[7]

기구와 액상의 표준화

2015년 3월, 프랑스에 소재한 세계적 인증 기관인 AFNOR(www.afnor.org)은 민간 전문 기관으로서는 처음으로 전자담배 기구와 액상을 표준화하여 이를 두 편의 문서로 (afnor, XP D90-300-1; XP D90-300-2; 2015) 발표하였다. 이들 문건의 발행에 즈음하여 작성된 보도 자료의 요점들을 각각 소개하려고 한다.

① 전자담배의 표준화(XP D90-300-1)

- power source 혹은 기화기(vaporiser)의 과열. 이것은 기술적으로 보호 기구들과 제품을 소개하는 안내서를 통해 예방 가능한 위험의 하나이다.
- 절단, 상해, 혹은 폭파의 위험 개연성들을 피해야 한다.
- 사용된 피복제/도장은 알레르기를 일으키는 물질들이나 독성 물질들을 방출해서는 안 되며, 또한 화상을 일으켜서도 안 된다.
- 전자담배는 충격을 견뎌낼 수 있어야 한다. 위에서 아래로 떨어뜨리는 시험을 견뎌낼 수 있는 높이는 1.5미터를 권장한다.

7 Chaloupka FJ, Sweanor D. Warner KE. Differential Taxes for Differential Risks – Toward Reduced Harm from Nicotine-Yielding Products. N Engl J Med, 2015;373:594-597. DOI: 10 1056/NEJMp1505710

· 화학적 위험 요인들은 제한되어야 하며, 분무기의 저항을 만들어내는 금속들은 수은을 함유하지 않아야 한다.

② 니코틴을 함유한 또는 함유하지 않은 액상의 표준화(XP D90-300-2)

표준화에 대한 요구사항들은 사용되는 원료들에 대해서나 사용되지 않은 원료들에 대해서나 매우 강력하다.

· 뚜껑은 어린이가 다룰 수 없게 하여야 하고 점적기(a cap dropper)/눈금이 있는 관을 갖추어야 한다.
· 사람의 건강에 위험을 과하는 미분자들(예: 비스페놀 A)을 방출하는 모든 제재들을 금지한다.
· 전자담배 액상을 구성하는 프로필렌글리콜, 글리세린, 니코틴, 물 등은 제약 표준 등급을 준수하여야 한다.
· 알코올과 향료는 식품 표준 등급을 준수하여야 한다.
· 구성물, 최종 유효일, 안전 수칙, 위험한 인구 집단 등을 명시한 설명서를 갖추어야 한다.
· 표시되는 성분들은 5%의 가감에 의해 다양할 수 있다(예: 니코틴 20mg/ml).
· VG/PG(glycerol/propylen glycol)의 비는 무게/무게로 표시된다(예: 25/75).
· 위와 같은 표준화는 니코틴과 기타 바람직하지 않는 합성물을 결정하는 방법의 예로 볼 수 있다.
· 원료들의 목록은 내림차순(작은 것부터 시작하여 큰 것들로 표시되는)으로 만든다.

· 1.2℃ 이상의 알코올, 그리고 식품 알레르겐의 존재는 고시한다.
· 사용법, 다루는 법, 보관법, 섭취 시 행동 요령, 피부에 접촉 시 행동 요령, 위험할 수 있는 인구 집단에 대한 정보 등이 실려 있는 안내문을 제공한다.
· 혹은 선택적으로 액상의 병에 인터넷 주소를 명기하면서 쉽게 접촉할 수 있는 요령을 명기할 수도 있다.

전자담배 마케팅에 대한 규제

영국은 유럽 담배 제품지령(the European Tobacco Products Directive)을 시행하기 위하여 "담배 및 관련 제품 규칙"을 2016년 5월 20일에 법으로 시행하고 있다. 이 법의 규정에 의거, 전자담배 마케팅 보도 기관들이 준수하여야 할 규칙들은 다음과 같다.[8]

· 전자담배 마케팅 보도 기관들(이후 보도 기관들이라 칭함)은 사회적 책임을 져야 한다.
· 보도 기관들은 독자/청중의 마음에 특정한 담배 제품 상표와 합리적으로 연관시킬 수 있는 디자인이나 형상, 혹은 로고 스타일을 촉진하는 어떤 것도 포함해서는 안 된다.
· 보도 기관들은 담배 제품의 사용을 촉진하는, 혹은 담배 제품의 사용을 긍정적 양상으로 보이게 하는 것은 어떤 것도 포함해서는 안 된다.
· 보도 기관들은 제품이 전자담배이지, 담배 제품이 아님을 명백하게 표현해야 한다.

---

8 The Committee of Advertising Practice(CAP). The CAP Code(Edition 12), Chapter 22, Electronic Cigarettes. CAP, 2014 pp 94-96.

· 보도 기관들은 제품이 건강상 또는 의약적 클레임을 할 수 있다는 허가를 취득하지 못했을 경우에는 그 같은 클레임을 포함해서는 안 된다. 전자담배는 담배에 대한 하나의 대안으로 제시할 수는 있으나, 마케팅 담당자는 담배 사용 중단이 건강을 위해 최선의 선택지라는 메시지를 훼손해서는 안 된다.

· 마케팅 담당자들은 전자담배를 보증하기 위해 건강 전문가들을 이용해서는 안 된다.

· 보도 기관들은 특정 제품이 니코틴을 함유하고 있는지 여부를 명백하게 말하여야 한다.

· 보도 기관들은 니코틴 이외의 다른 제품 원료들에 대한 사실적 정보를 포함할 수는 있다.

· 보도 기관들은 비흡연자들이나 니코틴 비사용자들에게 전자담배를 이용하도록 권장해서는 안 된다.

· 보도 기관들은 특별히 청년문화를 반영하는 혹은 연관시켜 18세 이하의 청소년들에게 호소하는 듯해서는 결코 안 된다. 보도 기관들은 특히 18세 이하의 청소년들에게 호소력이 있는 실제의 혹은 가공의 인물을 묘사하거나 두드러지게 해서는 안 된다. 전자담배를 이용하는 혹은 의미 있는 역할을 하는 것을 보여주는 사람이 청소년 혹은 어린이의 방식으로 행동하는 것을 보여서는 안 된다.

· 보도 기관들은 미디어의 선택에 있어서 18세 이하인 청소년들을 대상으로 해서는 안 된다. 18세가 청중의 25% 이상을 차지하는 어떤 매체에도 전자담배를 광고해서는 안 된다.

전자담배에 대한 바람직한 규제안

Bates는 2016년 6월 17일~18일에 폴란드의 수도 바르샤바에서 개최된 세계니코틴포럼에서 "좋은 규제란 무엇과 같이 보일까(What would good regulation look like)"? 제목으로 발표하였다.[9] Bates의 발표를 중심으로 전자담배에 대한 바람직한 규제 상을 논의해보려고 한다.

어떤 규제이든 그 규제가 좋은 규제가 되려면 규제 대상이 무엇이든 간에 최소한 그 규제의 정책적 목적이 무엇인가, 규제의 시행으로 불가피하게 발생할 즉 비의도적 결과들이 무엇인가, 그리고 규제하려는 대상과 관련되는 기술적 특성들이 무엇인가 등을 검토하여 각각 최적의 것들을 선택하는 것이 첫 걸음일 것이다.

전자담배를 규제하여 성취하려는 최선의 정책적 목적들이 무엇인가를 분명하게 천명하는 것이 훌륭한 규제의 상을 그리는 첫 작업이라고 할 수 있다. 고려될 수 있는 목적들을 들면 다음과 같다: (1) 질병의 감축, (2) 흡연의 감축, (3) 담배 제품 사용의 감축, (4) 니코틴 사용의 감축, (5) 십대의 흡연 시작의 감축, (6) 주변 사람들의 노출 감축, (7) 담배산업의 패퇴 등이 예시될 수 있다.

전자담배에 대한 규제가 어떤 것이든 그 규제가 훌륭한 규제가 되려면 정책적 목적을 첫 번째의 '질병의 감축'에 두어야 한다. 왜냐 하면, 질병의 감축은 (2)–(7) 등 차 하위 목적들이 모두 성취될 때에만 성취가 가능하게 되기 때문이다.

어떤 규제이든 시행 과정에서 의도하지 않은 결과들이 발생할 가능성은 있다. 그러나 그 같은 결과들을 최소화할 수 있는 방안들을 사전에 미리

---

9 Bates C. What would good regulation look like? Global Forum on Nicotine, held in Warsaw, 16–18 June, 2016

강구하여 실천하는 것이 중요하다. 그 같은 방안들의 예를 들면 다음과 같다.

▷ 이해 당사자들이 관련되는 정보를 알고 선택하게 한다.

정책 입안자나 결정자들을 포함하여 규제에 연루되는 모든 이해 당사자들이 규제될 사안들에 대해 관련된 정보를 최대한 가지고 그것들을 검토한 후 최선의 선택을 할 수 있게 하는 것이 무엇보다 중요하다.

▷ 상대적 위험 개연성이 가장 중요한 개념이다.

세상에는 위험의 개연성이 0%인 사물은 존재하지 않는다. 아무리 잘 개발된 전자담배라도 위험의 개연성이 전혀 없지는 않을 것이다. 다만 무엇에 비해 얼마나 위험 개연성이 낮을까 아니면 높을까가 쟁점이 된다. 가능 한대로 위험의 개연성이 낮은 쪽으로 선택이 이루지게 하는 규제일수록 비의도적 결과들을 감축할 기회가 더 많아질 것이다.

▷ 어떤 규제는 그 시행으로 긍정과 부정의 이중적 결과를 초래할 수 있다.

Friedman은 12세~17세 청소년들의 전자담배에 대한 접근을 금지하려는 규제가 어떤 결과를 낳을 수 있는가를 관찰하기 위하여, 2014년 1월 1일에 이전에 이들의 전자담배에 대한 접근을 금지하는 규제를 실시한 미국의 24개 주들과 금지하지 않았던 주들 간에 12~17세들의 흡연율의 변화 추세를 분석하였다. 그 결과, 전자담배 대한 접근 금지를 실시한 주들에서 이들의 흡연율이 0.9% 증가한 것을 확인하였다.[10]

Friedman은 12~17세 청소년들의 건강을 유지, 향상시키기 위하여 이들의 전자담배에 대한 접근을 금지하는 규제를 시행하였으나, 기대와는 다르게

---

10 riedman A. How does electronic cigarette access affect adolescent smoking? Journal of Health Economics, 2015;44:300-308.

오히려 그들의 흡연율만을 높이는 효과를 가져다 줄 수 있음을 경고하였다.

제품이 무엇이든 그 제품에 대한 수요가 공급을 월등하게 초과할 경우, 그 제품의 암시장이 형성되고 암거래가 횡행하면서 갖가지 사회적 부작용을 일으키는 것은 역사적으로 검증된 사실이다. 수요가 폭발적으로 증가하는 추세를 보이고 있는 전자담배를 이런 저런 이유로 공급을 차단하려는 규제의 시행도 여기에서 결코 예외가 되지 않을 것이다.

전자담배 공급에 대한 규제들은 위에서 검토한 판매 금지 이외에도 여러 가지가 더 있다. 예를 들면 광고, 판촉, 후원하기의 금지; 제품의 디자인 제한과 요구 사항들(예: 경고 문구 또는 그림 의무적 부착); 향료의 금지; 청소년들에게 호소력이 있는 향료의 금지; 약품들을 교체 사용할 가능성이 있는 개방 체계의 전자담배 금지; 세금의 인상 등등을 들 수 있다.

이들 규제들을 시행할 경우에는 본래의 의도와는 다른 어떤 부정적 결과들이 병발할 것인지를 사전에 철저히 검토하여 비의도적 결과들이 최소화되도록 적절한 조치를 취할 필요가 있다. 이제 Bates의 결론을 요약하면 다음과 같다.

① 지금까지의 어떤 규제적 책략보다 우수한 책략은 "그대로 두라"이다.
② 규제는 소비자의 편익을 도모하려는 것이지 관련 활동가들을 기쁘게 하려는 것이 아니다.
③ 규제자들은 당초에 의도하지 않았던 결과들에 의해 괴롭힘을 당해야 했다.
④ 규제는 그 초점을 이념적 목적들이 아니라 질병의 위험 개연성에 두어야 한다.
⑤ 규제는 정보에 근거한 선택과 혁신을 촉진하여야 한다.

⑥ 규제자들은 대부분의 경우, 옆으로 비켜 서 있어야 한다. 그 이유는 시장이 작동하고 있기 때문이다.

우리나라 정부는 ENDS를 두 가지로 분리해서 관리하고 있다. 니코틴을 포함하지 않은 ENDS는 건강 보조 제품으로 분류하여 식품의약품안전처에서, 니코틴을 포함한 ENDS는 담배로 분류하여 "담배사업법"을 관장하는 기획재정부에서 각각 관리하고 있다. 또한 ENDS도 일반 담배 제품들과 마찬가지로 건강 증진 부담금을 부과하고 있으나 일반 담배 제품들에 적용되는 광고와 홍보의 제한을 포함한 일반적 규제는 아직 시행되지 못하는 과도기에 있다.[11]

전자담배를 의약품으로 분류하자는 국내외 학계의 주장도 있다. 전자담배를 의약품으로 분류하여 '규제'하는 정책은 '전자담배'의 금연 효과를 인정하는 대신 접근성을 제한하는 일종의 '문턱 높이기' 전략이라 할 수 있다. 그러나 부탄처럼 담배의 제조, 판매를 전면 금지하지 않으면서, 전자담배를 약물로 규제하는 것은 '전자담배가 가진' 좋은 잠재력을 억누르게 되고, 결과적으로 기존의 담배회사들에게만 독점적 권한을 주는 셈이 된다. 또한 현재 담배를 끊지 못하는 개인 흡연자를 위해서라도 규제 일변도의 정책은 바람직하지 않다.

따라서, 전자담배에 대한 철저한 품질 및 유통 관리, 그리고 '품질의 표준화'를 통해 안전성을 높이는 것이 우선이며, 정부가 책임지고 전자담배의 안전성과 유해성에 대한 과학적인 검증을 진행하고 그 결과를 대중에게 공개함이 바람직하다.

---

11 Brandon, TH., Goniewicz, ML., Hanna, NH., Hatsukami, DK., et. al. Electronic Nicotine Delivery Systems : A Policy Statement From the American Association for Cancer Research and the American Society of Clinical Oncology. Clin Cancer Res 2015;21(3):514–526.

2013년 이래, 세계보건기구를 비롯하여 세계의 여러 관련 학회와 단체들은 "전자담배에 관한 정책성명서"를 발표하고 있다. 이들은 '전자담배의 안전성, 실효성, 타당성' 등에 대해 나름대로의 이론과 이념을 가지고 갑론을박하고 있으나, 시장의 규모는 이 논쟁들을 아랑곳하지 않은 채 날로 팽창하고 있어서, 담배 기술면에서 전자담배가 가진 '와해성 혁신'의 잠재력을 주목하지 않을 수 없게 만들고 있다.

우리도 시급히 전자담배의 안전성, 실효성, 위해성 등에 대한 사회적, 경제적, 정책적, 그리고 과학적 연구를 더욱 적극적으로 수행하여 그 연구결과로 얻은 과학적 근거들을 기초로 전자담배 대한 제반 규제들을 올바르게 결정, 시행함으로써 우리 사회에서 "세계적 흡연 유행병"을 예방하고 치료하여 사회적으로, 경제적으로, 건강상으로 얻을 수 있는 편익들을 최대한 누려야 할 것이다.[12]

12 문옥륜 · 김공현, 「담배위해감축과 보건정책상 함의」, 『대한보건연구』, 2015;41(3):1–21.

13장

전자담배의 유용성: 위해감축의 관점

세계보건기구는 세계적인 담배 유행병을 뒤엎기 위한 종합 대책으로 2003년의 세계보건총회에서 "담배 규제기본협약(WHO Framework Convention on Tobacco Control: FCTC)"를 채택하였고, 이를 2005년에 발효시키면서 각 회원국들과 함께 "담배 유행병"에 적극 대처하고 있다.[1] 본 장에서는 세계보건기구의 담배 규제기본협약을 중심으로 담배 규제에 대해서 논의를 시작하여, 담배위해감축과 관련된 쟁점들을 고찰한 다음에 최근 전 세계적으로 각광을 받고 있는 전자담배와 담배위해감축의 관련성을 검토하고, 이들 논의와 고찰을 기반으로 담배위해감축이 우리나라 보건정책에서 가지는 함의를 모색해보려고 한다.

세계보건기구의 담배 규제기본협약과 위해감축

세계보건기구 담배 규제기본협약(WHO Framework Convention on

1 World Health Organization. WHO Framework Convention on Tobacco Control. Geneva: World Health Organization. updated reprint 2005.

Tobacco Control : WHO, FCTC)(이하에서 협약이라 칭함)은 세계보건기구가 2003년 5월 21일 제56차 세계보건총회에서 만장일치로 세계보건기구 역사상 최초로 채택, 2005년 2월 27일부터 시행되고 있는 세계보건기구와 회원국가들 간에 맺어진 일종의 국제조약이다.[2]

그런데 이 협약은 단일 회의 총회에서 곧바로 결의되지는 않았다. 1996년 5월 25일에 개최된 제49차 총회와 1999년 5월 24일에 개최된 제52차 총회 등, 두 번에 걸친 총회의 결의를 거쳐서 세 번째인 2003년의 제56차 세계보건총회에서(의안번호 56.1) 세계보건기구 헌장 19조에 의거 비로소 채택되었다.[3] 이후 90일이 지나서 40개국들이 동의, 비준, 수용, 승인하였고, 2004년 6월 29일로 정해진 기간 내에 168개국이 서명하였으며, 최근에는 서명국이 180개국으로까지 확대되었다.[4]

세계보건기구는 이 협약을 채택한 이유들을 다음과 같이 제시하고 있다.

첫째, 이 협약은 세계보건기구헌장 [제19조 24]의 규정과 일치하기 때문에,

둘째, 담배의 소비와 담배 연기에의 노출로부터 현재 및 미래의 세대들을 보호하기 위하여,

셋째, 연기(煙氣)를 내는 담배와 그 외 여러 형태의 담배 사용이 전 세계적으로 점차 증가하는데 대한 심각한 관심과 주의를 환기하기 위하여,

넷째, 이 규약이 담배 소비와 담배 연기에의 노출로 일어날 참담한 영향으로부터 인간의 건강을 보호하기 위하여 국가적, 지역적, 세계적 행동을 전진

---

2 American Association of Public Health Physicians(AAPHP). The Case for Harm Reduction for Control of Tobacco-related Illness and Death. AAPHP. 2008.

3 Shiffman, S., Gitchell, JG., Warner, KE., Slade, J., Henningfield, JE., Pinney, JM., Tobacco harm reduction : Conceptual structure and nomenclature for analysis and research. Nicotine & Tobacco Research 2002;S113-S129.

4 Wynder, EL., Graham, EA.. Tobacco Smoking as a Possible Etiologic Factor in Bronchiogenic Carcinoma : A Study of Six Hundred and Eighty-Four Proved Cases. JAMA. 1950;143:329-336.

시키는 기공(起工) 단계의 하나라는 확신 때문에,

다섯째, 협약의 신속한 효력의 발생과 효과적 시행의 필요성을 강조하기 위해서 등이다.

전문, 11개의 장, 31개의 조항으로 구성된 협약의 주요 내용을 요약하면 다음과 같다.[5]

협약의 전문에서, 협약의 당사국들은 국민의 건강을 보호하는 자신들의 권리에 우선순위를 두며, 협약은 세계의 유행을 선도할 뿐이라고 명시하고 있다.

담배 규제 방안은 협약 제6조~17조에서 제시되어 있다. 이들은 크게 두 가지로 나눌 수 있다. 하나는 제6조~제14조에 의한 담배의 수요를 규제하는 방안이고, 다른 하나는 제15~17조에 의한 공급을 규제하는 방안이다.

▷ 수요 규제 방안

담배의 수요를 규제하는 방안은 다시 두 가지로 나누어진다. 하나는 제6조에 명시된 가격과 조세를 통하여 담배의 수요를 낮추는 방안이고, 다른 하나는 제7조~14조에 의한 소위 비가격대책들이다. 비가격 대책들을 좀 더 세분해보면 다음과 같다.

- 담배 연기에 노출로부터의 보호(제8조)
- 담배 제품의 내용물들에 대한 규제(제9조)
- 담배 생산 발표에 대한 규제(제10조)
- 담배 제품의 포장과 명칭 붙이기(제11조)

5 World Health Organization. WHO Framework Convention on Tobacco Control. Geneva: World Health Organization. updated reprint 2005.

• 교육, 소통, 훈련 및 국민의 인식 등의 제고(제12조)
• 담배에 대한 광고, 판매 촉진, 후원 등의 금지(제13조)
• 담배 의존의 진단, 상담, 예방 및 치료; 금연을 위한 대책 수립 및 시행(제14조)

▷ 공급 규제 방안

• 담배 제품의 불법 거래 근절(제15조)
• 미성년자에게 판매, 미성년자에 의한 판매 등의 금지(제16조)
• 경제적으로 실행이 가능한 대안적 활동을 위한 지원 제공(제17조)

▷ 기타 사항

협약 이행의 책임과 협약 이행에 필수적인 과학적이고 기술적인 협력과 정보의 교환 등에 관한 절차와 방법들에 대한 규정들이 포함되어 있다.

협약 제1조는 협약에서 사용되는 주요 용어들의 의미들을 풀이하고 있다. 그 가운데서 제1조 (d)항은 담배 규제의 전략으로 공급, 수요 및 위해감축 등 3가지 전략을 명시하고 있으며, 협약의 핵심 용어 중 하나인 담배 규제(Tobacco control)를 "담배 제품의 소비와 담배 연기에의 노출을 제거 혹은 감축하는 등으로 인구 집단의 건강을 개선할 것을 목표로 삼는 일련의 공급, 수요 및 위해감축 전략들을 의미한다."라고 풀이하고 있다.

그런데, 공급 및 수요와 관련된 전략들은 상세하게 규정되어 있으나, "위해감축 전략"에 대해서는 구체적으로 명시되어 있지 않은 채 명목만 나열되어 있을 뿐이다.

담배위해감축

흡연은 지금 세계 어느 곳에서나 소리 없이 조용하게 번지는 유행병의 원인이지만 각 사회에 굳건하게 자리를 잡고 영향을 끼치고 있다. 이 유행병은 흡연자 자신은 물론이고 흡연자 주변 사람들의 건강에 커다란 위해를 가하고 있다. 담배 제품의 생산, 유통, 소비, 그리고 그 결과로 생기는 조기사망과 질병 발생을 포함한 건강상의 결과물들을 종합적으로 고려할 경우, 인류가 가지는 사회 · 경제적 편익과 손실은 얼마나 될까? 전체 사회의 견지에서 대강 개산(概算) 해보면 손실이 편익을 엄청나게 윗돌 것이다. 그럼에도 사회의 일부 부문, 특히 담배산업 부문은 이윤을 크게 남기고 있을 것으로 추측된다.

인류 사회 전체에 커다란 위해를 가하는 흡연에 어떻게 대응하는 것이 옳을까? 지금까지, 현대사회는 흡연의 위해에 대하여 크게 세 가지의 전략으로 대응하여 왔다. 첫째, 누구든지(특히 어린이들) 흡연을 아예 시작조차 않게 하자는 예방 전략; 둘째, 현재 흡연자들의 흡연을 완전히 금지시키자는 금연 전략; 셋째, 해로운 담배 연기가 없는 환경을 조성하고 보호하자는 환경보호 전략 등이다.

이들 세 전략들은 나름대로 제 구실을 하여, 특히 세계보건기구 담배규제기본협약의 발효 이후로 상당한 효과를 거두고 있다. 그러나 우리 사회에서는 새로 흡연을 시작하는 자들이 끊임없이 늘어나 흡연자의 줄은 계속 이어지고 있고, 어떤 흡연자들은 일시적으로 금연하였다가도 다시 흡연의 늪에 빠져 재차 흡연하거나, 금연을 시도조차 하지 않는가 하면, 금연할 의도조차 없는 흡연자들 등으로 흡연의 늪이 채워지고 있는 실정이다. 따라서 세 번째의 환경보호전략 역시 난관에 빠져 헤어나지 못하고 있는 것이 사실이다.

그래서 세계의 방방곳곳에서 이들 전략들에 더하여 니코틴이 함유된 제품들을 소비할지라도 그에 따르는 건강의 순(純) 손상을 최소화할 수 있는 제4의 전략을 모색하여 실천하자는 여론이 팽배해지고 있다.[6] 흡연의 가공할 위해에 대응하는 제4의 전략으로 부상하고 있는 전략이 바로 "담배위해감축"이다.

담배위해감축의 정의

흡연에 대한 새로운 대응 전략의 하나로 떠오른 "담배위해감축(Tobacco Harm Reduction : THR)"이란 무엇인가? 문헌들에 나타난 담배위해감축의 정의들을 살펴보면 다음과 같다.

▷ 미국 의학연구원(Institute of Medicine, USA)

미국 의학연구원은 2001년에 "담배 연기 청소: 담배위해감축의 과학적 토대 사정(Clearing the Smoke : Assessing the Science Base for Tobacco Harm Reduction)"란 연구보고서에서 "담배위해감축은 간단히 말해서 환경적 담배 연기를 포함하여 담배 사용으로 인한 건강상의 위해를 감축함을 목표로 삼는다"고 풀이하면서, 앞에서 말한 본 보고서를 포함하여 일반적으로 사용되고 있는 용어인 위해감축(Harm Reduction)을 "담배와 니코틴의 사용을 완전히 배제하지 않으면서, 위해들을 최소화하고, 총 사망률과 이환율을 감소시키는 것이다."고 정의하였다.[7]

---

6 Thun, MJ. When truth is unwelcome: the first reports on smoking and lung cancer. Bulletin of the World Health Organization, 2005;83(2):144-145.

7 Giovino, GA., Tomar, SL., Reddy MN., Peddicord, JP. et.al. Attitudes, Knowledge, and Beliefs About Low-Yield Cigarettes Among Adolescents and Adults. Chapter 4 In Smoking and Tobacco Control monograph No.7. The Federal Trade Commission cigarette test method for determining tar, nicotine, and carbon monoxide yield of U. S. cigarettes. Report of the NCI Expert Committee. National Cancer Institute, 1996.

▷ Kenneth E. Warner 교수

미국 미시간대학교 보건대학원 교수이며 담배 규제 관한 연구에서 선도적 역할을 하고 있는 Warner 박사는 2002년에 발표한 그의 한 논문에서 "담배위해감축은 담배 제품, 담배의 성분을 포함한 제품, 담배 제품의 대체물 등의 사용과 연관된 건강상의 순 손상의 최소화를 추구한다"고 정의하였다.[8]

▷ 미국공중보건의사협회

미국공중보건의사협회는 2008년 10월에 발표한 "담배 관련 질환과 사망의 관리를 위한 위해감축 사례"란 결의문에서 "담배위해감축이란 흡연자들이 보다 덜 해로운 무연 담배 제품으로 전환함으로써 담배로 인하여 발생하는 질환과 사망에서 흡연자들이 당하는 위험을 감축시키라고 권고하고, 그렇게 감축할 수 있도록 흡연자들의 역량을 강화함을 뜻한다"고 정의하였다.[9]

담배위해감축의 방법론

Shiffman(2002) 등은 담배위해감축 접근 방법들에 의해 제기되는 쟁점들은 대단히 복잡하여 실시된 결과를 평가하려면 다 학문적 방법(독성학적, 의학적, 행태학적, 마케팅학적, 그리고 역학적 방법)으로 접근함이 요구된다고 주장하였다.[10] 그들의 주장을 요약하여 살펴보면 다음과 같다.

독성학적 방법은 독성 물질과 노출의 특성을; 의학적 방법은 생물학적

---

8 Cahn, Z., Siegel, M.. Electronic cigarettes as a harm reduction strategy for tobacco control: A spet forward or a repeat of past mistake? J of Public Health 2011;32(1):16–31.

9 Conference of the Parties to WHO Framework Convention on Tobacco Control. Electronic nicotine delivery systems : Report by WHO. Geneva: WHO. 2014.

10 Shiffman, S., Gitchell, JG., Warner, KE., Slade, J., Henningfield, JE., Pinney, JM., Tobacco harm reduction : Conceptual structure and nomenclature for analysis and research. Nicotine & Tobacco Research 2002;S113–S129.

영향의 특성을; 행태학적 방법은 행태적 변화의 특성을; 마케팅학적 방법은 접근 방법들에 대한 인지 상태의 특성을; 역학적 방법은 행태, 사망률, 이환율 등이 인구 집단에서 어떻게 변화되었는지 등의 기술에 각각 동원된다.

이러한 기술과정에서 필수적으로 주목하여야 할 쟁점들은

- 담배 연기에 노출로부터의 보호(제8조)담배위해감축 접근 방법을 통하여 달성하려는 '의도된 효과'들은 무엇인가?
- 그 효과들을 어떤 특별한 생물학적, 행태학적, 혹은 기계적 기전(mechanism)을 통하여 성취하려고 하는가?
- 접근 방법이 재대로 작동될 경우, 성취되는 위해감축의 효능은 어느 정도일까?
- 담배위해감축에 있어서 핵심적 학문은 독성학이다. 논의의 대상이 되는 물질을 이미 알려진 독성학으로 판단이 가능한가?
- 판단하는 과정이 간단한가 아니면 복잡한가도 쟁점이 된다.
- 독성은?
- 인구 집단에 미치는 위험의 정도는?
- 흡연자들이 제안을 채택할 정도로 매력이 얼마나 있는가?
- 흡연자들이 접근 방법을 채택하려고 할 경우, 어떠한 행태를 어느 정도나 변화를 일으켜야 하는가?
- 제안된 접근 방법을 흡연자가 채택할 경우 타인에게는 얼마나 위험한가?
- 시행될 접근 방법은 흡연자의 니코틴 의존에 미친 효과는? 등이 있다.

흡연의 위해를 감축시키기 위한 접근 방법은 크게 4개의 범주로 나눌 수 있다. ① 완전한 금연, ② 담배 제품, ③ 약물 처리, ④ 행동변화 등이다.

각 범주의 요점을 살펴보면 다음과 같다.

① 완전한 금연

위해감축 접근 방법들의 최종 목표는 모든 사람들이 흡연과 완전히 단절하게 하는 데 있다. 현재 흡연자들은 금연하게 하고, 비흡연자 특히 청소년들은 평생 동안 흡연을 시작조차 하지 않도록 예방하는 것이다.

② 담배 제품

최근에 논의되고 있는 담배위해감축 접근 방법은 그 중심이 보다 덜 해로운 담배 제품으로 갈아타는데 있다. 다시 말하면, 담배 제품을 계속 사용하지만, 사용 후에 보다 덜 해로운 결과로 끝날 것으로 예상되는 제품이 무엇인가에 초점을 맞춘다는 말이다. 예를 들면, 연초담배가 흡연자들에게 폐암을 비롯하여 여러 가지로 건강에 해롭다는 것이 밝혀지면서 덜 해로운 담배 제품이라며 소위 "순한 담배"(수득률이 감축된 연초담배)를 시장에 출시시킨 것을 들 수 있다. 이 외에도 최근의 '전자담배', '연기 없는 담배', '니코틴 없는 연초담배' 등 담배 제품들을 가지고 담배위해감축을 성취하려는 시도들이 많이 있다.

③ 약물 처리

담배 제품을 갈아타는 접근 방법의 한 대안으로 등장한 것이 약물 처리이다. 이 접근 방법은 흡연자들의 담배 사용을 감소시키거나, 담배 사용에 따르는 위험을 낮추는 데, 약물의 사용에 초점을 둔다. 예를 들면, 담배 사용은 니코틴에 의해서 유지 또는 강화되므로 안전한 의약 소스로부터 나온 니코틴을 제공하여 담배 사용을 낮추자는 등이다.

④ 행태 변화

흡연자가 실천하고 있는 흡연 행태가 흡연에 대해 부정적으로 변화될 경우, 그가 흡연하는 양이나 빈도에서 변화가 수반되어 위험이 감축될 수 있다. 따라서 담배위해감축 접근 방법에서 흡연자의 행태를 긍정적으로 변화하도록 이끄는 중재들이 필수적이다.

씁쓸한 과거의 경험들

미국에서는 1900년 이후 1950년까지 연초담배의 소비가 폭발적으로 증가하였고, 그에 따른 흡연자들의 건강상 위해도 사회적으로 주목을 받게 되었다. Wynder와 Graham은1950년에 폐암 환자를 대상으로 미국 전역에서 역학적 조사 연구를 통하여 흡연과 폐암의 인과성을 증명하는 논문을 작성하여 많은 저항을 받으면서도 미국의학협회지에 발표하였다.[11] 1952년에 한 대중매체는 흡연이 폐암의 원인이라는 Wynder 등의 논문 요지를 보도하였다. 그 결과로 미국에서의 연초담배의 1인당 소비량은 1953년부터 1954년간에 10% 가까이 떨어지게 되었다. 이러한 감소량은 당시의 담배산업계에 일어난 최초의 현상이었다.

담배산업계는 연초담배의 1인당 소비량의 급감에 깜작 놀라 신속하게 대응하였다. 그들이 새롭게 내놓은 담배 제품이 연초담배 개비의 한 끝에 필터를 붙인 필터연초담배(filtered cigarette)이였다. 그들은 새로 만들어서 연초담배 끝에 붙인 필터가 담배 연기의 위험한 성분들을 분리시킨다는 메시지와 함께 제품을 시장에 내놓으며 적극적으로 판매를 촉진하였다. 처음 출시된 필터연초담배의 시장 점유율은 1952년에는 1%에 불과하였으나 1954년에는 9%에 이르렀고, 1인당 소비량도 꾸준히 증가하여 1960년에는 드디어 필터연초담배가 모든 권렬 제품들 가운데서 수위를 차지하게 되었다.

---

11 Wynder, EL., Graham, EA.. Tobacco Smoking as a Possible Etiologic Factor in Bronchiogenic Carcinoma : A Study of Six Hundred and Eighty-Four Proved Cases. JAMA, 1950;143:329-336.

그러나 그 어느 누구도 '필터'를 위해감축 담배 제품이라고 직접적으로는 전혀 언급하지 안했고, 마케팅에서도 위해감축 전략이란 용어도 사용하지 않았다는 것에 주목할 필요가 있다. 그럼에도 일반 담배 소비자들은 필터연초담배가 기존의 연초담배보다 위해가 낮다고 인식한 것으로 보아야 하며, 담배산업계는 필터가 연초담배의 위해를 감축한다는 것을 공격적으로 마케팅할 동기를 갖게 되었다고 볼 수 있다.

과연 담배산업이 기대했던 대로 필터연초담배는 담배 제품들의 건강상 위해 특히 인구 집단에서 폐암의 발생과 그로 인한 사망을 낮추었는가? 초기에, 필터의 질병에 대한 효과 연구에서 몇몇은 필터연초담배는 폐암의 위험을 적당히 낮추었다고 결론지었으나, 그 후에 수행된 연구는 앞선 연구들의 결론에 이의를 제기하였다. 앞서의 질문에 대하여 단정적인 응답을 도출해내기는 그렇게 쉽지는 않다. 기존의 연초담배를 필터 권련으로 바꾼 것만으로는 필터연초담배의 흡연과 폐암의 관련성을 설명하기는 역부족하기 때문이다. 흡연을 최초로 시작한 연령, 하루에 소비하는 연초담배 개비의 수, 흡입하는 정도/세기 등 흡연과 관련된 행태들도 중요한 영향을 함께 미치기 때문이다.

필터가 소개된 이후, 흡연자들 가운데 상당수가 기존의 연초담배로부터 필터연초담배로 바꾸어 흡연하였고, 금연을 시도했거나, 또는 금연을 했다가 다시 흡연을 계속하는 흡연자도 생길 가능성을 전적으로 배제할 수만은 없다.

따라서 필터연초담배는 흡연과 폐암의 인과성에 대한 학계 및 사회 일반에서 수용되어 시장의 위축에 직면한 담배산업계가 위기 탈출을 위한 수단의 하나로 필터를 고안하고 마케팅을 적극적으로 시행하여 담배시장의 규모를 유지/확대하려던 도구로 이용되었을 뿐, 흡연으로 인한 건강상의 위해를 감축시키지는 못했고, 오히려 담배위해감축에 대한 사회적 오해와 불신을 일으키는 빌미만 제공하였다고 말할 수 있다.

연초담배의 흡연과 폐암 발생간의 인과관계가 역학적으로 밝혀지고, 과학자들이 연구하여 얻어낸 결론을 사회가 받아드리면서 연초담배의 1인당 소비량이 급감하자, 담배산업은 필터연초담배를 생산하여 보다 안전한 제품이라 마케팅을 하는 등 적극적으로 대응하여 일견 성공하는 듯하였다.

그러나 1964년에 미국 정부가 "흡연과 건강(Smoking and Health)"이란 공중보건국장의 보고서를 통하여 흡연과 건강에 대한 사실을 적시하자, 미국에서는 담배 제품의 1인당 소비량이 선례를 찾아볼 수 없을 정도로 급감하기 시작하였다. 이러한 담배 제품의 1인당 소비량 급감의 원인은 1960년대 후반부터 미국 사회에 팽배했던 연초담배의 타르 및 니코틴과 그들의 치사성(致死性: the lethality)간에 있을 수 있는 가정된 연관성에 초점을 둔 흡연에 대한 부정적 사회풍조라 할 수 있다.

1950년대 "흡연과 폐암의 연관성" 확인으로 연초담배의 1인당 소비량 급감을 필터연초담배(이전의 연초담배보다 더 안전한 새로운 제품으로 선전됨)으로 갈아타도록 온갖 수단을 동원하여 판매를 촉진하여 위기를 탈출했던 담배산업계는 미국 공중보건국장의 "흡연과 건강"보고서로 촉발된 담배 제품시장의 위기에서 "저 타르 및 저 니코틴을 함유한 보다 더 안전한 담배 제품"을 출시하며 광고를 포함하여 판매 촉진을 적극적으로 감행하였다.

또한 이전의 "필터연초담배(filtered cigarettes)"의 전례에서와 꼭 같이 주제는 "위해감축"이었지만 "위해감축"이란 용어를 직접적으로 사용하지 않아, 표면상으로는 이들 새로운 제품의 출시를 "위해감축"과 연결 짓지는 않았다.

"저 타르 및 저 니코틴 연초담배"의 출시로 미국의 1인당 담배 소비량이 증가 또는 감소하였는지에 대하여서는 단정적으로 말하기가 어렵다. 왜냐하면 1970년대 이후로 미국의 담배 소비량은 꾸준히 감소하는 추세에 있었기 때문이다. 그러나 만일 '저 타르 및 저 니코틴 함유 연초담배'의 출시가 없었다면 그러한 감소 추세는 더욱 가파를 것으로 보는 관측자도 있다.[12] 또 한편으로는 이러한 제품의 대체로 인하여 흡연자들이 금연을 즉각 실현하지 않게 만들어 흡연을 계속하게 함으로서 결국 담배 소비 총량을 유지하게 하였다고 비판하는 연구자도 있음을 유의할 필요가 있다.[13]

담배위해감축에 대한 우려들

Cahn과 Siegel은 2011년에 발행된 한 논문에서 기존 문헌들을 고찰하여 담배 규제 전략의 하나로서의 담배위해감축에 대하여 야기될 수 있는 저항들을 다음과 같이 설명하고 있다.[14]

▷ 금연 또는 흡연 예방을 방해할 가능성

만일 보다 더 안전하다고 운운되는 담배 제품의 출시와 판매 촉진이 없었다면, 현재 흡연자들 가운데 상당수는 이미 금연을 하였거나, 비흡연자는 흡연을 시작하지 않게 예방이 가능했을 것이다. 그런데 더 안전한 담배 제품, 즉 위해가 감축된 제품이라 선전하면서 새로 나온 위해가 감축된 제품으로 바꾸도록 권장하면, 현재 흡연자들을 계속하여 흡연하게 만들고, 비흡연자들을 흡연을 시작하게 만들 수도 있어서, 위해감축 전략/접근 방법을 반대

12 Sarah, E., Adkison, MA., O'Connor, RJ., et al. Electronic Nicotine Delivery Systems : International Tobacco Control Four-Country Survey. Am J Pre Med 2013;44(3):207-215.

13 Cahn, Z., Siegel, M.. Electronic cigarettes as a harm reduction strategy for tobacco control: A spet forward or a repeat of past mistake? J of Public Health 2011;32(1):16-31.

14 Grana, RG., Benowitz, N., Glantz, SA.. Background Paper on E-cigarettes (Electronic Nicotine Delivery Systems). Center for Tobacco Control Research and Education, University of California, San Francisco. 2013.

한다.

▷ 더 안전한 담배는 없다는 회의론

담배의 연소는 본질적으로 위태한 노출을 만들어내므로, 보다 안전한 연초담배를 탐색하는 것은 쓸모가 전혀 없는 일이다. 담배 규제에서 널리 퍼져 있는 견해들 가운데 하나는 담배 연소의 특징 자체가 보다 더 안전한 연초담배에 대한 환상을 배제하는 것이므로 보다 더 안전한 연초담배를 개발하겠다는 기도는 포기되어야 한다.

▷ 과거 순한 담배의 악몽

과거의 경험에 비추어보면, 담배산업계가 보다 안전하다고 판촉하였던 제품들도 보다 안전하지 못했거나 오히려 증강된 독성 물질에 노출시킨 사례들이 있었다. 이에 대한 하나의 실례가 소위 "순한 연초담배"이다. 그러나 흡연자들은 이 "순한 연초담배"의 흡연 횟수를 늘리거나 연기를 더 깊게 들어 마셔서 이전의 연초담배를 흡연하는 양과 같게 되거나 오히려 더 많은 양을 흡연하게 하였다.

▷ 대형 담배회사들에 대한 불신

대형 담배회사들이 과거에 행한 거짓과 속임수의 전례들을 감안할 때, 이들 회사들이 보다 안전한 담배 제품을 개발하여 마케팅을 한다고 신뢰받기는 어렵다고 할 수 있다.

정책 수립 시 고려 사항들

세계보건기구는 2012년 11월 11일부터 17일까지 한국에서 개최되었던 제5차 가입국총회의 요청에 의거 "전자식 니코틴 전달 시스템(Electronic Nicotine Delivery Systems, ENDS)"이란 보고서를 작성하여, 2014년 10월 13일-18일까지 러시아 모스크바에서 개최될 제6차 세계보건기구 FCTC가입국총회에 2014년 7월 21일에 제출하였다.[15] 세계의 니코틴, 공중보건, 의료 등의 전문가들은 WHO의 ENDS에 관한 보고서에 찬성 혹은 반대하는 의견을 세계보건기구 사무총장에게 서신 형식으로 전달하였다. 그들이 표명한 찬반 의견의 요지는 다음과 같다.

53명의 니코틴학과 보건정책 전문가들(Prof. David Abrams으로부터 Dr. Derek Yach까지)은 세계보건기구 사무총장에게 "담배로 인한 사망과 질병의 크기를 감축 – 담배위해감축과 담배 규제기본협약"이란 제목으로 담배위해감축을 찬성하는 의견을 개진한 서신을 2014년 5월26일에 발송하였다. 이들은 이 서신을 통하여 흡연과 관련된 질병의 짐을 감축함에 있어서 이들 담배위해감축 제품들의 잠재력은 매우 커서 이들 제품들이 21세기에서의 가장 유의한 건강 혁신들이 되어 아마도 수백만의 생명을 구할 수 있을 것이라고 주장하였다.[16]

또 한편으로 31개국의 129명의 교수 및 의사 등 각계의 저명인사들(Prof. Rifat Atun으로부터 Dr. Salim Yusuf까지)도 2014년 6월 16일에 세계보건기구 사무총장에게 서신을 발송하였다. 이들은 앞에서 말한 53명의 전문가들의 주장과는 달리 반대하는 견해를 보였다. 즉 ENDS가 금연도구로써 효과가 있다는 단언을 받아들이기에는 아직 근거가 불충분하며, ENDS의 방사물이 건강에 위해를 끼치는 몇몇 독성 물질들을 환경에 방출한다는

15 Abrams, D. – Yach, D. Statement from specialists in nicotine science and public health policy : a letter to WHO Director-General dated 26 May 2014. nicotinepoiicy.net.

16 Abrams, D. – Yach, D. Statement from specialists in nicotine science and public health policy : a letter to WHO Director-General dated 26 May 2014. nicotinepoiicy.net. https://nicitinepolicy.net/.../letters/MargaetChan.pdf.

근거가 있다고 주장하였다. 또한 제조자들이 ENDS의 안전에 관한 정보를 제시할 때까지 혹은 제시하지 않으면 ENDS의 수입, 판매, 마케팅 등을 금지 혹은 규제하여야 한다고 주장하였다.

이들 외에 몇몇 관련 전문협회나 학회가 발표한 ENDS에 관한 정책 성명서의 내용을 소개하면 다음과 같다.

미국암연구협회 및 미국임상종양학회의 권고

2015년 2월에 미국암연구협회(American Association for Cancer Research :AACR)와 미국임상종양학회(American Society of Clinical Oncology: ASCO)는 공동으로 ENDS에 관한 정책성명서를 발표하고, 그 성명서의 전문을 Journal of Clinical Oncology(2015년 3월호)와 Clinical Cancer Research(2015년 2월호)에 각각 게재하였다. 두 기관은 이 성명서를 통하여 앞으로 미국 정부가 ENDS와 관련한 정책을 수립할 때 고려할 할 12가지 쟁점들을 제안하고 있는 데 그 요지들을 살펴보면 다음과 같다.[17]

- AACR과 ASCO는 FDA 관련 부서가 "가족 흡연 예방과 담배 규제법"의 권한을 사용하여 담배 제품과 그 구성 요소들을 법령이 정해놓은 정의를 충족하도록 모든 ENDS를 규제하는 것을 지지한다. FDA는 ENDS의 전달 체계와 담배에서 추출된 니코틴을 함유한 전자용제(e-liquid)에 대해서 전체로 혹은 별도로 판매되든지 간에 모두를 규제하여야 한다. 또한 FDA가 시의에 맞게 최종의 규정을 발표할 것을 권장한다. 담배 제품들에 대한 법률상의 정의를 충족시키지 못하는

17 Brandon, TH., Goniewicz, ML., Hanna, NH., Hatsukami, DK., et. al. Electronic Nicotine Delivery Systems : A Policy Statement From the American Association for Cancer Research and the American Society of Clinical Oncology. Clin Cancer Res 2015;21(3):514-526.

ENDS 제품들은 다른 적절한 기관들을 통하여 FDA에 의해 규제되어야 한다.

- ENDS 제조자들은 FDA에 반드시 등록하여야 하고, 모든 제품들과 재료 목록(해로운 성분과 잠재적으로 해로운 성분, 그리고 ENDS 용제에 함유된 니코틴의 농도 등을 포함)을 보고하여야 한다.
- AACR과 ASCO는 FDA가 규정된 권한을 행사하여 공중의 건강을 보호하기 위하여 FDA가 제안하는 니코틴 경고 이외에 건강에 관한 경고와 안전 표시를 ENDS 포장지 위에 삽입하라고 요구할 것을 권고한다.
- 젊은이들이 ENDS의 사용을 시작하는 것을 예방하기 위하여 FDA가 젊은이들을 지향한 ENDS의 마케팅을 제한하고 다음은 금지시킬 것을 권고한다.

  ① 소매 시설에서 ENDS의 셀프서비스 전시

  ② ENDS 제품 구매 시 선물이나 다른 경품의 제공

  ③ ENDS 상품의 로고가 있는 모자나 티셔츠 같은 품목의 판매나 분배,

  ④ 운동, 음악, 기타의 사회적 문화적 이벤트, 그들 이벤트에 속한 팀 모두에게 상품명으로 하는 스폰서

  ⑤ 젊은이들을 지향하는 담배 제품의 광고(제품의 광고, 판촉, 포장 제작, 표시하기 등에 만화 인물을 사용한 광고를 포함함)

- AACR과 ASCO는 ENDS에 연방 규정들을 응용하여, ENDS 제품을 인터넷과 기타 우편을 통한 판매자들에게 구입자의 연령과 신원의 대조를 구매 시점과 배달 시점에서 각각 요구하는 것을 지지한다.
- AACR과 ASCO는 ENDS의 제2 및 제3의 ENDS 에어로졸에 의한 건강상의 해로운 잠재적 결과들에 대해 관심이 있다. 우리들은 ENDS를 사용하지 않는 사람들의 건강을 보호하기 위하여 현재 기존의 담배

제품의 사용을 금지하는 곳에서 ENDS의 사용을 제2 및 제3의 에어로졸 노출에 대하여 안전성이 입증될 때까지 금지하는 것을 지지한다.

- AACR와 ASCO는 FDA가 주어진 권한을 행사하여, 공중보건의 개선을 목표로 삼아, 담배 제품들과 그 성분들을 근거에 기초한 변화를 일으키라 요구하는 것을 전적으로 지지한다. 특별히, AACR와 ASCO는 점안기(點眼器) 보충병(補充瓶)에 어린이에게 안전한 뚜껑을 씌우는 등을 포함하여 모든 전자용제 보충병에 어린이들의 안전을 요구하는 등 제품의 표준을 제정하는 것을 전적으로 지지한다. 미래의 연구는 디자인, 성분들, 니코틴의 수준들, 혹은 ENDS의 증기 속에 포함될 다른 화학물질 등의 표준들을 포함하여 ENDS에서 추가적으로 필요한 제품의 변화들을 지적할 수도 있을 것이다.
- 모든 노력을 기우려 젊은이들이 ENDS를 사용하는 것을 예방하여야 한다. 그래서 AACR와 ASCO는 캔디나 젊은이들이 좋아하는 향료를 함유한 ENDS와 ENDS 용제를 금지할 것을 권고한다. 단 이들 제품들이 젊은이들이 ENDS를 취하기를 권장하지 않는다는 근거를 제시한 경우는 예외로 하여도 무방하다. 향료들 혹은 맛을 내는 브랜드 이름들, 상표를 단 캔디, 쿠키, 소다, 아이스크림, 젊은이들이 쉽게 식별하거나 매력을 느끼게 하는 담배가 아닌 제품 역시 금지되어야 한다. 모든 노력을 기울려 아동들을 위하여 디자인된 제품들이나 음식으로 인정된 제품들과 ENDS와 ENDS 용제를 혼돈하지 않도록 예방하여야 한다. AACR와 ASCO는 만일 향료를 곁들인 ENDS가 그 향료 때문에 연초담배보다 ENDS를 사용하고 싶은 흡연자들에 흥미를 주어 연소하는 제품들의 사용을 꺼려하게 하거나 금연을 촉진한다면 유익할 수도 있음을 인정한다. 오늘날, 이것에 대해 찬성할 혹은 반대할 근거가 없고, 향료

를 곁들인 ENDS가 공중보건에 주는 편익들은 알려져 있지 않다. 따라서 우선순위는 젊은이들이 이들 제품들을 사용하지 않도록 예방하는데 두어야만 한다.

- AACR와 ASCO는 정책 입안자들이 ENDS에 관한 연구를 지원해줄 것을 강조한다. 그 이유는 이 연구가 과세, 실내에서의 ENDS 사용, 향료들, 기타 제품의 표준, 전자담배의 마케팅 등에 대한 장래의 연방, 주, 지방 등의 정부 규제와 정책 결정을 안내하는 데 이용되어야 하기 때문이다. ENDS에 부과되는 잠재적 부가세를 포함하여 담배 제품에 대한 과세를 통하여 조성되는 자금은 ENDS와 기타 담배 제품에 관한 연구의 지원에 사용되어야 한다. 그러나 이것을 구실로 삼아 이 연구를 위한 연방정부의 자금 배정을 배제해서는 안 된다.
- AACR와 ASCO는 홍보와 독립적 검토, 그리고 ENDS 제품에 대한 정책 결정을 강화하기 위해서 ENDS의 성분, 사용 및 건강상 영향 등에 관한 모든 자료를 완전히 공개할 것을 권고한다.
- 특별히, 연방정부의 ENDS 규제가 부재한 가운데서 AACR와 ASCO는 주정부와 지방정부가 자신들의 권한 내에서 젊은이들에게 ENDS의 판매, 분배, 마케팅과 광고 등의 제한을 포함하여 공중보건의 보호에 적절하게 ENDS 규제들을 시행할 것을 적극 권장한다.
- 근거가 보여준 바에 의하면, 연초담배에 부과하는 세금을 인상하는 것이 담배 규제 전략들 가운데 가장 효과적인 방법들 가운데 하나이고, 또한 차등적 과세는 담배 제품 사용에도 영향을 끼친다. AACR와 ASCO는 담배 제품에 대한 세금을 그 제품의 해로움에 비례하도록 부과할 것을 권고한다.

결핵과 폐질환 퇴치 국제연맹의 전자담배작업그룹의 권고

결핵과 폐질환퇴치 국제연맹((International Union Against Tuberculosis and Lung Disease : IUATLD or The Union, 이하 연맹이라 칭함)은 1920년에 프랑스 파리에서 창설되어 2014년 현재 159국의 개인과 조직 등이 회원으로 가입해서 결핵과 폐질환의 예방과 관리, 흡연의 위험들에 관한 정보의 홍보, 전반적인 지역사회건강의 증진에 헌신하고 있는 비영리, 비정부 조직이다.

연맹은 이러한 활동의 일환으로 2013년 11월 1일에 소집된 연맹이사회에서 ENDS에 관한 정책성명서를 논의한 후 승인하였다. 그 요지를 살펴보면 다음과 같다.

연맹은 과학적 근거에 대한 조심스러운 검토를 기반으로 삼아 이 정책성명서를 발표하나 2015년 중반까지 검토를 끝마칠 것이다.

- 전자담배(e-cigarette : ECs) 혹은 전자 니코틴 전달시스템(Electronic Nicotine Delivery Systems : ENDS)의 안전성은 아직까지는 과학적으로 증명되지 않았다.
- 노출된 제3자(이하 노출자)가 입을 해로운 건강상의 효과를 배제할 수 없다. 그 이유는 전자담배의 사용은 흡입이 가능한 용제의 미립자와 초미립자, 니코틴과 암을 유발하는 물질들을 실내의 공기 속에 불어넣기 때문이다.
- 전자담배(ECs)의 편익들은 아직까지는 과학적으로 입증되지 않고 있다. 현재까지 몇몇 소수의 연구들만이 ECs/ENDS를 위해감축과 금연보조기구로 사정하였으나, 연구의 결과들은 서로 일치하지 않았다.
- 연맹은 ENDS의 마케팅, 인지, 그리고 사용이 급속하게 신장하고 있는 것에 대해 관심을 가지고 있다.

- 현행 그리고 제안된 법적 규제적 선택지들의 범위가 아주 넓다. 어떤 국가들(예: 브라질, 노르웨이, 싱가포르)은 ECs/ENDS를 완전히 금지하고 있다.
- ENDS는 세계보건기구 담배 규제기본협약 제12조(담배 사용의 비정상화)의 시행을 훼손할 수 있다; ENDS의 사용은 제8조(담배 연기에 대한 노출로부터의 보호)의 시행을 방해할 수도 있다. 왜냐 하면 공공장소에서 ENDS 사용자들은 자신들의 전자담배는 담배를 함유하지 않았다고 주장하거나 간접적인 담배 연기를 발생시키지 않는다고 주장할 수 있기 때문이다.
- 연맹은 ECs 혹은 ENDS의 제조, 마케팅 및 판매에 대한 규제를 강력히 지지한다. 선호하는 선택지는 ECs혹은 ENDS를 의약품들과 같이 규제하는 것이다.
- 만일 의약품으로 규제하는 것이 실현 가능성이 없다면, 신뢰할 만한 근거의 이용가능성을 기다리면서 다음에 열거하는 대책들이 고려되어야 한다.

① 모든 광고, 판매 촉진, 후원하기를 종합적으로 금지한다.

② 금연을 위한다는 구실로 ECs/ENDS를 판매 촉진하는 것은 금지되어야 한다.

③ 소매점에서 ECs/ENDS의 전시는 금지되어야 한다.

④ 미성년자들에게 판매는 금지되어야 한다.

⑤ 어린이들에게 호소력이 있는 향료가 들어 있는 ECs/ ENDS와 그것들의 보충제들은 판매가 금지되어야 한다.

⑥ ECs/ENDS 카트리지의 포장, 라벨링, 일회용 ECs/ENDS 등에는

반드시 모든 성분들의 목록이 포함되어 있어야 하고, 니코틴의 양을 명기하여야 하며, 적절한 경고 문구들이 포함되어 있어야 한다.

⑦ 공공장소, 작업장, 혹은 대중교통 수단 탑승 중에는 ECs와 ENDS의 사용이 금지되어야 한다.

⑧ ECs 카트리지에 대한 소비자 안전 표준이 확립되어야 한다. 여기에는 제조상의 일관성 보장과 그것들이 함유한 니코틴의 양/도수(dose) 등이 포함되어야 한다.

한국보건의료연구원의 ENDS에 관한 연구 보고서

한국보건의료연구원은 2010년 3월에 "전자담배 관리 방안"이란 연구 보고서를 기획재정부에 제출하였다. 이 연구는 첫째, 전자담배의 현황과 실태, 국내에서 유통되고 있는 전자담배의 성분 등을 분석하고; 둘째, 전자담배의 관리에 대한 해외 사례 및 연구들을 조사하여 국내에 적합한 관리 방안을 마련한다는 목적을 가지고 수행되었다. 그 연구의 결론은 다음과 같다.[18]

① 전자담배의 안전성 및 유효성과 관련된 신뢰할 만한 근거는 현재 밝혀지지 않았다.

② 세계의 국가들이 전자담배에 대한 규제/관리 방안도 일관성 있게 마련하지 못하고 있는 상태 하에서 전자담배의 사용은 어느 나라에서나 급증하는 추세를 보이고 있다.

③ 전자담배회사들은 전자담배가 의약품으로 규제를 받지 않은데도 기존의 담배 제품들보다 덜 위해하다는 점을 강조하며, 소비자들이 전자담배를 "더 안전한 담배"라는 이미지를 갖도록 마케팅을 강화하고 있다.

---

18 이희영, 「전자담배(electronic cigarette) 관리방안 연구」, 한국보건의료연구원, 2010.

④ 전자담배의 안전성이 과학적으로 증명되지 않은 현재의 상황 하에서는 국민의 건강을 위하여 전자담배를 담배 제품으로 규정하고, 기존의 담배 제품에 대한 규제와 같이 시행하는 것이 바람직하다.

⑤ 현행의 담배사업법 일부를 개정하여 전자담배는 물론이고 향후에 새로운 형태로 출현될 가능성이 있는 "담배 제품"들도 포괄하여 관리할 수 있는 준비할 필요가 있다.

⑥ 전자담배의 성분 표시와 경고 문구는 기본적으로 기존의 담배 제품에 준하여 시행하되, 추후에 근거들이 확보될 경우 그에 상응하게 변화를 주는 것이 바람직하다.

세계보건기구의 전자담배 혹은 전자니코틴 전달 체계에 대한 질의와 응답

세계보건기구는 2013년 7월에 "ECs 혹은 ENDS에 관한 질의와 응답"이라는 성명서를 발표하였고, 2014년 6월에 이를 개정하였다.[19]

세계보건기구가 발표한 위의 두 성명서들은 앞에서 논의한 관련 전문단체들의 ENDS에 관한 정책 성명서들이 제기한 ENDS와 관련된 우려들과 의문점들에 대하여 간추려 응답한 것으로 보아도 큰 무리는 아닐 것 같아 그 요지를 다음과 같이 소개한다.

세계보건기구는 이 성명서를 통하여 ENDS에 대해서 3가지 질문을 하고 그것에 응답한 다음에 결론을 맺고 있다. 첫째 질문은 전자담배란 무엇인가?; 둘째 질문은 전자담배(ENDS)는 안전한가?; 셋째 질문은 전자담배(ENDS)의 사용은 흡연을 중단하기 위한 하나의 효과적인 방법인가; 등이

19 World Health Organization. Questions and Answers on electronic cigarettes or electronic nicotine delivery systems(ENDS). Geneva: WHO, 2013.

다. 그런데 첫째 질문은 우리가 이 글 앞 부분에서 이미 수차례 논의한 바가 있어 여기에서는 다루지 않으려고 한다.

▷ 전자담배(ENDS)는 안전한가?

전자담배의 안전성은 현재까지 과학적으로 증명되지 않고 있다. ENDS가 사용자의 건강에 미치는 잠재적 위험들은 확증되지 않은 채로 남아 있다. 더구나 과학적 실험에 의하면, 산출물들이 전달하는 니코틴과 기타 화학물질의 양들이 매우 다양하다는 것과 소비자들이 자신들이 손에 넣은 제품에 의해 실제로 전달되는 것들을 알아낼 방법이 없다는 것이다.

대부분의 ENDS는 프로필렌글리콜의 농축물들을 광범위하게 내포하고 있는데 이 프로필렌글리콜은 흡입될 때 자극제로 알려져 있다. 이들 제품들 가운데 몇 가지를 시험한 결과, 니코틴은 물론이고 다른 유독성 화학물질들이 실재함을 알려주고 있다. 그 위에, 이들 제품들이 니코틴을 함유하고 있을 때 이 제품들을 사용하면 니코틴 중독의 위험에 빠질 수도 있다. (예: 몸무게 30kg의 어린아이가 24mg의 니코틴 카트리지를 삘있을 경우, 급성 니코틴 중독의 원인이 될 수 있으며, 대부분의 경우 사망하게 된다.) 또한 비흡연자들은 중독의 위험에 빠질 수 있게 된다. 니코틴은 빨아들이든, 섭취하든, 혹은 피부에 직접 닿든 간에 특정 계층의 사람들, 예를 들면 어린이, 젊은이, 임산부, 육아하는 모성, 심장에 이상이 있는 사람, 그리고 노인들 등의 건강과 안전을 해칠 수 있다. ENDS와 ENDS의 니코틴 카트리지, 그리고 보충악세사리는 질식이나 니코틴 중독을 고려하여 언제나 유아들의 손이 닿지 않게 보관되어야 한다.

ENDS는 담배의 연소와 연관되는 연기를 내지 않기 때문에, ENDS의 사용은 일상적 흡연보다는 더 안전할 것으로 소비자들에 의해 믿어지는 경향이 보통이다. ENDS에 대한 이러한 사람의 눈을 속이는 듯한 "안전성"은 소비자들을 부추길 수 있다. 그렇지만 전자담배에 사용되는 화학물질들은 완전히 드러나지 않았고, 또한 그것들이 뿜어내는 물질들에 대한 충분한 자료가 아직은 없는 실정이다.

▷ 전자담배의 사용은 금연에 효과적인가?

사람들의 금연을 돕는 ENDS의 효능은 과학적으로 현재까지 충분히 확증되지 않고 있다.

ENDS는 종종 담배의 대체물, 흡연의 다른 방도, 혹은 금연의 보조물 등으로 선전된다. 그러나 금연용 제품들이 가장 효과적으로 그리고 안전하게 사용되려면 과학적 시험을 통하여 각각의 제품에 적합하게 개발된 사용법에 따라서 사용될 필요가 있다는 것을 우리는 알고 있다. 담배 제품의 대체물이나 금연 보조물로 ENDS를 사용할 과학적으로 증명된 사용법들이 아직은 없다. 이들 주장들과 연관된 암시적인 건강상 편익들은 근거가 없거나 부정확하거나 오해하기 쉬운 정보에 기초를 두고 있다. ENDS를 금연 보조물로 이용하면, ENDS는 니코틴을 폐로 직접 전달하게 되어 있다. 니코틴 패치와 씹는 껌과 같은 승인되고 규제를 받는 금연 보조제들 가운데 어느 것도 니코틴을 폐로 전달하지는 않는다. 금연이 니코틴을 폐에 전달하여 성취될 수도 있다는 생물학적 기전과 그 효과들은 알려지지 않고 있다. 폐로의 전달은 위험스러울 수도 있다. 그렇기 때문에, ENDS를 통하여 폐에 전달된 니코틴의 효과에 대해서 독립적으로 과학적으로 연구하는 것이 전 세계적으로 중요하다.

전달된 니코틴의 도스(the dose) 또한 알려지지 않고 있다. 전달된 니코틴 도스는 제품에 따라 상당히 다를 것이라고 어렴풋이나마 짐작은 할 수 있다. 왜냐 하면 각 제품은 저마다 내포하고 있는 니코틴의 양과 농축 정도가 다를 것이기 때문이다.

국내 금연 정책에 있어서 담배위해감축의 위치

어떤 개인, 특히 성인의 흡연 또는 금연 행태는 그 개인이 독립적으로 결정하여 행하는 사상(事象)일까? 이 질문에 대하여 민주사회의 한 시민으로서는 "그렇다"고 과감하게 응답할 수도 있을 것이나 복잡하게 얽혀 있는 사회적, 경제적, 문화적 요인들이 상호작용하는 현대사회의 일원으로서는 반드시 "그렇다"고만 응답할 수는 없을 것이다. 왜냐하면 현대사회에서 개인의 자유 의사만으로는 흡연을 시작하거나 금연을 할 수 없는 것이 현실이기 때문이다.

담배 제품의 사용, 곧 흡연 행동은 벌써 수백 년을 이어져온 역사를 가지고 있어서 이미 문화적으로 수용된 행동이 되어 동서양을 막론하고 현대 어느 사회에서나 윤리적으로나 법적으로 비난받을 몹쓸 행동은 아니다.

담배 산업의 규모는 특히 이윤의 창출 면에서 다른 어떤 산업들의 그것에 뒤지지 않는 산업이라는 점 역시 간과할 수 없는 현실이다. 그래서 담배산업은 경제면에서도 결코 만만하게 다루어질 수 있는 부문이 아니다. 주식투자의 세계적 천재, Warren Buffett는 "내가 왜 연초담배시장을 좋아하는지를 말하겠다. 그것을 만드는 데는 1페니의 비용이 드나, 만들어 놓으면 1달러에 팔리기 때문이다. 연초담배는 중독성이 있다. 그리고 브랜드에 대한 환상적인 충성이 있다."고 담배 제품에 대해서 평가하였다. 이를 유추하여 해석해 보면 첫째, 담배 산업은 수익을 굉장히 많이 내는 산업이다; 둘째, 담배 제품은 제품의 사용자를 중독 시키는 건강에 해로운 제품이다; 셋째는 흡연이 건강에 해로움에도 불구하고 사람들이 흡연을 계속하는 이유는 사용자들이 제품에 대하여 충성을 바치기 때문이라는 것이다. 이와 같은 Warren Buffett의 담배 제품에 대한 평가는 담배 제품이 가지고 있는 경제적 가치, 건강상의 위해, 그리고 앞으로의 시장 전망에 대하여 시사하는 바가 크다고 하겠다.

세계보건기구는 2014년 5월에 발행한 "Tobacco Fact Sheet(담배의 현황 자료)"를 통하여 전 세계 인구 중 약 10억 명이 흡연을 하고 있으며, 매년 6백만 명이 흡연이 원인이 되어 사망하고 있다고 발표하였다.[20] 이들 흡연자들 가운데 금연하고 싶은 사람들은 얼마나 되며, 금연을 하겠다는 흡연자들 가운데서 어느 정도나 장기적으로 금연에 성공할까? 흡연이 건강에 해롭다는 것을 알면서도 금연을 시도할 의사가 없다는 흡연자들에 대해서는 어떻게 하여야 할까?

담배 제품들이 사용자들의 건강에 미치는 위해를 전체 인구의 견지에서 생각한다면 다른 어떤 위해들보다 훨씬 중요하다. 특히 흡연으로 인한 위해는 단일 원인, 즉 흡연 행동만 해결하면 그로 인한 모든 위해들로부터 자유를 얻을 수가 있다. 즉 사람들이 담배를 흡연하는 행동을 처음부터 아예 시작을 하지 않게 하거나, 건강상 위해들이 손을 쓸 수 없을 정도에 이르기 전에 금연만 하게 된다면 그 같은 위해들을 면하게 될 가능성이 아주 높아진다.

이론적으로 말하면, 그것들을 위한 첫 번째 방법은 공급의 규제이다. 즉 담배의 생산과 가공, 가공된 제품의 판매와 사용 등을 원천적으로 엄금해버리면 된다. 그러나 이러한 일련의 경제적 조치들이 현대 사회에서 현실적으로 실행 가능할까? 이것은 마치 고속도로에서 자동차 사고로 사망자가 많이 발생하니 이들의 생명을 보장하기 위해서는 기존 고속도로들을 모두 폐쇄해 버리고, 앞으로는 고속도로의 건설을 전면 중단시키자는 조치들과 본질적으

20 World Health Organization. Tobacco fact sheet. Geneva: WHO, 2014.

로 같지 않을까? 고속도로의 전면 폐쇄와 건설의 중단 조치들이 현대 사회에서 과연 실행 가능할까? 누구라도 가능하지 않은 조치라고 응답할 것이다.

두 번째 방법은 수요의 규제이다. 현재 흡연자들을 여러 가지 방법들을 동원하여 흡연을 완전히 중단시키는 즉 금연하게 하여 담배의 수요를 줄이는 규제이다. 현재 흡연자들 가운데는 금연을 할 의사가 있다고 말하고, 그 말을 실천하는 사람들도 많이 있다. 그러나 자발적으로 금연을 하였다가 다시 흡연하는 자들 즉 금연에 실패하는 율이 예상외로 아주 높다. Hughes 등(2004)에 의하면, 금연 후 1개월 이내에 다시 흡연하는 율이 약 80%이고, 장기적으로 금연에 성공하는 율은 3%~5% 수준에 불과하다고 보고하였다.[21] 그래서, 담배의 수요를 규제하는 이 방법 또한 실천이 어려워 실효성이 적다고 이해는 하면서도 집요하게 추구되어오고 있다. 금연의 성공률이 이처럼 낮은 이유는 담배 제품에 함유된 "니코틴"에 흡연자들이 중독되어 웬만해서는 이 수렁에서 헤어날 수가 없기 때문이다.

세 번째 방법은 담배 제품에 대한 수요 규제의 방향을 전환하여 담배 제품들이 인간에게 끼치는 위해들을 최대한 감축시켜 편익을 취하는 방법이다. 이 방법은 금연을 최종적 목표로 삼고는 있지만, 그 목표에 도달하기 위해서, 현재의 상태를 출발점으로 삼고 금연의 목표까지를 몇 개의 단계들로 나누어 각 단계마다 설정된 하부 목표를 달성하면 다음 단계로 올라가 니코틴 중독과 흡연으로 인한 건강의 위해들을 동시에 감축하여 금연에 성공하게 함으로써 수요를 규제하는 방법이다. 사망 사고가 많이 나는 고속도로를 완전히 폐쇄할 수 없는 현대사회가 고속도로 상에서의 사망 사고를 획기적으로 해결하려는 접근 방법으로 '안전벨트'라는 보조 기구를 창안하여 고소도로를 주행하는 차량의 모든 탑승자들이 이를 반드시 착용하도록

21 Hughes JR., Keely J., Naud S.. Shape of the relapse curve and long-term abstinence among untreated smokers. Addiction 2004;99:29-38.

규정하여 이를 시행하는 것에서 시사점을 발견할 수 있다.

이와 같이 이 방법은 그 실천 과정에서 부득이 보조 도구가 필요하게 된다. 그것이, 소위 "잠재적 감축-노출 제품들(potential reduced- exposure products : PREPs)"이다. 최근에 많이 논의되고 있는 이런 유의 제품들의 예들로 스웨덴의 snus, 니코틴 패치, 전자담배 등을 들 수 있다. 그들 가운데 최근에 학계를 비롯하여 관계 기관, 흡연자와 담배산업 등 모든 당사자들 간에 찬반의 논의가 한창인 도구 · 기구가 바로 전자담배(E-Cigarettes : ECs) 혹은 전자 니코틴 전달시스템(Electronic Nicotine Delivery Systems : ENDS)이다.

이 제3의 접근 방법이야말로 니코틴의 중독을 해결하여 금연에 성공하게 함으로써 담배 제품의 사용에 의해 발생하는 건강상 위해들을 감축하는 데 있어서 가장 현실적이고 실용적이며 실현 가능한 방법으로 논의되고 있기는 하다.

그런데 이 방법을 시행하려면 두 가지 요건을 충족시켜야만 한다. 하나는 적절한 제품(PREPs)의 이용이고, 다른 하나는 제품의 사용량을 점진적으로 축소하겠다는 실천적 자기 의지이다. 이들 두 가지 중 어느 하나를 아니면 두 가지 모두를 실행하게 하는 제3의 방법이 곧 "담배위해감축" 접근 방법이고 전략이다.

담배 제품의 사용(흡연)으로 인하여 발생하는 건강상의 장단기 위해들은 800℃ 이상의 고온으로 연소되는 담배 제품에서 품어져 나오는 연기를 체내로 흡입하는 데서 연유한다. 그런데 흡연자들도 흡연의 가공할 만한 위해들을 잘 알고 있으면서도 흡연을 계속할 수밖에 없는 이유는 흡연자가 흡입하는 매연 속에 함유되어 있는 니코틴의 중독성 때문이라는 것은 누차 언급한 바 있다. 그래서 흡연의 건강상 위해들을 감축하려면 두 가지 조건을 동시에 만족시켜야만 그 가능성이 있게 된다. 하나는 흡연 시 흡입 또는 배출되는 연기를 제거시키는 것이고, 다른 하나는 니코틴의 양을 금단증상이 발현되지 않는 최저의 수준으로 감축하는 것이다. 그런데 앞에서 여러 번 언급하였지만 흡연 행동을 일시에 중단하는 금연은 이상적이기는 하지만 장기간 성공하기가 대단히 어려워서 실효성과 현실성이 낮다. 따라서 흡연으로 인한 위해를 현실적으로 실용적으로 대처하려면 흡연과 같은 행동은 금연 전과 같이 지속하면서 연기는 제거하고 니코틴은 최저 양을 흡입하게 하여야 한다. 그렇게 하려면, 어쩔 수 없이 어떤 도구 · 기구들의 도움을 받을 수밖에 없다.

적절한 도구 · 기구들을 사용하여서라도, 위에서 언급한 두 가지 조건을 동시에 충족시켜 금연에 성공하게 하여 담배 제품의 시용(흡연)으로 인한 건강상 위해들을 감축시켜 사람들의 흡연으로 인한 사망률과 이환율을 낮추어 가자고 주장하는 실용적이며 실천적인 전략 또는 접근 방법이 바로 "담배위해감축"이다.

그런데 특정한 사회에서 그와 같은 담배위해감축 전략을 실행하려면 무엇보다 먼저 "담배위해감축"이란 개념과 방법을 그 사회가 받아들여 실천할 것인가를 논의해야 한다. 만일 받아들이기로 합의했다면, 그 다음은 무엇들이 "적절한 도구 · 기구들"인가를 결정해야 한다. 그 도구 · 기구들을 결정한 다음에는 그것들이 제구실을 다 하게하려면 누가, 언제, 무엇을, 어떻게 하여야 할 것인가를 결정하여 시행해야 할 한다.

담배 제품의 사용으로 인하여 발생하는 긴급한 사회적 문제들을 담배위해감축이란 전략 또는 접근 방법으로 해결하여 흡연으로 인한 국민의 사망률과 이환율을 낮추어 건강의 수준을 유지 또는 향상시키려는 일련의 의사결정, 시행, 평가 등 그것 또한 보건정책의 일환이 틀림없다.

담배위해감축 접근 방법을 국가적으로 시행하려고 할 경우 정책적으로 고려하여야 할 쟁점들은 무엇인가?

- 담배위해감축에 필요한 적절한 도구 · 기구의 결정이나 국민의 사망률과 이환율의 저하 여부에 대한 판단은 반드시 과학적 근거에 기초를 두고 이루어져야 한다. 따라서 담배위해감축의 실천을 위해서는 이 분야에 대한 과학적 근거 자료들이 미비한 현재로서는 이러한 근거들의 획득이 가장 시급하다. 이러한 점을 고려할 때, 이 분야에 대한 과학적 지견이 뚜렷하면서도 담배 이해 당사자들로부터 영향을 직접적으로 받지 않는 객관적이고 독립적인 연구자들이 중심이 되어 관련된 연구들을 심도 있게 진행할 수 있도록 재정을 비롯한 각종의 지원책을 강구하여 실천하는 것이 급선무이다. 재정 중립적 재원이 이 분야의 연구에 투입되는 방안이 강구되어 중립적이고 독립적인 연구가 수행되어야 한다. 그래야 사회의 각 부문들이 그 결과에 대해 동의할 것이며, 그것들에 의해 제안되는 정책과 프로그램들이 실제로 시행될 수 있다.
- 적절한 도구 · 기구들이 일관성 있게 질적으로 유지되도록 계속 관리되어야 한다. 이를 위해서는 이 같은 작업을 수행하는 전문 기관의 창설이나 기존의 기관들 중에서 이 임무를 수행할 기관을 지정하여야 한다. 따라서 이 같은 새로운 기관의 창설이나 기관의 지정에 필요한 조치들이 취해져야 한다.
- 과학적으로 객관적으로 획득된 정보들을 모든 국민들과 관련 당사자들이 올바르고 쉽게 획득하여 실천에 응용할 수 있도록 정보들의 유통을 투명하게 할 수 있는 조치를 취해야 한다.
- 이 도구 · 기구들이 잘못되게 사용되거나(예: 리필 시 다른 목적의 의약

품을 투입하여 다른 목적으로 사용함), 부작용(예: 어린이들이 사용하거나, 니코틴용액 등 내용물의 흡입 또는 접촉에 의해 피해를 입지 않게 하는 등)을 일으키지 않도록 제품과 투입 · 내용물을 철저히 관리할 수 있도록 필요한 조치들이 취해져야 한다.

- 국민이 이 도구 · 기구를 적정한 가격으로 구입하여, 담배위해감축을 위해서만 올바로 사용할 수 있도록 도구 · 기구들의 생산, 판매, 마케팅 등 일련의 공급 과정을 관리하기 위한 제품의 표준들과 경고 문구들을 포함한 규제 방안들이 강구되어야 한다.
- 미성년자들을 포함하여 젊은이들이 이 도구 · 기구들을 오락용으로 혹은 새로 흡연을 시작하기 위한 시험용으로 사용하지 못하도록 그들의 이들 도구 · 기구들에 대한 접근 가능성과 이용 가능성을 적극적으로 차단하는 방안들이 강구되고 실천되어야 한다.
- 이들 도구 · 기구들의 담배위해감축에 대한 과학적 객관적 근거들이 마련되기 이전까지는 이들 도구 · 기구들을 담배 제품의 하나로 간주하여 동일한 법규로 규제하도록 조치할 필요가 있다.

14장

위해감축이론

“위해감축(危害減縮)”은 영어 “Harm Reduction”을 우리말로 번역하기 위하여, 위해와 감축이란 두 낱말을 합성해서 새로 만들어 낸 용어이다. 국내 연구자들, 특히 알코올과 관련된 연구들을 수행해온 연구자들 가운데는 이를 폐해 감소(弊害減少)라고 번역하여 사용하는 이들도 있고, 금연과 관련해서는 “위해감축”이라고 번역하기도 한다. 그래서 무엇보다 먼저 이 용어가 가진 의미를 국어사전의 뜻풀이와 우리나라에서 시행되고 있는 관련 법률에서의 표현을 탐색하여, 그에 걸맞게 용어를 선택하려 한다.

민중 엣센스 국어사전은 위해(危害)를 “위험한 재해, 특히 사람의 생명을 위협하는 위험이나 해(害)”라고 풀이하였고, 새 국어대사전은 이러한 위해를 영어 “Harm”과 동의어로 적시하고 있다. 그리고 앞에 말한 엣센스 국어사전은 폐해(弊害)를 “폐가 되는 나쁜 일”이라고 풀이하였다. 한 편 감축(減縮)은 “덜리고 줄어서 적어짐, 덜고 줄여서 적게 함”으로, 감소(減少)는 “덜어서 적게 함, 또는 줄어서 적어짐”이라 각각 풀이하고 있다. 특히, 우리나라의 “마약류 관리에 관한 법률(법률 제11461호)”은 제1장 총칙 제1조(목적)에서 "이 법은 마약 · 향정신성의약품 · 대마 및 원료물질의 취급 · 관리를 적정하게 함으로써 그 오용 또는 남용으로 인한 보건상의 위해(危害)를 방지하여 국민보건 향상에 이바지함을 목적으로 한다."고 규정하고 있다.

그래서 국어사전들의 뜻풀이와 관련된 법률 조항에서의 쓰임을 감안하여 영어 "Harm Reduction"을 우리말로는 "폐가 되는 나쁜 일을 덜어서 적게 한다."는 의미를 나타내는 "폐해 감소" 보다는 "사람의 생명을 위협하는 위험이나 해를 덜고 줄여서 적게 한다."는 의미를 함축하는 "위해감축"이 보다 적절할 것으로 생각하였다. 이런 이유들 때문에 영어 "Harm Reduction"을 우리말로 "위해감축"이라 번역하고 이하의 논의들에서 "위해감축"이란 용어를 사용하려고 한다.

"위해감축"은 1980년대 중반 경에 유럽의 여러 도시들에서 주로 약물 사용과 관련되는 위해 때문에 새롭게 주목을 받기 시작하여 1990년대부터 그 윤곽을 드러낸 개념이지만, 현재까지도 그에 대한 찬반의 논쟁이 끊이지 않고 계속되고 있다. 우리나라에서는 아직까지 이 용어가 관련 학계를 비롯하여 사회 전체적으로도 낯선 개념이라고 말할 수 있다.

그러나 세계에서 크고 작은 여러 나라들이 정책 면에서나 프로그램 면에서 이미 이를 수용하여 고위험 행태들이 원인이 되어 발생하는 사람들의 생명과 건강상의 위해를 감축시켜 질병의 이환과 사망을 감축시키는 등 긍정적 효과를 거두고 있다.

위해감축의 정의

"위해감축"이란 무엇인가? 위해감축의 정의는 정의하는 주체, 맥락, 그리고 정의가 지향하는 표적에 따라 각각 달리 표현할 수 있을 것이다. 그래서 위해감축을 정의하는 주체, 맥락, 표적에 따라서 어떻게 정의하고 있는가를 살펴보기로 한다.

국제위해감축협회

국제위해감축협회(International Harm Reduction Association : IHRA)에서는 위해감축을 다음과 같이 정의하고 있다.

> 위해감축이란 합법적 혹은 불법적 향정신성 물질들의 사용과 연관되는 건강상, 사회적, 경제적 위해들의 감축을 목표로 삼는 정책들과 프로그램들을 가리킨다. 위해감축은 공중보건과 인간의 기본권 등의 원리를 정착시키며, 약물 사용과 연관된 문제들을 다루는 실용적이며 개인적 판단을 피하는 접근 방법이기도 하다. 또한 위해감축은 소비 감축 접근 방법과 함께 작동하며, 약물이 없는 세계란 비현실적이므로 개인과 지역사회는 약물의 사용과 연관되는 위험들을 감축하는 도구들과 정보를 반드시 제공받아야 함을 인정한다.[1]

캐나다 브리티시컬럼비아 위해 저감 전략과 사업

캐나다의 브리티시컬럼비아 주의 '위해감축 전략과 위해감축 서비스(British Columbia(BC) Harm Reduction Strategies and Services, British Columbia, Canada)'에서는 위해감축을 다음과 같이 정의하고 있다.

> 위해감축이란 인간 행태의 위해한 효과들을 감축시키기 위하여, 정책과 사업화를 통해 필요한 조처들을 취한다. 또한 위해감축은 개인들, 그들의 가족들, 그리고 지역사회가 보다 안전하고 보다 건강하기 위하여 관련된 정보를 제공받은 상태에서 의사를 결정하도록 지식, 수기(手技), 자원, 지원을 제공하고 강화함을 목표로 하며, 편협한

1 International Harm Reduction Association. The Global State of Harm Reduction 2008. London: International Harm Reduction Association; 2008. p 10.

개인적인 판단을 하지 않는 접근 방법들과 전략들이기도 하다.[2]

미국 로스앤젤레스의 정신질환을 가진 홈리스를 위한 지역사회 모델

미국의 로스앤젤레스 시의 '정신질환을 가진 홈리스(노숙자)들을 위한 지역사회 모델'에서 사용하고 있는 정의는 다음과 같다.

> 위해감축이란 약물 사용, 알코올중독, 그리고 정신질환으로 인한 부정적 결과들을 감축하도록 주변의 상황을 다루어 사람들을 돕는 일련의 실천적 전략이다. 그래서 위해감축은 약물 사용을 전적으로 즉각적으로 중단하게 하거나, 정신건강치료를 수용하게 하는 데에 초점을 맞추기보다는 특정한 개인의 삶의 질, 건강, 웰빙 등의 개선을 성공의 중요한 기준으로 삼는다.

호주 연방 보건국

호주 연방 보건국에서 내린 정의는 다음과 같다.[3]

> 위해감축은 잠재적으로 위험한 행동과 연관된 위해들의 예방 혹은 감축에 초점을 두는 철학이며, 사람들이 그 같은 행동들을 실행하지 않도록 예방하는 데 초점을 맞추지 않는다. 위해감축은 약물 사용의 현실성을 인정하는 실용적 개념이다. 위해감축 접근 방법은 개인과 지역사회가 약물 사용과 연관된 위해들을 감축시키는 것이 약물 사용을 전적으로 배제하려는 기도를 지지하는 것보다 효과적일 수 있음을 인정한다.

---

2 BC Harm Reduction Strategies and Services. Harm Reduction Training Manual: A Manual for Frontline Staff involved with Harm Reduction Strategies and Services. BC: BC Harm Reduction Strategies and Services; 2010, p 5.

3 The Department of Health, Australian Government. Harm Reduction. In: National Hepatitis Resource Manual 2nd Edition. The Department of Health, Australian Government. 2008.

영국의 위해감축동맹

영국의 '위해감축동맹'에서 내린 정의는 다음과 같다.

> 위해감축이란 약물의 사용과 연관되어 개인, 지역사회, 그리고 사회 전체에 미치는 건강상, 사회적, 경제적 위해들을 감축시키기 위하여 실시하는 정책, 프로그램, 서비스와 활동 등을 명확히 정의하는 용어로 정의하고 있다.[4]

G. Alan Marlatt

미국 시애틀에 있는 워싱턴대학교 중독행태연구소 소장이었던 G. Alan Marlatt 교수는 2010년에 발표한 그의 한 논문에서 위해감축을 다음과 같이 정의하였다. Marlatt의 이 정의는 앞에서 제시한 여러 정의들을 포용하고 있다.[5]

> 위해감축이란 보다 더 안전한 사용으로부터 통제된 사용으로, 더 나아가서 금단으로까지의 범위를 관통하는 몇 가지 전략들을 통합하여 알코올과 약물 등의 사용이나 다른 고위험 행동들에서 나오는 위해한 결과들을 감축하는 실용적 접근 방법이다.
> 대부분의 위해감축 접근 방법들의 가장 중요한 목표는 "개인들이 처해 있는 현재 상태 그대로에서" 그들을 만나, 그들의 위해한 행태를 무시하거나 비난하기 보다는 주어진 행태로 인하여 발생하는 위해한 효과들을 최소화하기 위하여 개인과 지역사회가 함께 작업을 한다.

---

4 The United Kingdom Harm Reduction Alliance. statement on the meaning of 'harm reduction': Definition of harm reduction. UK Harm Reduction Alliance.

5 Marlatt GA., Witkiewitz K. Update on Harm-Reduction Policy and Intervention Research. Ann. Rev. Clin. Psychol. 2010;6:591-606.

국제위해감축협회

국제위해감축협회는 2010년에 발표한 한 성명서에서 약물에 대한 위해감축 접근 방법은 공중보건과 인권에 대한 강력한 공약에 기초하고 있음을 강조하면서, 위해감축의 원리들을 다음과 같이 일곱 가지로 정리하여 천명하였다.[6]

▷ 위험과 위해를 표적으로 삼는다.

위해감축은 구체적인 위험과 위해에 초점을 맞추는 일종의 표적 지향적 접근 방법이다. 정치가, 정책 입안자, 지역 사회, 일선의 요원, 그리고 약물 사용자는 다음에 열거하는 것들을 확인하여야 한다.

① 특정한 향정신성 약물의 사용과 연관되는 여러 위험들과 위해들은 무엇인가?
② 그러한 위험들과 위해들의 원인들은 무엇인가?
③ 이들 위험들과 위해들을 감축시키기 위하여 무엇을 할 수 있는가?

이처럼 위해감축은 위험들과 위해들의 원인들을 표적으로 삼는다. 특정한 위해들과 그의 원인들, 적절한 중재들에 대한 결정은 문제에 관한 상응의 사정과 요구되는 활동을 필요로 한다. 특정한 위험들과 위해들을 다루는 맞춤형 위해감축 중재라면 약물 사용자들을 취약하게 만드는 요인들을 반드시 고려하여야 한다.

6 Harm Reduction International. What is harm reduction? Harm Reduction International.

▷ 근거를 기초로 하면서 비용·효과를 추구한다.

위해감축 접근 방법들은 실용적이며, 실행 가능하고, 효과적이며, 안전하고, 비용/효과적이어야 한다. 위해감축은 현재 이용 가능한 가장 강력한 근거에 기초를 두어야 한다. 대부분의 위해감축 접근 방법들은 시행하기가 쉽고, 비용이 저렴하며, 개인의 건강과 지역사회의 건강에 큰 영향을 미친다.

자원이 부족할 미래의 세계에서는 비용은 적게 소요되나 영향력은 큰 중재들이 비용이 많이 소요되나 영향력이 작은 중재들보다 선호될 때, 편익은 최대화될 수 있을 것이다.

▷ 점증적이다.

위해감축 실천가는 개인들이 삶에서 실천하는 긍정적 변화가 아무리 작은 것일지라도 그 변화에 의미를 부여한다. 위해감축 중재는 강압적이기보다는 촉진적이며, 개인들의 요구들에 기초를 둔다. 그러므로 위해감축 서비스들은 현실 삶의 위치에서 사람들의 요구들을 충족시키도록 디자인된다. 다수의 사람들에게 유익한 서비스는 그것이 아무리 작아도 선택된 소수의 사람에게만 큰 유익을 주는 서비스보다 지역사회 편익이 크다.

특정한 맥락 하에서의 위해감축의 목적을 한 편에는 보다 실행이 가능한 선택지를, 다른 한 편에는 실행 가능성이 조금 낮은 선택지를 배열하는 등으로 위계를 정할 수도 있다. 이 위계에서, 금단은 위해감축을 위하여 성취하기 어려운, 그러나 바람직한 선택으로 고려될 수 있다. 약물 사용자들에게는 그들의 생명을 유지하게 하는 것이 다른 어떤 선택지들보다도 우선순위가 가장 높기 때문이다.

▷ 존엄성을 인정하고 동정심을 표하라.

위해감축 실천가는 사람을 현재의 모습 그대로 수용하고 비판하지 않는다. 약물 사용자도 언제나 누군가의 아들이거나 딸이고, 자매이거나 형제이며, 아버지이거나 어머니이다. 이러한 동정심은 약물과 관련된 문제들을 가진 사람들의 가족과 지역사회에까지 미치게 하여야 한다.

또한 실천가들은 약물 사용자들에게 고의적으로 낙인찍는 것을 반대한다. 사람들을 '약물남용자', '불행을 가져 오는 사람', '술주정뱅이', '마약상습자', '남용자', 혹은 '사회적 악' 등과 같은 언어로 표현하는 것은 약물 사용자들에 대한 고정 관념들을 영속화하고, 그들을 사회적 진보에서 뒤떨어지게 하며, 그들을 도와주지 못하게 하는 장애물들을 만들어낼 뿐이다. 전문용어와 일상의 언어도 항상 존경과 관용을 전달할 수 있어야 한다.

▷ 권리들의 보편 타당성과 상호 의존성을 인정하라.

기본적 인권은 누구에나 적용된다. 약물 사용자도 그러한 인권을 가지고 있다. 그 같은 인권들의 예를 들면, 성취 가능한 최상의 건강 수준을 누릴 권리, 사회적 서비스를 받을 권리, 근로할 권리, 과학적 발달로부터 얻을 수 있는 편익을 향유할 권리, 부당한 구류(구금)로부터 자유로울 권리, 무자비한 비인간적 그리고 자존심을 멍들게 하는 치료로부터 자유로울 권리 등이다. 위해감축은 약물 통제, 약물 예방이라는 이름으로 약물 사용자에게 가해지는 고의적인 고통들과 위해들을 반대하며, 약물 사용자를 존중하고 그들의 기본적 인권들을 보호하는 대응 조치들을 촉진한다.

▷ 위해를 강화하는 정책들과 실천들에 도전하라.

약물과 관련된 위험들과 위해들은 그 원인이 되는 요인들이 많다. 개인의 행태와 선택, 약물을 사용하는 환경, 약물 사용을 통제하고 관리하는 법률과 정책 등이 그 예들이다. 정책들과 실천 사항들 가운데는 의도적이든 비의도적이든 간에 약물 사용자들에게 위험과 위해를 새롭게 만들어 주거나 악화시키는 것들이 많다. 이러한 것들 가운데 몇 가지 예를 들면, 약물 사용을 법으로 금지하기, 차별 대우, 부정부패한 단속의 시행, 제한하고 징벌하는 법률과 정책, 생명을 구하는 의료와 위해감축 서비스의 거부, 사회적 불형평 등이 있다. 위해감축 정책들과 실천으로 개인 행태가 변화될 경우, 그러한 개인들을 적극 지지해주어야 한다. 위험한 약물 사용 환경을 만들어내어 약물과 관련한 위해에 원인을 제공하는 국제 및 국내의 법률과 정책들에는 도전이 필수적이다.

▷ 투명성, 책임, 그리고 참여가 강조되어야 한다.

실천가들과 의사 결정자들은 자신들의 중재들과 의사 결정 사항들에 대해서는 물론이고, 그 결과들의 성공과 실패에 대해서도 책임을 짊어져야 한다. 위해감축은 공개적 대화, 협의, 토론 등을 적극 권장한다. 광범위한 이해당사자들이 정책의 개발, 프로그램의 시행, 전달 및 평가 등에 유의하게 관여해야 한다. 특히 약물 사용자들과 영향을 받는 지역사회는 자신들에게 영향을 미치는 의사 결정 과정에 관여할 수 있어야 한다.

캐나다 브리티시컬럼비아 위해감축 전략과 서비스 당국

캐나다의 '브리티시컬럼비아 위해감축 전략과 서비스 당국'은 2011년에 위해감축에 관여하고 있는 일선 직원들이 참고할 매뉴얼을 발행하면서 위해감축의 원리들을 다음과 같이 제시하였다. 그들이 제시한 원리들은 국제위해감축협회가 천명한 원리들과 크게 다르지는 않지만, 양자를 서로 비교하

면 이해의 폭이 넓어질 것으로 생각되어 여기에 소개한다.[7]

▷ 실용주의

위해감축은 약물 사용이란 금단부터 만성적 의존까지 연속적인 행태들을 포함하며 여러 상이한 사회적 위해들을 만들어내는 복잡하고 다면적인 현상임을 인정하고, 또한 정신에 영향을 미치는 혹은 무드를 변화시키는 물질들을 비의료적으로 사용하는 현상을 보편적 현상으로 받아드린다. 그리고 약물의 사용은 위험을 수반하기도 하지만 사용자와 사회에 편익을 제공한다는 점도 반드시 고려하여야 할 사항으로 받아들여야 한다.

▷ 인권

위해감축은 약물 사용자가 가진 인간의 기본적 존엄성과 인권을 존중하고, 또한 약물을 사용하겠다는 약물 사용자의 의사 결정을 받아들이며, 약물의 사용을 비난하거나 지지하는 판단은 전혀 하지 않는다. 위해감축은 자기 결정에 대한 개개 약물 사용자의 권리를 용납하며, 능동적 약물 사용이란 맥락 하에서 정보를 제대로 수용한 후 그 정보에 기초하여 내리는 의사결정을 지지한다. 특정한 개인을 위한 선택, 책임, 그리고 관리 등을 강조한다.

▷ 위해들에 초점을 맞춤

위해감축에서는 어떤 한 개인이 약물을 사용한다는 사실이나 그 정도는 약물 사용으로 기인하는 위해들에서는 이차적인 것일 뿐이다. 약물 사용 그 자체를 줄이기보다는 사용자와 여타 사람들에게 미치는 약물 사용의

---

7 BC Harm Reduction Strategies and Services. Harm Reduction Training Manual: A Manual for Frontline Staff involved with Harm Reduction Strategies and Services. BC: BC Harm Reduction Strategies and Services; 2010, p. 5.

부정적 결과들을 줄이는 데 우선순위를 둔다. 위해감축은 약물 사용의 실천 행동과 그 패턴을 보다 안전하게 변화되는 것을 강조하면서도 약물 사용의 연속선에 따른 모든 단계들마다 그에 적절한 전략들이 필요함을 인정한다.

▷ 중재 선택지들의 최대 활용

위해감축은 약물 사용자가 상이한 여러 접근 방법으로부터 편익을 얻을 수 있다는 것과 각각의 사람에게 확실히 작동하는 특정 예방 접근 방법이나 치료 접근 방법이 없다는 것을 받아들인다. 그래서 사람을 생존하게 하고 안전하게 하는데 도움을 주는 광범위한 중재들에 신속히 접근하고 다양한 선택지 중에서 어느 것이라도 선택할 수 있게 한다. 약물 사용에 의해 영향을 받은 개인들과 지역사회를 효과적인 위해감축 전략의 창안에 관여하게 할 필요가 있다.

▷ 당면한 목표들의 우선순위

위해감축은 약물을 사용하는 “그 사람이 존재하고 있는 곳”으로부터, 그리고 그 사람의 가장 절박한 요구에 초점을 맞추는 점에서 부터 출발한다. 그리고 약물 사용자들이 동시에 보다 충분하고 보다 건강한 삶을 영위할 수 있게 하는 성취 가능한 중재들의 체계를 수립하려고 한다. 위해감축은 시간이 걸려서 얻어지는 점진적 수익들의 중요성에 기초를 두고 일을 추진한다.

▷ 약물 사용자의 관여

위해감축은 약물 사용자들이 자신들의 약물 사용에 대한 정보의 가장 훌륭한 원천이고, 약물 사용으로 인한 위해들을 저감시키는 가장 적합한 중재 결정에 서비스 제공자들과 함께 일하도록 역량을 강화할 필요성이 있음을 인정한다. 또한 약물 사용자들이 선택 사항들을 결정하고 자신들의 삶을 변화시킬 수 있는 능력을 가지고 있음을 받아들인다. 약물 사용자들의 적극적 참여가 위해감축의 핵심이다.

위해감축의 관리 모형

미국을 비롯한 세계 대부분의 국가들은 국민들의 약물 사용과 중독에 대하여 서로 경쟁적이면서도 혼란을 야기하는 다음의 두 가지 모형들을 가지고 관련된 문제들을 관리하고 있다. Marlatt는 그 두 모형 중 하나를 도덕 모형(moral model)으로 또 다른 하나는 질병 모형(disease model)으로 구분하여 이들을 각각 다음과 같이 설명하고 있다.[8]

전통적 중독 관리 모형

도덕 모형에 기초한 약물 관리 정책은 불법적인 약물 사용은 도덕적으로 잘못된 것이라는 전제 하에 불법적인 약물의 생산, 분배, 혹은 사용 행위 등을 모두 형벌을 받아 마땅한 범죄로 규정한다. 그래서 불법적인 약물의 생산을 원천적으로 금지시키고 그 분배 체계를 통제 · 감시하여 공급을 감축시키며; 사용자는 체포, 구금, 격리하는 등으로 수요를 감축하는 일에 국가의 재정을 투입한다.

다시 말하면 불법 약물의 생산, 공급 등은 도덕적으로 잘못된 일이므로 국가가 일련의 과정을 철저히 통제하여 소위 "공급을 감축하는 접근 방법"을 통하여 약물의 오용, 남용, 중독 등을 일으키는 약물의 공급을 원천적으로

8 Marlatt GA. Harm Reduction: Come As You Are. Additive Behaviors. 1996;21(6):779–788.

막아서 약물의 사용과 중독으로 야기되는 사회적 문제들을 일거에 해결하자는 것이다.

미국이 시행하고 있는 소위 "약물과의 전쟁"은 이 같은 모형의 전형을 보여주고 있다고 말할 수 있다. 미국 정부는 약물중독이 없는 사회를 만들자는 구실을 가지고 이 전쟁을 수행하면서 이웃 국가들인 콜롬비아를 비롯하여 라틴아메리카의 코카인 재배 농지들을 초토화하여 쑥대밭으로 만들어버렸고, 자국의 법정과 교도소를 약물 사용자들로 넘쳐나게 만들고 있다. 또한 이 전쟁의 수행에 천문학적인 국가 재정을 투입하고 있으나, 과연 이 전쟁은 언제 끝을 볼 수 있을 것이며, 그 결과는 어떻게 될 것인가? 라는 질문에 정확히 답변을 못하고 있다.

질병 모형은 중독(알코올 중독 혹은 히 헤로인 중독)을 치료와 재활이 요구되는 일종의 생물학적 · 유전적 질병으로 정의한다. 국가가 인정하는 시설에서 면허를 받은 전문가들에 의해 중독의 예방, 치료, 그리고 개인들의 약물에 대한 욕구와 수요의 교정 등을 시행하는, 즉 전문 시설에서 전문가가 중심이 되어 사용자들의 "수요 감축"을 꾀하는 것을 강조한다. 그리고 그 최종으로 달성할 목표를 사용자들의 완전한 금단의 성취에 둔다. 그러나 그 결과는 예상과는 달리 중독자들 가운데 대부분은 여전히 중독의 늪에서 헤어 나오지 못하고 있는 실정이다.

앞에 제시된 약물의 사용과 중독에 따르는 문제점들을 해결하려는 전통적 접근 방법인 도덕 모형과 질병 모형은 기본적 가정, 접근 방법, 시행 과정, 그리고 강조점 등을 각각 달리하고 있다. 그럼에도 두 모형들은 다음과 같이 몇 가지 중요한 공통점들이 있다.

첫째, 궁극적 목표를 최고 수준인 약물의 사용과 중독의 금단으로 정해놓

고 있으며,

둘째, 사용 · 중독에 초점을 맞추고 있고,

셋째, 전문가를 핵심으로 하는 사업을 하향식으로 추진하며,

넷째, 법을 어기는 자와 지키는 자, 환자와 정상인, 등으로 각각 이원화하여 서로를 단절시키게 하는 것을 들 수 있다.

다섯째, 앞에 열거한 점들보다 훨씬 더 중요한 공통점은 두 모형 그 자체만으로는 그 어느 모형도 최고 수준의 목표로 추구하는 "금단"을 성취하기는 현실적으로나 실천적으로 불가능에 가깝다는 점이다.

실용적 실천적 대안 : 위해감축

우리 사회가 약물의 사용과 중독으로 인하여 당사자들, 그들이 속한 가족과 지역사회, 그리고 사회 전체가 받는 고통을 해결하려는 사회적 갈등과 비용 등을 감축시켜 당사자들을 포함하여 사회 구성원 모두가 행복감을 가지고 향상된 삶의 질을 누리기를 희망한다면, 앞에서 논의된 두 모형과는 다른 새로운 대안을 모색하여 실천하는 일이 절실히 요구된다.

"위해감축"은 1980년대 중반부터 유럽의 몇몇 도시들에서 "약물의 사용과 중독"으로 인하여 야기되는 사회적 문제들을 해결할 가능성을 보여주는 한 대안으로 조명을 받기 시작하여 오늘날 전 세계로 번져나가 많은 국가와 자치령에서 원용하고 있다. 그 때 이후로부터 지금까지 이해 당사자들, 학술단체, 각국의 지방정부, 중앙정부, WHO · UN을 비롯한 국제기구, 행정 · 정책 관련자들 모두 불법적인 약물의 사용(마약)과 중독의 울타리를 넘어 흡연, 음주, 섹스, 도박 등의 영역에까지 그 범위를 확대하여 이러한 "위해감축"의 정의, 원리, 그리고 실행할 방안 등을 추구하여 실천하려 노력하고 있다.

약물의 사용과 중독의 문제들을 해결하려는 전통적인 도덕 모형과 질병 모형의 대안으로서의 "위해감축"이 가진 특성들을 몇 가지 들면 다음과 같다.

- 위해감축은 중독 행태로 인하여 발생하는 효과 혹은 결과물에 초점을 둔다.
- 위해감축은 행태를 불법 행태(좌측)와 합법 행태(우측)로, 사람을 환자(좌측)와 정상인(우측)으로 나누기는 하지만 두 행태와 사람을 연속된 일직선상에 있는 양극으로 간주하고, 중독 행태로 인한 환자의 해로운 결과들을 감축시키는 여러 가지 중재, 절차, 정책 등을 통하여 가능한 한 좌측에서 우측으로 점진적으로 움직이게 하면서 합법 행태로 그리고 정상인으로 변화시킨다.
- 위해감축은 세상에는 약물을 사용하는 사람들이 많고, 또한 고위험의 행태와 연루되는 사람들 역시 많다는 현실을 있는 그대로 받아들인다.
- 위해감축은 절대적 금단을 정책이나 프로그램의 최고 수준의 목표로는 받아들이지만, 그 목표를 가장 낮은 목표와 가장 높은 목표의 사이를 여러 단계로 나누어 놓고, 각 단계마다에서 성취하여야 할 표적들을 설정해 놓아 단계를 점진적으로 올라가면서 최종에 가장 높은 계단의 목표를 달성하도록 정책과 프로그램을 시행한다.
- 위해감축은 상향식 접근 방법을 선호한다. 다시 말하면, 약물 사용자와 중독자들, 즉 이해 당사자들이 자신들과 관련된 정책의 개발과, 프로그램의 기획, 시행, 평가 등 일련의 전 과정에서 중심적 역할을 능동적으로 적극적으로 수행하여 각급 정부의 관여, 개발, 시행 등을 촉진한다.
- 위해감축은 "사람과 행태를 각각 현재의 상태 그대로 받아들인 다음"

낮은 수준에서부터 출발하여 더 높은 수준을 지향하여 점진적으로 변화시켜 최고 수준의 목표를 달성하게 한다.

• 위해감축은 개인과 그 개인을 둘러싸고 있는 사회적 맥락을 함께 동시에 다룬다.

위해감축 혁신의 전파 과정

"위해감축"이란 용어는 1980년대 중반부터 유럽의 여러 도시들에서 정맥주사를 이용하는 약물 사용자들 간에 인간면역결핍바이러스(HIV)가 크게 유행하여 그것이 그 도시들의 중요하면서도 시급한 공중보건 문제로 부각되어 이를 해결할 수 있는 적절한 대처 방안의 강구와 시행이 불가피하게 되면서 세간의 주목을 받기 시작하였다.

유럽의 도시들은 약물 사용자들, 특히 정맥주사 사용자들 간에 급속하게 번져서 유행되고 있는 HIV · AIDS의 확산을 차단하려는 접근 방법의 하나로 주사 약물 사용자들이 사용했던 주사 바늘이나 주사기를 소독해주거나 새로운 것들로 교환해주는 프로그램을 실시하기 시작하였다.

이들 도시의 정부와 그 도시에서 활동하고 있던 시민단체들은 그 당시까지 전통적으로 시행해오던 사람들의 정신 건강에 영향을 크게 미치는 약물들의 공급과 수요를 엄격하게 통제하여 국민의 건강을 유지 · 향상시키려 꾀했던 전통적 접근 방법과는 다른 여러 가지 혁신적 중재들의 개발과 시행에서 중요한 역할을 수행하였다.

위해감축은 이러한 일련의 과정에서 전통적 접근 방법들과는 다른 혁신적 대안으로 등장하여 유럽의 여러 국가들을 시작으로 호주, 북미의 캐나다와 미국, 그리고 아시아의 중국, 인도네시아, 태국 등 여러 국가들에서 정책과 실천면에서 받아들여져 널리 시행되고 있다.

위해감축이 전파된 경로를 역사적으로 추적해보면 두 개의 큰 뿌리가 찾아진다. 한 뿌리는 유럽의 내지에 속해 있는 네덜란드에서 내린 뿌리이고, 다른 또 한 뿌리는 영국에서 내린 뿌리이다. 이를 좀 더 자세히 살펴보면 다음과 같다.

네덜란드는 일찍이 1972년에 그때까지 전통적으로 시행해오던 약물 정책을 변화시키기 시작하여 1976년에는 "네덜란드 아편법(Dutch Opium Act)"를 개정하였다. 개정된 아편법은 약물을 "수용 불가 위험의 약물(헤로인, 코카인, 암페타민, 엘 에스 디)"과 마리화나와 하쉬쉬(hashish) 같은 위험이 낮은 약물들로 구분할 수 있게 하였다. 또한 네덜란드 정부는 이를 통하여 자기들이 실용적인 정부이고, 또한 대마초(cannabis) 소비자들이 약물의 사용 그 자체로부터 오는 피해보다 형사소송 절차에서 더 큰 피해를 입었던 상황을 회피할 수 있도록 노력하는 정부임을 입증하였다.

보다 인간적이며 실용적인 접근 방법을 지향하는 이 사회운동은 네덜란드의 약물 사용자들과 중독자들 스스로 이 운동에 무엇인가를 직접 투입하도록 자극하였다. 1980년에는 소위 "마약사용자연맹"이 로테르담에서 결성되었다. 이 조직은 중독성 환각제 사용자들을 위한 조합의 일종이었다. 지금은 이와 유사한 조직체들이 대부분의 주요 도시들에서 운영되고 있으며, 네덜란드 마약사용자 연맹의 연합회에 대표들을 보내고 있다.

이 조합은 약물 사용자의 이익을 돌보는 데서부터 출발하였다. 가장 중요한 것은 사용자의 질적 열화(劣化)와 싸우는 것, 다른 말로 하면 중독자들의 주거를 포함하여 전반적 상황을 개선하는 것이었다. 이 조합의 경영철학은 약물 사용자들 자신들이 자기들의 문제가 무엇인가를 가장 잘 알고 있다는 것이다. 이 조합의 업무 가운데는 methadone의 분배, 소독된 주사기의 이용 가능성, 국회의원과 경찰관서의 정책 등등에 대해서 정부의 관련 공무원들과 상담하는 업무가 포함되어 있었다.

"Junkiebond"와 연관된 중독자들의 투입은 1984년에 암스테르담에서 처음으로 주사 바늘 교환 프로그램의 개발로까지 진전되었다. 지방정부의 건강 서비스 당국은 일주일에 한 번씩 1회용 주사 바늘과 주사기를 "조합"에 전달하여 사용자들에게 분배하게 하였고, 또한 사용된 주사 바늘들을 수집도 하게 하였다. 교환된 주사 바늘과 주사기의 수는 1985년에는 100,000개이었던 것이 1988년에는 720,000개로 증가하였다고 한다.

영국은 약물 오 · 남용자들이 헤로인과 코카인 같은 약물들을 치료를 이유로 처방받을 수 있는 소위 "의료화 접근 방법"을 개발하여 선도하였다. 영국에서 중독자에 대한 약물 처방은 1920년대의 Rolleston 위원회 추천으로 거슬러 올라간다. 저명한 의사들로 구성된 이 위원회는 중독자들이 사용한 약물로 인해서 입을 수 있는 해로움을 줄이거나, 그들의 삶을 유용하게 이끌어주기 위해서 마약류를 사례에 따라 처방을 받도록 추천할 수 있게 하였다. 이러한 중독자들을 위한 마약류 처방은 그 이후 이어지는 수년 동안 냉대를 받았지만 이 정책은 영국의 머지사이드(Merseyside) 주에서 계속 실시되었고, 리버풀(Liverpool) 시 주민들도 이 서비스를 받았다.

이러한 정책을 실시해온 영국의 머지사이드 주 보건 당국은 1990년에 산하 도시들 가운데 하나인 리버풀 시에서 "제1차 국제위해감축대회"를 개최하도록 후원하여 그 대회를 성공적으로 마치게 하였다. 이를 시발점으로 유럽의 국가들을 포함하여 세계의 많은 국가들이 위해감축의 정의와 원리에 부합되는 정책들을 채택하여 그에 맞는 프로그램을 개발 시행하고 있다.

국제위해감축협회의 탄생

국제위해감축협회(International Harm Reduction Association ; IHRA)(이하 협회라 칭함)는 1996년에 호주의 남쪽에 위치한 태즈메이니아 주의 주도 호바트에서 개최된 제7차 국제위해감축대회에서 국제비정부조직(International Non-Government Organization)의 하나로 창설되어 현재 영국의 수도 런던에 본부를 두고 있다.[9]

1990년에 영국의 리버풀 시에서 개최되었던 제1차 국제위해감축대회가 성공리에 폐막된 이후부터 이 국제대회는 대륙을 넘나들며 세계의 여러 국가들의 도시에서 매년 연례행사로 개최되고 있다. 제1차 대회 후 2년 만인 1992년에는 유럽 대륙에서, 대서양의 남쪽으로 멀리 떨어져 있는 호주의 멜버른에서 제3차 대회가, 그리고 다시 2년이 지난 1994년에는 북아메리카 주에서는 처음으로 캐나다의 토론토에서 제5차 대회가 개최되었다. 이 국제대회는 2015년에도 아시아의 말레이시아 쿠알라룸푸르에서 10월 18일부터 21일까지 24번째로 개최되었다. 아시아에서는 이 국제대회가 2001년에 인도의 뉴델리에서, 2003년에 태국의 치앙마이에서, 2009년에 다시 태국의 방콕에서 벌써 3차례나 개최되었고, 말레이시아 쿠알라룸푸르에서 이번에 네 번째로 개최되었다.

이들 국제대회는 위해감축의 개념과 원리를 널리 확산시키고, 참석자들 간에 지식과 경험을 서로 나누며, 위해감축을 실천하는 사람들 그리고 이를 위하여 활동하는 사람들을 한 데 묶어 네트워크를 형성하는 데 크게 도움을 주고 있다.

협회는 기본적으로 불법 약물의 사용과 관련되는 정책의 결과로 일어나는 위해를 감축시키자는 주창(을 뒷받침하며, 약물 정책의 개혁에 대해서 근거

9 Harm Reduction International. History. Harm Reduction International.

중심의 보건 정책과 인권을 기초로 하는 최상의 실천적 접근 방법을 촉진한다. 또한 협회는 개인과 지역사회가 불법 약물 사용자의 건강, 존엄 그리고 인권을 증진하는 약물에 관한 법률, 정책, 그리고 실천 등으로부터 편익을 얻도록 전 세계적 변화를 성취할 것을 목표로 삼고 있다.

이 협회는 초창기에는 연례행사로 개최되는 국제위해감축대회들을 서로 연계 · 소통하게 하고, 약물 사용과 HIV에 대한 건강에 기초한 접근 방법을 집단적으로 옹호하도록 촉진하는 것을 목표로 삼았다. 대회 개최 연차를 이어나가면서 대회는 대회의 윤곽을 더욱 뚜렷하게 만들었고, 그에 발맞추어 위해감축의 개념, 접근 방법, 그와 관련된 정책과 프로그램 등을 전 세계적으로 발전시켜 나가고 있다.

2006년에 이 협회는 이전까지 수행해왔던 국제위해감축대회와 관련된 업무를 뛰어넘어 공중보건 전반에 관한 연구와 분석, 그리고 인권에 관한 업무를 수행할 수 있도록 업무의 범위를 크게 확장하였다. 창립된 해로부터 15년이 지난 2011년에 "Harm Reduction International"로 그 명칭을 변경하여 사용하고 있으며, 전 세계에서 8,000명 이상이 회원으로 가입해 활동하고 있다.

국제연합과 세계보건기구의 "위해감축"에 대한 지지, 승인, 합법성 인정

국제연합과 세계보건기구는 1998년 이래 두 기구들이 합동으로 펴낸 여러 실천 지침서들과 정책 선언문들에서 위해감축 접근 방법을 지지하며 승인하였을 뿐만 아니라 이들의 실천을 촉진해오고 있다. 유엔에이즈계획(UNAIDS), 세계보건기구(WHO), 유엔마약범죄사무소(The United Nations Office on Drugs and Crime : UNODC), 국제마약통제단(International Narcotics Board : INCB) 등은 약물(마약)들을 주사하는 사람들을 위한 각 기관의

HIV 예방, 치료 및 돌봄을 위한 종합적 중재들 가운데 마약 대체 치료법, 주사 바늘과 주사기 교환프로그램 등을 포함하고 있다.[10]

유엔총회와 산하 조직들이 위해감축 접근 방법에 대하여 지지하거나 승인한, 그리고 합법성을 강조한 구체적 예들 가운데 몇 가지를 요약하면 다음과 같다.

① 1998년 약물 수요 감축에 대한 지침 원리들에 관한 선언문을 총회에서 채택

② 2001년 HIV/AIDS에 관한 공약 선언문을 특별 총회에서 채택하면서 지지

③ 2006년 HIV/AIDS에 관한 정책 선언문을 총회에서 채택하면서 승인

④ 2007년 HIV 예방을 강화하기 위한 UNAIDS의 실천 지침서에 "위해감축" 대책들을 포함

⑤ 2008년 약물 사용이 건강과 사회에 미치는 해로운 효과를 감축시키기 위한 UNODC(유엔마약범죄사무소)의 종합 접근 방법에서 지지

⑥ 2009년 유엔인권고등판무관은 인권과 위해감축을 약물 정책의 관건이라 주장

⑦ 유엔총회는 매년 개최되는 총회 시마다 세계의 약물 문제의 대응은 유엔헌장의 목적과 원리들, 특히 인권법과 완전히 일치하게 수행되어야 한다는 결의문을 채택해 오고 있다. UN의 인권과 관련된 산하기관들은 위해감축 서비스의 제공을 관련된 국제법상 이행해야 할 의무의 하나로 해석한다.

---

10 International Harm Reduction Association and Human Rights Watch. International Support for Harm Reduction : An overview of multi-lateral endorsement of harm reduction policy and practice. London: International Harm Reduction Association and Human Rights Watch. 2009.

세계보건기구는 유럽지역사무처(2002년), 동지중해지역사무처(2005년) 등의 결의문들을 통하여, 그리고 본부의 필수의약품목록(2007년), 기술보고문서(technical paper: 2004년) 등을 통하여 위해감축 프로그램을 지지하고 승인하였으며, 회원국들이 이를 강화해서 널리 소개할 것을 촉구하였다. 또한 UN의 관련 산하 기관들(UNODC, UNAIDS)과 2004년에 공동으로 발표한 정책 브리핑과 보고서에서도 이를 지지하고, 승인하였으며, 그 합법성을 강조하였을 뿐만 아니라 위해감축 중재들을 시행하기 위해 UNODC, UNAIDS 및 국제비정부기구들(NGOs)과 긴밀하게 네트워크를 형성하여 사업을 적극적으로 추진하고 있다.

위해감축 접근 방법, 즉 소독된 주사 기구들에 대한 접근성 제고, 마취약 대체요법, 지역사회를 기반으로 하는 현장 서비스 등을 포함한 위해감축 중재들이 HIV와 관련된 위험 행태들을 감축시키는, 그래서 약물을 주사로 사용하는 사람들 가운데서 HIV, C형 간염, 기타 혈액으로 전염되는 바이러스들 등의 유행을 예방하는 가장 효과적이며, 비용–효과가 가장 높은 수단이라는 일관된 강력한 근거들이 현재 많이 확보되어 있다. 이 근거들을 검토하여 발표된 대표적 예를 들면 다음과 같다.

▷ 미국 의학한림원(Institute of Medicine, USA)

2006년에 발행한 "마약 사용 고위험 국가의 에이즈 감염 예방:증거의 사정(Preventing HIV Infection among Injecting Drug Users in High Risk Countries: An Assessment of the Evidence)"이라는 책자를 통하여 근거들을 종합적으로 검증한 후 권고 사항들을 근거에 의해 제공하였다.

▷ 세계보건기구

- 2004년에 발행한 "당국의 행동 기술서를 위한 증거:에이즈 예방에서 약물 의존적 치료의 유효성(Evidence for Action Technical Papers : Effectiveness of Drug Dependence Treatment in HIV Prevention)"
- 2007년에 발행한 "당국의 행동 기술서를 위한 증거, 재소자에 대한 에이즈 개입: 주사기와 바늘 교환 프로그램 및 오염 제거 전략들(Evidence for Action Technical Papers, Interventions to Address HIV in Prisons : Needle and Syringe Programmes and Decontamination Strategies)" 등을 통하여 근거를 종합적으로 검증하였다.

세계적 지지 현황

2012년 현재, 97개의 국가 혹은 자치령들이 (1) 국가 정책 문서들에서 "위해감축"을 분명히 지지 표명(83개국; 2010년보다 4개국 추가), (2) 주사바늘 교환 프로그램 운영(86개국; 2010년보다 4개국 추가), (3) 마약 대체 프로그램 운영(77개국; 2010년보다 7개국 추가), (4) "약물 소비 방(drug consumption rooms)" 제공 등 네 가지 항목 중에서 하나 혹은 그 이상의 항목들을 운영 혹은 실시하고 있었다. 이들 국가들의 대륙별 분포와 그들이 실시하는 항목들을 살펴보면 아래 표와 같다.[11]

11 Harm Reduction International. The Global State of Harm Reduction 2012. London; Harm Reduction International. 2012. p.14.

다양한 위해감축 정책의 국가별 현황

국가	위해감축 지지 표명	주사 바늘 교환 시스템	마약 대체 프로그램	약물 소비방 제공
ASIA				
Afghanistan	O	O	O	X
Bangladesh	O	O	O	X
Cambodia	O	O	X	X
China	O	O	O	X
Hong Kong	O	X	O	X
India	O	O	O	X
Indonesia	O	O	O	X
Macau	O	O	O	X
Malaysia	O	O	O	X
Maldives	X	X	O	X
Mongolia	X	O	X	X
Myanmar	O	O	O	X
Nepal	O	O	O	X
Pakistan	O	O	X	X
PDR Laos	O	X	X	X
Philippines	O	O	X	X
Taiwan	O	O	O	X
Thailand	O	O	O	X
Vietnam	O	O	O	X
CARIBBEAN				
PuertoRico	X	O	O	X
Trinidad and Tobago	O	X	X	X
EURASIA				
Albania	O	O	O	X
Armenia	O	O	O	X
Azerbaijan	X	O	O	X
Belarus	O	O	O	X
Bosnia & Herzegovina	O	O	O	X
Bulgaria	O	O	O	X
Croatia	O	O	O	X
Czech Republic	O	O	O	X
Estonia	O	O	O	X
Georgia	O	O	O	X
Hungary	O	O	O	X
Kazakhstan	O	O	O	X
Kosovo	O	O	O	X
Kyrgyzstan	O	O	O	X
Latvia	O	O	O	X

국가	위해감축 지지 표명	주사 바늘 교환 시스템	마약 대체 프로그램	약물 소비방 제공
Lithuania	O	O	O	X
Macedonia	O	O	O	X
Moldova	O	O	O	X
Montenegro	O	O	O	X
Poland	O	O	O	X
Romania	O	O	O	X
Russia	X	O	X	X
Serbia	O	O	O	X
Slovakia	O	O	O	X
Slovenia	O	O	O	X
Tajikistan	O	O	O	X
Turkmenistan	X	O	X	X
Ukraine	O	O	O	X
Uzbekistan	O	O	X	X
LATIN AMERICA				
Argentina	O	O	X	X
Brazil	O	O	X	X
Colombia	O	X	O	X
Mexico	O	O	O	X
Paraguay	O	O	X	X
Uruguay	O	O	X	X
MIDDLE EAST and NORTH AFRICA				
Egypt	X	O	X	X
Iran	O	O	O	X
Israel	O	O	O	X
Jordan	O	X	X	X
Lebanon	O	O	O	X
Morocco	O	O	X	X
Oman	X	O	X	X
Palestine	X	O	X	X
Syria	O	X	X	X
Tunisia	O	O	X	X
NORTH AMERICA				
Canada	O	O	O	O
United States	O	O	O	X
OCEANIA				
Australia	O	O	O	O
New Zealand	O	O	O	X
SUB-SAHARAN AFRICA				
Kenya	O	X	O	X
Mauritius	O	O	O	X

국가	위해감축 지지 표명	주사 바늘 교환 시스템	마약 대체 프로그램	약물 소비방 제공
Senegal	X	X	O	X
Seychelles	X	X	X	X
South Africa	X	O	O	X
Tanzania	O	O	O	X
Zanzibar	O	X	X	X
WESTERN EUROPE				
Austria	O	O	O	X
Belgium	O	O	O	X
Cyprus	O	O	O	X
Denmark	O	O	O	X
Finland	O	O	O	X
France	O	O	O	X
Germany	O	O	O	O
Greece	O	O	O	X
Iceland	nk	X	O	X
Ireland	O	O	O	X
Italy	O	O	O	X
Luxembourg	O	O	O	O
Malta	O	O	O	X
Netherlands	O	O	O	O
Norway	O	O	O	O
Portugal	O	O	O	X
Spain	O	O	O	O
Sweden	O	O	O	X
Switzerland	O	O	O	O
United Kingdom	O	O	O	X

* Source : Harm Reduction International. The Global State of Harm Reduction 2012. pp.14-15.

표에서 특히 우리나라가 속해 있는 아시아의 현황을 주목하여 살펴보면, 19개의 국가 혹은 자치령의 명칭이 적시되어 있다. 국가별로 상황을 좀 더 알아보면 다음과 같다. 아프가니스탄(1, 2, 3 항목), 방글라데시(1, 2, 3 항목), 캄보디아(1, 2 항목), 중국(1, 2, 3 항목), 홍콩(1, 3 항목), 인도(1, 2, 3 항목), 인도네시아(1, 2, 3 항목), 마카오(1, 2, 3 항목), 말레이시아(1, 2, 3 항목), 몰디브(3 항목), 몽골(2 항목), 미얀마((1, 2, 3 항목), 네팔(1,

2, 3 항목), 파키스탄(2 항목), 라오스(1 항목), 필리핀(1, 2 항목), 대만(1, 2, 3 항목), 태국(1, 2, 3 항목) 등으로 파악되었다. 위에 열거한 대부분의 국가들이 1, 2, 3 항목은 실시하고 있으나 아직은 “약물소비 방(들)”을 제공하고 있는 국가나 자치령은 전혀 없는 것으로 파악되었다.

북아메리카에서는 캐나다가 1, 2, 3, 4 항목 모두를 수용하고 있으나 미국은 1, 2, 3 항목만을 수용하고 있었다. 우리와 같이 세계보건기구 서태평양지역사무처에 소속된 호주는 1, 2, 3, 4 항목 모두를, 그리고 유럽의 독일, 룩셈부르크, 네덜란드, 스페인, 스위스 등 역시 1, 2, 3, 4 항목을 모두 수용하고 있었다.

사하라 남부 아프리카에서도 케냐, 모리셔스, 세네갈, 세실리스, 남아프리카, 탄자니아, 잔지바르 등 7개국도 이미 받아들이고 있었고, 중동 및 북 아프리카에서도 이집트, 이란, 이스라엘, 요르단, 레바논, 모로코, 오만, 팔레스타인, 시리아, 튀니지 등 10개 국가나 자치령이 받아들이고 있었다.

표에서 살펴볼 수 있는 바와 같이 아시아에서도 중국을 포함하여 19개 국가들이, 그리고 전 세계적으로는 93개국들(자치령 포함)이 위해감축 접근 방법을 국가의 정책이나 전략으로 수용하여 각국들이 자신들의 상황에 따라 다각적으로 실천하고 있었다.

그러나 협회가 2012년에 펴낸 보고서에 의하면 대한민국은 아직까지 이들 4개의 항목들 가운데서 어느 항목도 수용하지 않고 있는 국가로 파악되고 있는 것으로 나타났다. 앞으로 정부는 위해감축 접근 방법에 대한 이해를 넓혀가면서 사회적 공론을 수렴하여 적절한 프로그램을 개발, 시행, 평가하고, 학계는 정부가 이와 관련되는 정책을 수립하여 시행할 수 있는 과학적 근거를 마련하며, 정부는 이와 관련된 새로운 사업과 연구를 지원하여 위해감축 관련 프로그램들을 적극 시행할 수 있는 정책을 만들고, 법적 정비를 하는 것이 필요하다.

(1) 국가 정책문서들에서 "위해감축"을 분명히 지지 표명(83개국; 2010년보다 4개국 추가), (2) 주사 바늘 교환 프로그램 운영(86개국; 2010년보다 4개국 추가), (3) 마약 대체 프로그램 운영(77개국; 2010년보다 7개국 추가), (4) "약물 소비 방(drug consumption rooms)" 제공

사례 : 기초자치단체의 위해감축 프로그램

캐나다의 브리티시컬럼비아 주는 2011년에 펴낸 "위해감축" 훈련 매뉴얼을 통하여 지방자치단체가 "위해감축"(약물 사용과 관련하여)에 대응하는 방안을 개발하는 과정(8개의 단계)과 각 단계별 요령들을 예시하였다. 이들이 예시한 방안을 단계별로 나누어 설명되는 과정과 각 단계의 실시 요령을 소개하면 다음과 같다.[12]

이 예시는 앞으로 우리나라의 지방자치단체들이 위해감축의 전략과 프로그램들을 개발하려고 할 때, 참고 자료로 이용할 수 있을 것으로 생각된다.

제1단계 : 주요 이해 당사자들을 함께 모이게 한다.

지방자치단체는 예방 가능한 약물과 관련된 위해를 파악하고, 이를 물질 남용을 다루는 다른 사업들, 특히 치료를 받고 있는 사람들과 어떻게 연계시킬 것인가를 파악한다. 이를 위한 준비 회의는 가능한 한 소규모로, 그러나 자치단체의 지도자, 법 집행기관(검찰, 경찰)의 대변자, 지역사회 지도자, 교육 당국자, 보건 당국자 등이 참석하게 하여야 한다.

12 BC Harm Reduction Strategies and Services. Harm Reduction Training Manual: A Manual for Frontline Staff involved with Harm Reduction Strategies and Services. BC: BC Harm Reduction Strategies and Services; 2011, pp. 13–17.

제2단계 : 담당 책임 부서와 조직을 새롭게 지정하거나 만든다.

준비 회의를 개최한 다음에는 핵심 그룹이 위해감축과 연관이 되는 부서들과 기관들을 포함하여 조직을 만들어 낸다. 이 조직은 앞으로 정확한 정보를 제공하고, 지역사회의 토론을 촉진하며, 지역사회의 지지를 조장하고, 이와 관련된 쟁점들을 이해시키는 등 개발 과정을 수행해 나가야 한다.

이 핵심 그룹은 자치단체의 지도 부서가 이끌어 나가는 것이 아주 바람직하다. 구조는 의회의 한 위원회, 시장 직속의 태스크포스, 혹은 지방위해감축추진단 등의 형태를 취할 수 있다. 이 지도부서의 역할과 책임 등이 참여자들을 위해서 구체화되어야 한다. 행정적 지원을 이용하는 방법은 진행하는 지역사회 동원을 지속하는 데, 그리고 자치단체의 위해감축 전략의 개발과 시행을 조정하는 과정에서 결정적 몫을 한다.

의사소통 계획을 반드시 개발하고, 그 계획이 제 몫을 다하게 해야 한다. 일반 주민들과 잠재적 이해 당사자들이 사업의 진척에 대한 정보를 계속적으로 받게 하는 것 역시 중요하다. 해당 지역 대중매체와 밀접하게 관련을 맺는 것이 그 지역의 일반 주민들이 정확한 정보를 가지게 하는 데 중요하다.

제3단계 : 지역사회의 주요 협조자들을 파악하라.

앞에서 말한 핵심 그룹은 발기한 사업을 보다 확대·확충하기 위하여 조직에 관여할 잠재적 참여자 명단을 작성한다. 지역사회에서 신임을 받는 사람이 이 작업을 수행할 강력한 적임자일 수가 있다. 위해감축을 개발하는 초창기 사업들 가운데는 약물 이용자들의 삶을 개선하기 위하여 약물 이용자들과 직접 작업을 수행해서 그들의 신뢰를 받는 사람들의 참여에 의해 강화되는 사업들이 많다. 이러한 예로 현장에 나가서 약물 이용자들을 도와 그들의 문제들을 다루는 요원을 들 수 있다.

문제가 되는 물질을 본인 스스로 사용해 본 경험을 가진 개인들을 포함시키려는 노력을 최대한 기울여야 한다. 이러한 개인들은 현재도 그러한 물질을 사용하면서 지역사회의 도움을 구하려는 사람일 수도 있고, 현재는 사용을 중단한 이전 사용자일 수도 있다. 또한 보건, 사회 서비스, 교육, 경찰 · 검찰 당국에서 대표로 참여하는 사람들이 될 수도 있다. 이러한 협력자들을 찾아낼 수 있는 후보지 · 기관들로는 중독 치료 시설, 경찰관서, 약국, 사회사업소, 교회, 보건소 · 지소, 정신 보건 시설, 기타 지역사회의 기관 · 단체들이다.

이 단계에서 공동의 과정을 강화하기 위하여 하여야 할 일들을 몇 가지 제안을 하면 다음과 같다.

- 비전과 미션 성명서를 개발한다.
  여기에서 비전(vision) 성명서란 만일 개발한 최초의 사업이 성공하면, 지역사회가 어떻게 보일 것인가를 기술한 것이다. 미션(mission) 성명서는 비전을 성취하기 위하여 사업이 어떻게 추진해 나갈 것인가를 표현한 것이다.
- 기대하는 것들을 분명히 한다.
  그룹 구성원들이 수행할 역할과 맡을 책임을 개발하라. 앞으로 구성원으로 가입할 수 있는 기준들이 무엇인가를 개발하라.
- 사람들마다 당면한 문제에 대한 쟁점들을 올바로 이해한다고 가정하지 않는다.
  모든 구성원들이 질 높은 정보를, 그리고 지침을 모두가 획득할 수 있게 보장하라.

여러분의 제안서를 지역사회의 기존 조직들과 토론하면서, 그들이 그

사업 가운데서 어떤 것을 받아들일 가능성이 있는가를 알아본다.

제4단계 : 요구 사정을 시행하고, 지역의 기존 서비스 목록을 만든다.

요구 사정(needs assessment)을 세밀하게 시행하여 그 결과를 기초로 위해감축 서비스 면에서 충족되지 못한 요구의 수준을 결정한다. 이 때, 지역사회는 건강, 교육, 경찰 등 기존의 자료들로부터 도움을 받아야 한다. 그리고 자료 소지자들이 위해감축 종합 전략의 개발, 시행, 사정, 평가 등을 지원하기 위하여 필요한 자료들의 수집을 돕도록 격려한다.

해당 지역사회에서 시행되고 있는 기존의 예방, 치료, 지원 및 시행 서비스들을 감사한다. 각각 서비스들 간에 격차가 있는가? 서비스에 대한 현재 수요와 향후에 출현될 수요 간에 짝이 안 맞는 것이 있는가? 그리고 무엇이 이용 가능한가? 사용자들이 이들 서비스들을 얻는 데 방해가 되는 장해물들은 무엇이 있는가?

자치단체의 위해감축 전략은 반드시 실질적인 정보에 기초를 두며, 계속적으로 모니터되고, 평가되는 것 등이 중요하다.

제5단계 : 그 지역에서만 독특하게 수행되는 위해감축 전략을 개발한다.

요구 사정, 지역 서비스 감사, 문제가 있는 물질의 사용에 대응하기 위한 기존 조직의 계획들과 주요 이해 당사자들의 조언 등으로부터 얻은 정보를 사용하여 자치단체 위해감축 종합 전략의 안을 작성한다. 위해감축 종합 전략은 적어도 다음과 같은 성분들이 구비되어 있어야 한다.

SMART :

① 구체적이며(Specific),

② 측정이 가능하고(Measurable),

③ 성취가 가능하며(Achievable),

④ 결과 지향적이고(Results oriented),

⑤ 시한(Time limited) 등이 있어야 한다.

이들 중재들은 근거에 기초한 위해감축 대책들로, 특히 약물과 관련된 위해를 수용이 불가할 정도의 수준까지를 경험한 지역사회의 구성원들을 표적으로 삼는다. 이들은 위해의 수준을 유의하게 감축시키는 것을 목표로 삼는다. 지역사회들은 주의를 요하는 물질의 형태와 사용자 그룹을 구체화하여 사용자 그룹의 특별한 관심사를 다루는 근거 중심의 중재들을 추구하게 한다.

여기에서는 기존의 위해감축 노력을 강화하고, 물질 사용으로 인하여 생기는 위해들을 감축시키기 위한 다부문적 접근 방법들을 촉진함을 목표로 삼는다. 예를 들면, 지자체들이 자기가 속한 광역자치단체들의 건강 당국자들, 그리고 지역사회에서 관련 서비스들을 제공하고 있는 자들과 협의 하에 위해감축 프로그램들의 수립, 지역 서비스들의 협동과 통합을 지지하는 분명한 지침들의 개발에 방해되는 장애들을 파악하여 제거하도록 권면을 하는 등이다.

또한 지자체들은 이웃 지역사회 그리고 같은 광역자치단체에 속해 있는 다른 지자체들과 협의·조정하기 위한 기회들을 파악하여야 한다. 위해감축 종합 전략의 개발에서 한 지역사회가 가진 문제들이 다른 지역사회에서는 반복되지 않도록 반드시 주의하여야 한다.

– 주요 요소들

다음의 성분들을 구비한 종합적이고, 통합된, 그리고 균형이 잡힌 전략을 개발한다.

- 위해감축은 예방으로부터 출발한다. 효과가 있는 예방 전략들은 사람들이 정보를 갖게 하고, 그래서 건강에 이로운 선택을 할 수 있는 기회들과 지원적 환경들을 조성한다. 원격지 서비스와 지역사회와 학교가 통합된 상태에서 시행되는 위해감축 교육이 예방 전략들 가운데 좋은 예의 하나이다. 위해의 예방은 약물의 지나친 투여의 예방과 관리, 주사 바늘의 교체, 감독을 받으며 소비하는 시설 등을 통하여 HIV 혹은 C형 간염의 감염과 같은 물질 사용으로 인한 건강상의 결과들의 감축에 도움이 될 수 있다.
- 치료도 위해감축의 중요한 성분의 하나이다. 치료를 통하여, 물질을 의존하는 사람들이 자신들의 물질 사용을 관리할 수 있게 되고, 금단(abstinence)과 회복으로 지향하여 움직이게 지원받을 수 있기 때문이다. 치료 서비스에는 해독, 지원적 회복, 요양 시설에서의 돌봄, 약물요법, 그리고 일차보건의료 등이 포함된다. 특히, 치료 서비스는 의지하는 사람들로부터 격리된 사람과 현재 정신 건강 상의 쟁점들을 가진 사람에게 중요하다.
- 주거 역시 위해감축에는 대단히 중요하다. 많은 사람들은 안정된 삶을 영위할 채비가 안 되어 있다는 이유만으로 예방 프로그램들과 치료 프로그램들에 접근이 불가능하거나 연계를 유지할 수가 없게 된다. 비상시, 과도적인, 그리고 지원적인 주거는 약물 사용을 계속하는 사람들, 그리고 회복 중에 있는 사람들 모두가 이용 가능하여야 한다. 사람들이 지역사회와 재통합하도록 도울 수 있는 지원들 가운데는 낮은 수준의 정신건강 및 중독 서비스, 지역사회에서의 확실한 원격구제활동(outreach),

생활과 직업을 위한 수기 훈련과 지원적 고용 등이 포함된다.

• 경찰은 불법 약물들을 사용하는 사람들과 직접적인 접촉을 규칙적으로 가진다. 그래서 경찰관들은 문제가 있는 물질의 사용으로 생기는 위해를 감축시키도록 개인들과 지역사회들을 도울 수 있는 좋은 위치에 있다. 경찰은 각성원(sobering center), 주사 바늘 교환 등과 같은 위해감축 서비스를 위한 프로토콜 개발 과정에서 건강 서비스를 제공하는 전문가들과 밀접하게 함께 수행함으로써 이러한 일을 도울 수 있다.

지자체 위해감축 전략을 시행하면서 직면하는 도전과 과제들은 크게 두 가지로 나눌 수 있다. 첫째는 지역사회 파트너들이 맡아야 할 역할과 짊어질 책임들을 보여주는 도해를 그리는 것이고, 둘째는 기관들 간의 조정 · 협의를 위한 분명한 의정서와 지침서를 제정하는 일이다. 예를 들면, 지자체들은 미래의 기획과 서비스의 전달이 전략적 목적들을 고려하고, 지자체들의 규정에 의한 권한과 이들 목적의 달성을 지원하는 기존 서비스들의 충분한 이용을 보장하는 의사결정 기전, 그들 자신들의 기획을 검토하며, 미래의 기획과 서비스 전달을 분명히 안내해 주는 "위해감축" 정책을 개발하기로 동의하는 일 등을 들 수 있다.

제6단계 : 지역사회를 동원하고 전략을 시행한다.

지역사회를 총동원하는 목적은 다음과 같다.

① 지역사회에 정보를 제공하고 그들의 견해에 귀를 성심으로 기울이기 위하여

② "위해감축"을 받아들임에 있어서 수반되는 장애물들을 감축시키기 위

해서,

③ 지역사회가 지고 있는 쟁점과 문제들에 대한 거부를 극복하기 위해서

④ 들려주는 견해 하나하나에 존경심을 가지고 경청함을 실증하기 위해서

⑤ 프로젝트에 대한 지역의 주인 노릇을 증진하기 위해서

⑥ 개인들과 조직 간에 협의 · 조정을 발전시키기 위해서

지역사회가 지자체의 위해감축 전략을 널리 알리는 일에는 과거에 성공한 지역사회 동원 전술을 사용하는 것이 가장 좋다. 효과적인 대중교육은 쟁점들에 대한 인식을 높이고, 위해감축 정책의 실천에 요구되는 지역사회의 지원을 증가시킨다. 지역사회 상담은 지역사회 구성원들에게 위해감축 전략에 대한 정보를 제공하고, 그것들에 대한 관심을 일으키는 쟁점들을 파악하며, 또한 잠재적 지지자들과 비평가들을 파악하는 값있는 기회를 제공한다.

대중에게 정보를 제공하는 이벤트들은 위해감축과 같은 논쟁적 쟁점을 다룰 때 특별히 도움이 된다. 이들 이벤트들은 목적과 확실한 정보를 공유하며, 오해를 다룰 수 있는 기회를 제공해 준다. 지역사회는 쟁점들에 대해서 어떠한 결정을 하지 않을 수도 있지만 훌륭한 근거를 가지고 있고 바람직한 목적들을 가지고 있는 어떤 전략에 대해서는 장차 진지하게 고려할 수 있을 가능성이 있을 것이다.

공개 모임들은 어떤 지역사회가 그 관심을 표현할 수 있는, 그리고 정보와 조언을 경청할 수 있는 중요한 길이기도 하다. 모임을 효과적인 모임이 되게 조직하는 방법은 여러 가지가 있다. 즉 패널 토론, 정보를 많이 가지고 있는 연설자에 의한 프레젠테이션, 영상물이나 비디오 보기, 지역사회 주민, 지자체 공무원들, 지역의 위해감축 서비스 제공자들 간에 질의응답하기 등을

예로 들 수 있다.

정보를 가지고 대중에게 다가가는 방법들도 여러 가지를 사용할 필요가 있다. 기술된 정보를 대중매체에 전달하는 방법, 과정을 이끄는 공무원들이 지역의 대중매체들과 면담을 하는 방법, 기술된 정보와 설문지들을 시민들에게 나누어 주는 방법 등을 생각할 수 있다.

제7단계 : 시행을 모니터하고 필요하면 방향을 조정한다.

전략의 시행을 지역사회 파트너와 상담하면서 규칙적으로 모니터하는 것이 중요하다. 시행을 모니터 할 경우, 질문할 주요 사항들은 다음과 같다.

① 전략이 시의에 맞게 시행되고 있는가?
② 자원들이 효율적으로 효과적으로 배치되고 있는가?
③ 지역사회 파트너들과 일반인이 사업의 진척에 만족하는가?
④ 목표와 목적들은 충족되고 있는가? 등이다.

제8단계 : 결과를 널리 알게 전한다.

지역사회 파트너들이 흥미를 계속하여 가지게 하고 지원을 지속적으로 하게 하려면 그들에게 규칙적으로 정보를 제공하는 것이 대단히 중요하다. 구체적인 의사소통 전술들로는 매체의 상황 보고, 보고서, 웹사이트, 지역사회 모임, 지역의 신문들에 끼워 넣기 등이 포함된다.

요약

위해감축은 오늘 우리 사회에서는 혁신적인 용어이다. 그러나 유럽에서는 1980년대부터 위해감축 서비스들을 요구하는 목소리가 삶의 현장에서부터 들리기 시작하여 1990년 중반부터 활발한 논의를 거쳐 지금은 국제적으로 그 다운 모습을 갖추고 있다. 따라서 우리나라 보건학계에서도 이 개념을 공론화하는 과정을 거쳐서 실용화하자는 생각은 그렇게 진부한 사고만은 아니라고 하겠다.

예를 들면, 네덜란드의 도시에 거주하는 속칭 "약물중독자들"은 대부분이 약물을 주사로 투약하였다. 이 때, 이들은 일단 사용한 주사기와 바늘을 재사용하는 것이 일상사였다. 그 과정에서 혈액으로 전염 또는 감염되는 질병들(예: HIV/AIDS, B형 간염)이 예상외로 급속히 광범위하게 번지는 사태에 직면하게 되었다. 이에 놀란 당사자들과 공중보건을 담당하는 일선의 직원들을 포함한 정부의 관계자들, 보건학계 등은 모두가 새로운 접근 방법의 모색이 절실함을 느끼게 되었다. 그들이 모두 합심하여 창안한 전략 · 접근 방법이 바로 "위해감축"이다.

그들을 포함하여 우리들이 이 같은 사태를 해결하려는 전통적 접근 방법은 소위 이분법에 기초를 둔, 곧 "예"가 아니면 "아니요"로 나눈 다음 "아니요"를 "예"로 변화시키는 하향식 접근 방법 · 전략이다. 이를 좀 더 구체적으로 말하면, 약물 중독자와 정상인, 담배 흡연자와 비흡연자, 술꾼과 정상인, 도박꾼과 정상인, 호색한과 정상인 등등으로 각각 양분해 놓고 전자들을 모두 완전히 변화시켜 후자로 되돌려 놓는 것을 목표로 삼고, 이의 성취를 향해 일로매진하지 않았던가 싶다.

그러나 그 같은 변화는 현실적으로 실현이 가능하였던가? 하고 묻지 않을 수 없다. 당사자가 아닌 사람들은 왜 그렇게 하지 못하느냐고 쉽게 말하지만 당사자들은 모두가 그렇지 않을 수도 있다. 그렇게 변화하여 "정상인"이 될 수 있었다면 그 지경에 빠지지도 안 했을 것이다. 덜 해롭게 할 수 있는 단계에서부터 시작하여 "정상(正常)"을 지향하여 한 걸음씩 한 걸음씩 점진적으로 나아가면 안 될까? 위해에 빠진 사람들 자신들로부터 시작하여 전문가들이 합세해 모두가 함께 실행하는 극히 실용적이며 인간적인 접근 방법/전략, 이것이 이른 바 상향식 "위해감축 접근 방법이고 전략"이다.

우리도 이제부터라도 "위해감축"에 대해서 차분하게 그 길을 탐색해 그것들을 실천하여 약물, 흡연, 음주, 도박, 도색에 빠진 우리들의 형제자매들을 끌어안아 정상인으로 변화되게 도와줌으로써 우리 모두의 삶의 질을 향상시켜보자고 제언하고 싶다.

왜냐 하면, "위해감축", 그것은 기술적으로 실행이 가능하며, 철학적으로는 인도주의적이고, 정책적으로도 수용 가능한 효과적인 접근 방법이고 전략으로 이미 밝혀졌기 때문이다.

15장

에필로그: 담배전쟁의 뉴 패러다임

긴 논의를 마무리 하려는 시점에 보건학회지(Annual Review of Public Health) 최신호에 전자담배 관련 두 편의 논문을 발견하였다. 본 서에 여러 차례 등장한 유해론의 대표주자 Glantz는 전자담배의 문제점을 가장 최근의 연구 결과들을 종합하여 정리하였고,[1] 이에 맞서, Abrams는 위해감축을 넘어 '위해 최소화(harm minimization)'를 주장하는 도발적인 내용을 논리적으로 서술하였다.[2] 총정리 차원에서 두 논객의 주장을 정리해 보았다. Glantz는 전자담배가 청소년으로 하여금 흡연에 이르게 하는 관문 역할을 한다는 근거로 2011년 한국 청소년을 대상으로 한 연구 결과를 인용하였다.[3] 한국의 경우, 금연을 시도해본 적이 없는 학생들에 비해 금연을 시도해

1 Glantz SA, Bareham DW. E–cigarettes: Use, effects on smoking, risks, and policy implications. Annu. Rev. Public Health 2018. 39:215–35.

2 Abrams DB, Glasser AM, Pearson JL, Villanti AC, Collins LK, Niaura RS. Harm minimization and tobacco control: Reframing societal views of nicotine use to rapidly save lives. Annu. Rev. Public Health 2018. 39:193–213.

3 Lee S, Grana R, Glantz S. Electronic cigarette use among Korean adolescents : a cross–sectional study of market penetration, dual use, and relationship to quit attempts and former smoking. J. Adolesc. Health 2014;54:684-90.

본 학생들의 전자담배 사용률이 1.58배 높으며(95% 신뢰 구간), 어른과 마찬가지로 이중 흡연(Dual user)이 많았다. 흡연 경험은 있으나 현재 비흡연 학생의 전자담배 상용은 매우 드물었다. 또한 전자담배 흡연 경험이 있는 현 흡연 학생들은 다음 해에 금연 시도가 더 많았으나 금연에 덜 성공적이었다. 같은 기간 미국의 청소년 흡연율 조사 결과 흡연 경험이 있는 학생의 경우 전자담배를 경험한 학생은 그렇지 않은 학생에 비해 규칙적 흡연자가 되는 비율이 5.96배 높다고 주장하였다.[4] 하지만 Glantz 자신도 이러한 분석은 단면 연구에 의한 것이어서 쉬 결론을 내리기는 어렵다고 적고있다. 이 밖에도 2017년 발표된 메타분석 결과를 인용하고 있는데, 9개의 전향적 연구에 의하면 흡연 경험이 없는 학생에서 전자담배를 경험한 군은 그렇지 않은 학생에 비해 4배 흡연자가 될 확률이 높다고 하였다.[5] 이후 미국의 국가적 조사 결과를 인용한 부분은 2014년과 15년 사이에 미국 중학생의 흡연율은 2.5%에서 2.3%로 감소한 반면, 고등학생의 흡연율이 9.2%에서 9.3%로 증가함을 근거로 중학생 시절 전자담배 사용이 증가한 것이 고등학생 흡연율의 상승일 것이라고 주장하였다.

Glantz는 전자담배의 금연 효과의 경우도 의문을 제기한다. 전자담배가 위약보다 높고 니코틴 패치와 동등한 수준의 금연 효과를 보인 것으로 유명한 뉴질랜드 연구의 경우[6] 전자담배는 현물을 쥐어 주었지만, 니코틴 패치는 지역 약국에서 교환 가능한 바우처를 제공하였기 때문에 나타난 결과라고 주장한다. 또한 본인이 수행한 메타분석 연구 결과 전자담배 사용군의 금연 효과가 그렇지 않은 군에 비해 28% 낮다고 보고하고 있다.[7]

---

4 Dutra LM, Glantz SA. Electronic cigarettes and conventional cigarette use among U.S. adolescents: a cross-sectional study. JAMA Pediatr. 2014;168:610-17.

5 Singh T, Arrazola RA, Corey CG, Husten CG, Neff LJ, et al. 2016. Tobacco use among middle and high school students-United States, 2011-2015. MMWR 65:361-67.

6 Bullen C, Howe C, Laugesen M, McRobbie H, Parag V, et al. Electronic cigarettes for smoking cessation: a randomised controlled trial. Lancet 2013;382:1629-37.

전자담배가 담배에 비해 95% 이상 안전하다는 주장에 대해서도 Glantz는 확고한 근거가 없을 뿐 아니라, 이를 주장한 학자인 Nutt 등이 담배회사와 이해 상충이 있으며, 2014년 이후 전자담배의 독성이 95% 이하 수준을 넘어설 것을 입증할 만한 연구들이 나오고 있다고 주장한다. 하지만, Glantz 조차도 전자담배가 연초담배에 비해 적은 양의 발암물질을 전달하며 연초담배 흡연자에 비해 전자담배 사용자의 체내에서 발견되는 발암물질의 양이 더 적다는 것은 인정한다. 그는 비흡연자에게서 발견되지 않는 방광암을 일으키는 발암물질이 전자담배 사용자의 소변에서 검출되며, 적은 양의 발암물질로도 암이 발생할 수 있고, 니코틴 자체가 발암물질은 아니지만 신생혈관 생성을 촉진시켜 암 발생에 기여 할 가능성이 있다고 주장한다.

심혈관 위험에 대해서도, 니코틴 자체의 심혈관 위험은 아직도 논란중이지만, 전자담배 내의 초미세입자가 혈관염증을 촉진시켜 심혈관질환을 유발시킬 수 있으며, acrolein이나 기타 aldehydes들, 교감신경계의 활성화 등을 통해 좋지 않은 영향을 준다고 주장한다. 그러나 그의 주장은 전자담배 사용이 심근경색증의 발생을 1.79배(1.20-2.66, 95% CI) 높이며 이는 연초담배의 위험도인 2.72배(2.29-3.24; $p<0.001$)에 근접하고 있다는 것이다.[8]

전자담배의 실내사용은 연초담배에 비해 오염물질 배출량이 훨씬 적은 것은 사실이지만 여전히 전자담배의 간접흡연에 노출된 비흡연자의 소변에서 코티닌이 검출된다는 것이 Glantz의 주장이다.

전자담배의 건강 위해에 대한 Glantz의 주장은 1) 발암물질 노출이 적은

---

7 Kalkhoran S, Glantz SA. E-cigarettes and smoking cessation in real-world and clinical settings: a systematic review and meta-analysis. Lancet Respir. Med. 2016;4:116-28.

8 Talal A, Pena I, Temesgen N, Glantz SA. 2018. Association between electronic cigarette use and myocardial infarction: results from the 2014 and 2016 National Health Interview Surveys. Presented at Annu. Meet. Res. Nicotine Tob., 24th, Baltimore, MD

것은 인정한다, 2) 그러나 전자담배의 초미세입자와 다른 독성 물질은 심혈관질환이나 비암성폐질환의 위험 요소이다. 3) 그런데 담배로 인한 조기 사망의 2/3는 이들에 의한다. 4) 그러므로 전자담배는 연초담배에 비해 대략 절반 이상의 위험성을 가진다고 본다. 5) 전자담배가 간접 흡연은 훨씬 덜 일으키나 비흡연자 소변에서 코티닌은 검출된다. 정도로 요약할 수 있다. 이를 백프로 인정한다고 하더라도 연초담배에 비해 덜 해롭다는 '위해감축' 논리를 부정하기는 역부족으로 보인다.

Glantz의 논문이 실린 보건학회지(Annual Review of Public Health)에는 같은 호에 뉴욕 대학의 국제보건학 교수인 Abrams 등의 '위해 최소화와 담배 규제: 빠른 생명 구조를 위한 니코틴 사용의 관점 변화'라는 제목의 논문이 실렸다. Abrams의 주장을 요약하면 다음과 같다.

니코틴의 역할에 대한 사회의 관점을 위해감축 혹은 위해 최소화(harm reduction or harm minimization)로 재정립해야 한다는 주장이 점점 힘을 얻고 있다. 위해 최소화의 최종 목표는 일반인들을 니코틴 제품으로부터 보호하는 것과 함께 스누스 같은 담배 제품이나 전자담배같이 담배를 원료로 하지 않는 비연소성 니코틴 제품이 연초담배에 비해 드라마틱하게 위험을 줄인다는 사실을 실용적으로 인정하는 것이다. 담배위해감축이론은 미성년자의 흡연을 예방하고 성인과 청소년 모두의 완전한 금연을 권장하며 담배 제품의 종말을 권고하는 기존의 금연정책에 대하여 백퍼센트 동의한다. 최상은 완전하고 재발없는 금연이지만 절대적으로 완전한 안전에 대한 요구는 오히려 비능률적이다. 따라서, 해로운 습관으로부터 벗어날 수 없는 경우에 최소 위해 전략은 건강의 해악을 줄이기 위해 필요한 전략이다.

미국 식약처(FDA)는 '이제 새롭고 급진적인 접근이 필요할 때' 라면서 ANDS(Alternative Nicotine Delivery Systems, ENDS 보다 포괄적인

개념의 니코틴전달 제품군) 제품에 대하여 적절한 규제를 넘어 활용 방안을 고민할 필요성을 인정했다. 새롭고 포괄적인 니코틴 관리 방안으로 FDA의 두 가지 방향성은 기존의 담배와의 전쟁을 지속시켜 나가면서 동시에, 잠재적으로 덜 해로운 담배 제품이 대중의 건강을 증진시키는 데 기여할 가능성을 인정하고 명확하게 하는 것이다. 잠재적으로 덜 유해한 담배 제품의 가용성을 높이는 것은 위험을 줄이는 동시에 여전히 니코틴을 필요로 하거나 원하는 성인들을 만족시킬 수 있다.

미 식약처의 담배 제품 관련 센터(CTP; center for tobacco products)는 새로운 니코틴 제품들에 대한 상대위험과 절대위험 개념을 공중보건교육에 사용하기 시작하였고, 가족 흡연 예방 및 금연정책 조례(TCA: The Family smoking prevention and tobacco control act)에서도 ANDS 제품의 등장과 함께 위해 최소화 전략을 도입하였다. 주요 내용은 다음과 같다.

첫째, 위해 최소화를 위해 흡연으로부터 니코틴을 분리할 것

전자담배 관련 찬반 논란에도 불구하고 확실한 것 한 가지는 이 분야의 선구자인 Michael Russell의 말처럼 "사람들은 니코틴 때문에 흡연하는 것이지 타르로 인해 죽고 싶어 흡연하는 것이 아니다" 라는 사실이다. 전자담배로 바꾼 흡연자들은 폐 기능의 향상과 천식 발작이 감소함이 보고되었다.[9]

둘째, 팩트 체크: 전자담배의 위해감축효과

전자담배 액상에는 담뱃잎 성분이 포함되지 않고 일산화탄소도 발생하지

9 Polosa R, Morjaria JB, Caponnetto P, Caruso M, Campagna D, et al. Persisting long term benefits of smoking abstinence and reduction in asthmatic smokers who have switched to electronic cigarettes. Discov. Med. 2016;21:99-108.
Polosa R, Campagna D, Sands MF. 2016. Counseling patients with asthma and allergy about electronic cigarettes: an evidence-based approach. Ann. Allergy Asthma Immunol. 116:106-11.

않는다.[10] FDA는 패치 같은 니코틴 대체제의 장기 사용이 흡연으로부터의 위험과 사망을 감소시키는 받아들일 만한 전략이라고 인정한 바 있으며, 2013년에는 금연에 이르는 과정의 하나로, 그리고 재발 방지를 위해 흡연과의 이중 사용을 허용한 바 있다.

영국 왕립의사협회는 현재까지의 데이터로도 전자담배의 독성은 연초담배의 5%를 넘지 않을 것으로 보고 있다. 여기에 전자담배로 바꾼 이후에 각종 생리학적 지표들, 예를 들면 혈압, 폐기능 등이 개선되며 질병의 증상들이 호전된다는 보고가 잇따르고 있다. 더구나 전자담배는 연초담배에 비해 의존성도 훨씬 덜 생기는 것 같다.[11]

셋째, 니코틴에 대한 생각 재정립

담배의 독성이 니코틴보다는 타르 등 기타 성분에 의한 것이라는 점에서 금연이 어려운 기존 흡연자들의 니코틴 중독을 허용하는 대신, 연초담배로 대표되는 타르의 위험성을 제거하는 전략은 수많은 흡연자의 생명을 구할 수 있을 것으로 보인다. 이를 위한 정책적 접근으로 ANDS의 안전성 향상, 품질 개선, 가향 등을 통해 접근성을 높이고, 연초담배에 멘톨 등 가향을 금지시켜 만족도를 낮추는 한편, 담배 제품의 위해의 정도에 따라 세금을 차등화 하여 해악이 적은 니코틴 제품의 가격을 낮추고 반대로 연초담배의 가격을 높게 유지하는 것 등을 고려해 볼 수 있다. 실제로 연초담배에서 전자담배로 성공적으로 갈아 탄 흡연자 중 상당수는 담배보다 향이 좋아서라고 답한 경우가 많았다.[12]

---

10 RPC (R. Coll. Phys.). 2016. Nicotine Without Smoke: Tobacco Harm Reduction. London: RPC.

11 Strong DR, Pearson J, Ehlke S, Kirchner TR, Abrams D, et al. Indicators of dependence for different types of tobacco product users: descriptive findings from wave 1 (2013-2014) of the Population Assessment of Tobacco and Health (PATH) study. Drug Alcohol. Depend. 2017;178:257-66.

12 Russell C, McKeganey N. 2017. Patterns of cigarette smoking and e-cigarette use among 20,676

위 주장에 대한 두 가지 반론 중 첫째는 전자담배로 인해 담배를 배우지 않았을 젊은이들이 흡연자가 되거나 평생 중독자로 살게 될 것이라는 점이다. 미국의 경우 2011년과 2014년 사이에 지난 30일간 전자담배를 사용해 본 청소년이 증가하였으며 이러한 수치는 2015~16년 사이에 다시 감소하였다. 동시에 지난 30일간 연초담배를 피워본 학생의 수는 현저하게 감소하였다.[13] 이러한 패턴은 영국 청소년들도 마찬가지이다.[14] 일부 연구에서 전자담배를 시도한 청소년들이 연초담배로 이행하는 게이트웨이 효과가 의심되긴 하지만, 반대로 연초담배에서 전자담배로 바꾸는 청소년의 수도 급증하고 있다. 미국의 경우 전자담배의 청소년에 대한 접근을 엄격히 적용한 주의 경우 흡연율이 그렇지 않은 주보다 높게 나온다.[15]

두 번째 반론은 전자담배가 금연에 도움이 되는가 하는 것이다.

미국에서 대규모로 시행된 탱크형 등 새로운 전자담배들을 활용한 4개의 연구들은 전자담배가 금연에 도움이 된다고 보고하고 있다.[16] 전자담배가 금연을 방해하고 흡연율 감소를 늦춘다는 어떤 증거도 찾을 수 없으며 5년

---

adult frequent e-cigarette users in the United States. Cent. Subst. Use Res., Glasgow, UK. http://substanceuseresearch.org/usvaperssurvey

13 Warner K. The remarkable decrease in cigarette smoking by American youth: further evidence. Prev. Med. Rep 2015;2:259-61.

14 Bauld L, MacKintosh AM, Ford A, McNeill A. E-cigarette uptake amongst UK youth: experimentation, but little or no regular use in nonsmokers. Nicotine Tob. Res. 2016;18:102-3.

15 Friedman AS. How does electronic cigarette access affect adolescent smoking? J. Health Econ. 2015;44:300-8.
Pesko MF, Currie JM. The effect of e-cigarette minimum legal sale age laws on traditional cigarette use and birth outcomes among pregnant teenagers. NBER Work. 2016. Pap. 22792.

16 Giovenco DP, Delnevo CD. Prevalence of smoking cessation by electronic cigarette use status in a national sample of recent smokers. Addict Behav 2018;76:129-34.
Levy DT, Yuan Z, Luo Y, Abrams DB. 2017. The relationship of e-cigarette use to cigarette quit attempts and cessation: insights from a large, nationally representative U.S. survey. Nicotine Tob. Res. https://doi.org/10.1093/ntr/ntx166
Parks SH, Duncan DT, Shahawy OE, Lee L, Shearston JA, et al. Characteristics of adults who switched from cigarette smoking to e-cigarettes. Am. J. Prev. Med. 2017;53(5):652-60.
Zhu S-H, Zhuang Y-L, Wong S, Cummins SE, Tedeschi GJ. E-cigarette use and associated changes in population smoking cessation: evidence from US current population surveys. BMJ 2017;358:j3262.

이상 금연한 장기 금연자의 재발을 촉진한다는 증거도 없다.[17] 전자담배에 대한 설문 연구들은 한결같이(심지어 청소년들 조차도)[18] 대부분의 흡연자가 금연을 위해 전자담배를 사용한다고 응답한다.[19] 한 달 동안 전자담배를 매일 사용한 경우 2년 후 금연 가능성이 6배 높았다.[20] 2014년에 6백만 명 이상의 흡연자들이 유럽연합에서 전자담배를 사용하여 금연에 성공하였다.[21] 향후 10년간 대부분의 흡연자가 전자담배로 갈아탈 경우 660만 명의 조기 사망을 예방하고 이를 생존 연장 기간으로 환산하면 8,670만 년에 해당한다고 하였다.[22]

에필로그를 대신하여 가장 핫한 두 논객의 최근 주장을 살펴보았다. 여러분은 어느 쪽 주장에 더 끌리시는가? 여전히 전자담배가 담배보다 더 나쁘거나 비슷하게 해롭고 따라서 완전 퇴출시켜야 한다고 보는 분은 없을 것으로 믿는다. 전자담배에 대한 찬반 문제는 이제 팩트 차원이 아니고 '해석의 문제'가 된 듯하다. 전자담배가 연초담배보다 덜 해롭다는 사실은 명확한 팩트이다. 그럼에도 불구하고 이를 규제할 것인지, 권장할 것인지에 대한 입장은 여전히 첨예하다. 이는 팩트에 대한 해석이 각자 다르기 때문이다.

---

17 Glasser AM, Collins L, Pearson JL, Abudayyeh H, Niaura RS, et al. Overview of electronic nicotine delivery systems: a systematic review. Am. J. Prev. Med. 2017;52:e33-66.

18 Villanti AC, Johnson AL, Ambrose BK, Cummings KM, Stanton CA, et al. Flavored tobacco product use in youth and adults: findings from the first wave of the PATH study (2013-2014). Am. J. Prev. Med. 2017;53:139-51.

19 Glasser AM, Collins L, Pearson JL, Abudayyeh H, Niaura RS, et al. Overview of electronic nicotine delivery systems: a systematic review. Am. J. Prev. Med. 2017;52:e33-66.

20 Biener L, Hargraves JL. A longitudinal study of electronic cigarette use among a population-based sample of adult smokers: association with smoking cessation and motivation to quit. Nicotine Tob. Res. 2015;17:127-33.

21 Farsalinos KE, Poulas K, Voudris V, Le Houezec J. Electronic cigarette use in the European Union: analysis of a representative sample of 27,460 Europeans from 28 countries Addiction 2016;111(11):2032-40.

22 Levy DT, Borland R, Lindblom EN, Goniewicz ML, Meza R, et al. 2017. Potential deaths averted in USA by replacing cigarettes with e-cigarettes. Tob Control 2017;27:18-25.

흡연자 개인의 건강에 주목하는 경우는 긍정적인 평가를, 사회 전반의 건강 위험을 염려하는 측은 부정적인 평가를 내린다. 임상 의사들은 긍정적 평가를, 보건학자들은 부정적 평가를 내리는 경향이 있다. 필자들은 본서를 통해 흡연자 체내로 유입되는 독성 물질의 양이 적다는 것은 명확한 사실임에도 불구하고 장기적 결과를 모른다는 주장, 개인에게는 이로울 수 있으나 청소년을 포함한 사회 전체에는 해로울 수 있다는 주장, 금연에 도움이 되지 않는다는 주장 등 주요 논점에 대해 충분한 반론을 제시하였다고 생각한다.

한 사회가 가지고 있는 오래된 패러다임을 바꾸는 것은 결코 쉬운 일이 아니다. 그럼에도 불구하고 세계는 담배와의 전쟁을 더 이상 니코틴과의 전쟁과 혼돈하지 않고 인류를 위한 더 나은 길을 모색하기 시작했다. 우리 사회도 객관적이고 과학적 근거에 기초한 합리적 사고를 통해 오래된 틀을 깰 때가 되었다. 위해감축이라는 새로운 패러다임을 통한 '전자담배에 대한 담론'은 오늘날 우리 사회 전체가 깊은 숙의를 통해 소화시켜야 할 당면 과제이다. 새로운 패러다임을 통해 금연, 아니면 죽음이라는 이차원적 선택지를 삼차원의 선택지로 바꿀 수 있기를 기대해 본다. 저자들은 안전성과 만족도가 높은 제대로 만든 전자담배 제품이 등장한다면, 기존 담배의 위해 속도를 늦추는 브레이크 역할을 할 가능성이 매우 높다고 확신하는 바이다.

시대의 흐름을 외면한 채 '순한 담배' 등에 대한 과거의 아픈 경험을 이유로 전자담배에 대한 교조적 선입견에 계속 머무른다면, 연초담배의 독과점 강화라는 최악의 결과가 초래될 것이다. 흡연 때문에 발생하는 "세계적 대유행병"의 극복에 기존의 금연 치료 및 환경 조성 정책에 더하여 위해감축 전략을 도입할 것을 촉구한다. 이를 통해 우리 사회와 모든 이해 당사자들이 흡연 때문에 직간접으로 짊어져야 할 고통스런 '질병의 짐'을 대폭 감축시킬 수 있기를 소망해 본다.

저자 후기

이 책자의 공저자인 김공현 교수나 나는 대학에 재직하던 지난 30여 년 동안 담배나 니코틴에 대하여 본격적인 연구를 해 본적이 없다. 우리 둘은 서울대학교와 인제대학교의 보건대학원과 인연을 맺은 공통점 때문에 사단법인 대한보건협회와 함께 일했고 의료보험 분야를 제외하고는 주로 알코올 관련 연구나 절주 캠페인으로 젊은 시절을 보냈던 것 같다. 2008년 이전의 담배 연구는 주로 연세대학교와 가톨릭대학교에서 지원한 금연협회를 중심으로 이루어지다시피 했다. 일종의 분업이라고 할 수 있을런지…

정년퇴직을 전후하여 연구 업적을 정리하다 국민건강의 공적 제1호인 담배에 대한 연구 실적이 완전 제로 상태인 것을 우연히 발견하였다. 공중보건학 또는 보건행정학을 전공했다는 대학교수가 혹시 연구 편향(?)이 너무 심하지나 않았는지 하는 반성이 일었지만, 이미 너무 늦어서 어쩔 수 없는 상황이었다. 그러나 이런 전철을 근면한 후학들이 반복하지 않는 것이 좋겠다는 생각이 들었다.

1970년대 초 전임강사 시절이라고 기억되는데, 나는 당시의 보건의료서비스 불균형과 불균점에 관심을 가져, 동기생 고 홍재웅 교수와 더불어 한국의 가계 의료비와 의료 이용도에 대한 문헌 고찰을 했던 기억이 떠오른다. 이 결과물 Health Service Outcome Data를 보건학 논집을 통해 출판해서 그 분야를 공부하는 연구자들에게 괜찮은 읽을거리를 제공했다고 자부하고 있다. 그러나 담배와 니코틴에 대한 연구는 업적물들이 너무 넘쳐흘러서 도무지 엄두가 나지 않았는데, 내가 공저자 김공현 교수를 생각해낸 것은 탁월한 선택이었다. 우선 주제를 전자담배로 좁혔고, 다행히 우리들에게 자유시간이 넉넉했기에 조그만 업적물을 대한보건협회지에 게재할 수 있었고, 대한보건협회 정기학술대회에 요지를 발표하였다. 김 교수와 내가 문헌 고찰을 하면서 동행의 길에 단국대학교 의과대학 가정의학과 정유석 교수가 있다는 것을 알고서 천안캠퍼스를 찾아갔던 게 바로 몇 년 전 일이다. 이 만남이 이번에 이 책자를 발간하는 결정적인 계기로 이어졌으니 얼마나 다행스러운 일인지 모르겠다. 사실 정유석 교수를 만나지 않았다면 이 책자는 아예 세상에 나오지 않았을 것이다.

각설하고, 요즈음 전자담배의 가능성과 위험성에 대한 논의가 전 지구적으로 '진행중'이다. 이 논의에서 정유석과 김공현과 나는 전자담배의 가능성이 그 위험성을 능가하고도 남음이 있다는 쪽에 서 있다. 전자담배가 국민건강의 최강적인 재래식 담배를 아예 종식시킬 정책 수단의 하나로 부상하고 있음에 주목해야 할 것이다. 이 파괴적 신기술이 계속 진화하여 우리 시대 혁신의 아이콘이 될 수 있기를, 인류의 건강 보호와 건강 증진에 크게 기여할 수 있기를, 그리고 이 책자가 전자담배에 대한 우리 국민들의 궁금증을 해소하는 데 기여하기를 희망하면서…

2018. 12. 15.

서울대학교보건대학원 명예교수 문옥륜

내 나이 36세가 되는 1975년에 서울대 보건대학원 야간부에 입학하여 보건학을 배우기 시작하여 1977년에 보건학 석사학위를 취득하였다. 1976년부터 한국보건사회연구원 책임연구원으로 지역사회보건사업에 관한 연구를 수행하다가, 1989년 인제대학교 보건대학원에 조교수로 부임하였다. 2007년에 교수로 퇴임할 때까지 교수직을 수행하면서 "건강 관련 행동들의 실천이 신체 건강에 미치는 영향"에 관한 연구를 수행하였다. 특히 캘리포니아 주 알마타 카운티 장기 코호트 연구를 통하여 7가지 건강 실천 행동이 건강에 각각 그리고 복합적으로 유의하게 영향을 미친다는 석학들의 주장을 우리 국민들에게도 적용해 보고자 하였다.

이 무렵, 우리나라 보건학계에는 "금연"에 관한 연구는 연세대학교 보건대학원이 주도하였다. 나는 인제대학교 보건대학원에 부임하면서 우리 국민들의 신체 건강에 큰 영향을 미치는 실천 행동들 가운데서 "알코올 사용과 절주" 행동을 중심으로 연구와 실천을 병행하여 감히 연세대학교와 어깨를 나란히 해 보고자 하였다. 대학에 "음주연구소"를 개설, 초대 소장을 맡아 관련 연구를 수행하였고, 대한보건협회가 주된 사업 내용으로 "절주"를 채택하도록 종용하기도 하였다.

퇴임 후 몇 년이 지나서, 서울대 보건대학원 재학 시절 은사들 중 한 분이신 문옥륜 교수의 부름을 받아 새삼스럽게 "흡연과 건강"에 대해 밑바닥에서부터 공부하기 시작하였다. 지금까지 우리나라에서 유행되고 있는 금연에 대한 접근 방법은 2분법적 택일, 즉 "금연 아니면 흡연으로 인한 사망" 둘 중 어느 하나만 택할 것을 요구하고 있어서 그런 접근 방법을 뛰어넘을 혁신적이고 실용적인 접근 방법을 찾다가 소위 담배위해감축(Tobacco

Harm Reduction)을 알게 되었고, 이를 실현하는 필수적 보조 도구의 하나인 "전자담배"를 공부하게 되었다.

담배위해감축 실현 방법들 가운데서 최선책은 담배 피우기를 처음부터 아예 시작조차 않게 하는 것이다. 그 다음은 피우던 담배를 "금연"시키는 방법이다. 담배가 사람의 건강에 해롭고 결국은 조기에 사망하게 하는 원인임을 알리는 홍보물이 넘쳐나고 있음에도 매년 담배를 새로 피우기 시작하는 청소년들은 줄어들지 않고 있다. 또한 흡연자의 70% 이상이 금연을 원하고 해마다 시도하고 있으며, 전 지구적인 금연 환경 조성과 강력한 금연 정책에도 불구하고 "금연 성공률"은 여전히 낮고 흡연의 유병률은 좀처럼 줄지 않고 있다.

문옥륜 교수와 나는 "흡연과 건강"에 관한 시대적, 사회적 기대에 부응해 보려고 이 주제에 관한 국내외의 기존 문헌들을 수집 · 분석하였다 그 과정에서 단국대학교 의과대학 가정의학과 정유석 교수의 논문 한 편을 찾아 공부하였다. 우리 둘은 그 논문의 내용에 적극 공감하였고, 단국대 천안캠퍼스로 찾아가 "전자담배"에 대해 논의하며 교분을 쌓았다. 이 과정에서 문 교수와 나는 우리들이 분석한 결과물을 정유석 교수와 자연스럽게 공유하였고, 정유석 교수는 이를 단행본으로 간행하여 세상에 공표하자고 적극적으로 제안하였다. 우리 둘은 정 교수가 우리가 만든 결과물을 수정 · 가필 · 보완하여 단행본으로 발행하기로 합의하였다.

이 책이 "흡연과 건강"에 대해 이분법적으로만 접근하려는 오늘의 우리 사회에서 혁신적, 실용적 출구가 되어 국민의 건강 향상에 긍정적 영향을 미치는 플랫폼이 될 수 있기를 소망한다.

2018년 12월 15일

인제대학교 보건대학원 명예교수 김공현

전자담배가 세상에 나오기 전인 1990년대 중반부터 학생들을 대상으로 하는 금연 강의에서 이렇게 얘기하곤 했다.

> "지금 졸고 있는 여러분 중에서... 누군가가 발상의 전환을 통해 니코틴만 선택적으로 흡입시킬 수 있는 제품을 만들 수 있다면, 돈 걱정 안하고 살지도 모릅니다……"

농담처럼 했던 이 말은, 중국의 한 약사에 의해 현실화되었다!

다행이도 평생 담배를 한 모금도 피워보지 않았지만, 이십여 년 금연 진료를 하며 수많은 골초들을 상담하다보니, 동일시 때문인지 가끔은 금단 증상? 비슷한 것을 느끼기도 한다. 적지 않은 환자들이, 심근경색증으로 죽음의 문턱을 경험하고, 폐암 수술과 항암 치료, 방사선 치료로 지옥 같은 고통을 겪어내고, 담배 한 대만 피우면 10여 분 이상 천식 발작으로 고생하면서도… 계속 담배를 피운다. 초창기에는 도무지 이해할 수 없고 비난, 비하의 심정이 없었다고 할 수 없으나, 이제는 그들의 갈등과 고충, 고뇌가 어떤 것인지 조금은 이해할 수 있게 되었다. 니코틴의 중독성은 이처럼 강력하며 코카인 같은 일급 마약에 버금간다. 그런데 다행이도 발암물질은 아니다. 내가 전자담배의 가능성을 본 것은 바로 이 지점이다. 그런데, 오랫동안 몸담고 있는 금연운동협의회와 금연학회의 선후배, 동료들 중에는 나와 비슷한 견해를 가진 분을 찾기 어려웠다. 전자담배가 연초담배보다 개인의 독성 노출이 덜 하다는 팩트는 수용하면서도, 전자담배에 유리한 이야기를 하는 것은 사회의 니코틴 중독을 강화하여 전체 국민의 건강에 악영향을 미칠 것이며, 결국 전자담배회사만 '좋아할 일'이 될 것이라는 걱정 일색이다.

실제로 온라인상에서 전자담배에 우호적인 나의 글을 가장 많이 퍼 나르는 분들은 전자담배 대리점 사장님들이다. 관련 업계로 추측되는 컨설팅 회사로부터 고액의 자문 요청 비슷한 것도 여러 차례 받은 바 있다. 물론 모두 무응답으로 대처했다. 그런데, 백 번 양보해도 아직 '불확실한' 전체에 대한 영향 때문에 개인의 선택이 제한되는 것이 부당하게 느껴졌다. 또한 전자담배업계가 돈을 벌던 망하던 그것은 의사인 나와 무관한 일이라고 생각하였다. 나를 찾아오는 환자에게 가장 해로운 것이 담배인데, 이것을 끊지 못하는 경우라면, 의사로서 덜 해로운 차선을 알려주어야 하고 이것이 가능한 환경이어야 하지 않겠는가? 그러나, 금연 동지들과의 관계 등을 고려하여 이런 생각을 적극적으로 주장하진 못하고 지냈다.

은사이기도 한 한국 보건의료계의 큰 산, 문옥륜 교수님과 음주와 건강 분야로 명망이 높으신 김공현 교수님이 필자의 연구실인 천안까지 찾아오신 것은 지금 생각해도 운명적이다. 고령의 나이에도 불구하고 시력에 문제가 생길 정도로 수많은 논문들을 체계적으로 정리해 두신 파일을 보면서, 이를 세상에 알려야겠다고 생각했다. 환자 진료에 바쁜 임상가로서는 엄두도 못 낼 시간과 노력의 결실이었고, 이 분야에 관심있는 분들에게 소중한 참고 자료가 될 것이라고 확신하였다. 전체적인 틀을 구상하고 내용을 쪼개고 재편집하는 과정을 통해서 많이 배웠고, 위해경감에 대한 나의 평소 생각이 틀리지 않았음을 확신할 수 있었다.

책의 발간을 앞두고 몇 분들께 추천사를 부탁했으나 모두 거절하셨다. 또 한 번 이 책의 '위험성'을 실감하는 순간이었다. 그러나 늘 존경하던 분들의 간곡한 만류에도 불구하고 나의 생각이 바뀌지 않는 이 상황을 어찌할꼬! 그만큼 더 조심스럽게, 그러나 이 땅에 한 가지 목소리만 존재하는 상황이야말로 진짜 해로울 수 있다는 믿음으로 이 책을 세상에 내어 놓는다. 언제나 부족한 사람을 믿어 주고 응원해 주는 노부모님과 나의 분신 미련, 일융, 세정에게 사랑과 감사를 전하며……

2018년 광복절 백년 만의 무더위 속 안서골에서 정유석

정유석 천안 단국대학교 의과대학에서 가정의학과 교수로 25년째 진료와 교육, 연구에 매진하고 있다. 늘 책읽기와 등산, 합창을 통해 이웃과 소통하고 싶어 한다. 2015년부터 3년 연속 건강보험공단 병의원 금연사업 금연진료건수 및 지속률 1위를 달성하였고, 이를 입원 환자와 연계한 입원 환자용 금연 서비스를 전국 최초로 마련하고 토대를 구축하여 '금연전도사'로 불리운다.

문옥륜 서울대학교 보건대학원 교수로 39년 봉직하였다. 서울의대 졸업 후 보건학을 전공해서 환자진료 대신 교육과 주민 보건 사업에 종사하였고, 전국민 의료보장제도 도입에 기여하였다. 범국민절주사업운동본부장과 세계알코올과학대회 조직위원장 등을 역임하였다. 정년 이후에 담배와 금연사업의 문헌 고찰 연구로 담배 연기 없는 지구촌 만들기에 입문한 이후, 전자담배의 파괴적 혁신 기술의 가능성과 부작용 최소화에 관심이 크다.

김공현 한국보건사회연구원 책임 연구원(1976년~1989년)으로 정부를 대행하여 군 단위에서 시범적으로 시행된 지역사회보건사업을 기획, 시행, 평가하여 국가가 농어촌 오지에 "보건진료소"를 설치 운영할 수 있도록 기반을 조성하였다. 인제대학교 보건대학원(1989년~2007년)에서 조교수로 출발하여 교수로, 그리고 동 대학원 원장을 맡아 6년 동안 학사행정을 수행하였고, 재직 시에 "건강 관련 실천 행동이 신체 건강에 미치는 영향"에 관한 연구에 몰두하였고, 그 결과는 국내 건강 증진, 특히 절주 분야의 근간이 되었다.

전자담배, 위기인가 기회인가?

2019년 2월 20일 인쇄
2019년 2월 25일 발행

지은이 _ 정유석 · 문옥륜 · 김공현
펴낸이 _ 장호성
기 획 _ 김남필
제 작 _ 성두현
편 집 _ 김민배
펴낸곳 _ 노스보스
등 록 _ 1968.2.27 : No. 제03-00095호
주 소 _ 경기도 용인시 수지구 죽전로 152
전 화 _ 031-8005-2405
팩 스 _ 031-8021-7154

값 15,000원

ISBN 978-89-7092-706-0 03510